# DEUTSCHE TRAKTOREN

Karl Andresen

# DEUTSCHE TRAKTOREN

## Eine 100-jährige Erfolgsstory

Bath · New York · Singapore · Hong Kong · Cologne · Delhi
Melbourne · Amsterdam · Johannesburg · Shenzhen

# Inhalt

## Von der Muskelkraft zum Ackerschlepper

Die Zeit liegt noch nicht allzu lange zurück, dass die Landwirtschaft für die darin tätigen Menschen teilweise schwerste körperliche Arbeit war. Über Jahrhunderte hinweg blieb der Bauer auf seine eigene und die Kraft seiner Zugtiere angewiesen. Anfangs mussten die Feldfrüchte noch von Hand gepflanzt, gepflegt und geerntet werden. Dann kamen die ersten hölzernen und später eisernen Werkzeuge, die von Pferden oder Ochsen gezogen wurden. Nach Jahrhunderten des technischen Stillstands entstanden im Laufe des 18. Jahrhunderts eine Reihe sehr nützlicher Arbeitsgeräte und Maschinen. Die wohl wichtigste Errungenschaft war die Dreschmaschine, doch auch Grasmäher, Drillmaschine und andere Gerätschaften halfen, die landwirtschaftliche Arbeit zumindest etwas einfacher zu gestalteten. Sie mussten aber weiterhin von Tieren gezogen werden und nur wenige Bauern konnten sich diese Maschinen leisten. Außerdem waren Arbeitskräfte damals viel billiger, was nicht selten gegen den Erwerb solcher Maschinen sprach.

Oben: So sahen die Lokomobilen des 19. Jahrhunderts aus. Es waren Dampfmaschinen auf Rädern, die zum Antrieb stationärer Maschinen, wie z. B. Dreschkästen, dienten und dem Bauern manche Arbeitserleichterung brachten. Hier ein von der Firma Johann Petermann Co., Warendorf gebautes Exemplar.

Rechte Seite: Eine 1919 von der Firma R. Wolf AG, Magdeburg-Buckau gefertigte Dampflokomobile. Die betriebsfähig erhaltene Maschine stand noch bis 1968 bei einem niederländischen Asphaltwerk im regulären Einsatz.

Blick auf Feuertür, Armaturen und Fabrikschilder der Maschine. Sie konnte entweder mit Holz oder Kohle befeuert werden und arbeitete mit einem Kesseldruck von 10 atü.

Der Getreidedrusch erfolgte bis weit in das 20. Jahrhundert hinein durch Dreschkästen, die von Dampflokomobilen angetrieben wurden.

Im 19. Jahrhundert – der Hochzeit der industriellen Revolution – eröffnete die Nutzbarmachung der Dampfkraft erste Möglichkeiten, die Zugkraft von Tieren auf dem Acker durch Maschinenkraft zu ersetzen. Bereits 1784 hatte der Schotte James Watt eine funktionstüchtige Dampfmaschine entwickelt. Es begann ein Zeitalter neuer Erfindungen in allen technischen Bereichen, in dem England zunächst eine Vorreiterrolle einnahm. Eine grundlegende Verbesserung entstand durch die fabrikmäßige Herstellung vieler Produkte, die dadurch schneller und billiger gefertigt werden konnten. Die erzielten Fortschritte kamen auch der Landwirtschaft zugute und sollten diese schon bald nachhaltig verändern. Das war auch dringend nötig, denn die immer schneller wachsende Bevölkerung musste ernährt werden. Noch um 1800 wurde in Deutschland die Mehrheit aller arbeitenden Menschen für die Nahrungsmittelerzeugung benötigt. Im Vergleich dazu arbeitete 1950 nur noch jeder vierte Erwerbstätige in der Landwirtschaft und heute ernährt bei uns ein Landwirt etwa 60 Menschen.

Seit 1811 wurden die ersten Dampflokomobilen in England zum Antrieb von Dreschmaschinen und anderen landwirtschaftlichen Arbeitsgeräten eingesetzt. Diese waren zunächst noch antriebslos und mussten zum Einsatzort gezogen werden. Sie erledigten den Getreidedrusch in wenigen Tagen, wofür der Bauer früher den ganzen Winter benötigt hatte.

So sehr die Dampfmaschine auch den Bauern entlastete, es fehlte immer noch eine Maschine, die bei der Feldarbeit – besonders beim Pflügen – die Arbeit übernehmen konnte. 1856 hatte der Engländer John Fowler aus Leeds einen Seilzugdampfpflug entwickelt, der sich zur Bodenbearbeitung großer zusammenhängender Ackerflächen, aber auch zur Kultivierung von Ödland eignete. Dabei zogen zwei am gegenüberliegenden Feldrand befindliche mobile Dampfmaschinen einen Kipppflug mithilfe eines Stahlseiles abwechselnd über das Feld. Dieses Dampfpflugsystem war so fortschrittlich, dass es von zahlreichen anderen Herstellern kopiert und adaptiert wurde. Der große Nachteil dieser Pfluggarnituren war ihr hoher Anschaffungspreis. In Deutschland kostete ein Satz um die Jahrhundertwende zwischen 40.000 und 60.000 Goldmark, das entsprach dem damaligen Wert eines mittelgroßen Bauernhofes. Nur ausgesprochene Großbetriebe konnten diese Investition aufbringen.

Zwischen 1917 und 1918 stellten die Mannheimer Heinrich-Lanz-Werke den 80 PS starken Landbaumotor des Typs LCM in 32 Einheiten her. Dieses mit breiten Eisenrädern für die Bearbeitung mooriger Flächen ausgerüstete Exemplar ist als einzige Maschine erhalten geblieben.

Der englische Maschinenbauingenieur John Fowler brachte erstmals ein aus zwei selbstfahrenden Dampflokomobilen bestehendes Pflugsystem zur Funktionsreife. Diese Maschinen konnten einen Kipppflug, aber auch andere Ackergeräte an einem Stahlseil abwechselnd über das Feld hin- und herziehen. Abgebildet ist ein 1909 von diesem Hersteller gebautes Exemplar. Gut sichtbar ist die unter dem Langkessel befindliche Seiltrommel.

McCormick-Vergaserschlepper Mogul

Diese alles andere als kleinen europäischen Dampf-
pflugmaschinen wurden durch nicht wenige Giganten
aus der Neuen Welt noch weit in den Schatten gestellt.
In Amerika, wo ja alles „größer, höher und weiter"
als im kleinen Europa war, stampften ab etwa 1875
schwere selbstfahrende Dampflokomobilen über die auf
den Prärien entstandenen und bis hinter den Horizont
reichenden Felder. Pflugfurchen mit einer Länge von
weit mehr als 10 km mit Arbeitsbreiten von über 10 m
waren dabei keine Seltenheit. Der Bedarf war groß, die
Branche expandierte und neue Hersteller schossen wie
Pilze aus dem Boden. Nachdem man 1859 in Pennsyl-
vania Erdöl entdeckt hatte, kündigte sich ein Wandel an,
denn die Landwirtschaft zählte schon bald zu den wichtigsten Abnehmern der neuen Benzinmotoren. Seit der
Jahrhundertwende begannen ebenso üppig dimensionierte Benzintraktoren ihre Dampfschlepper-Vorgänger
mehr und mehr aus ihren Einsatzfeldern zu verdrän-
gen. Alle Hersteller stellten ihre Fertigungsprogramme
auf den Bau großer Benzinschlepper um.

Den Europäern fiel es anfangs schwerer, die Vorteile
des Verbrennungsmotors für den landwirtschaftlichen
Einsatz zu nutzen. Hinzu kam, dass ergiebige Erdölvor-
kommen weitgehend fehlten und die entsprechenden
Produkte eingeführt und teuer bezahlt werden mussten.
Eine überwiegend deutsche Entwicklung waren die bis
in die frühen 1920er-Jahre von mehreren Herstellern
angebotenen Motortragpflüge: große und unhandliche,
mit bis zu 80 PS allerdings leistungsstarke und entsprechend kostspielige Maschinen. Zahlreiche andere,
in verschiedene Richtungen gelenkte Experimente und
Versuche, wie z. B. Bodenfräsen, Landbaumotoren und
Raupenschlepper, führten − wie letztendlich auch der
Motortragpflug − in eine konstruktive Sackgasse. Nach
Erscheinen der wesentlich vielseitigeren Vierradschlep-
per verschwanden diese nicht mehr konkurrenzfähigen
Maschinen schnell vom Markt.

Oben: Der Typ 8-16 Junior trat ab 1917 die Nachfolge des Mogul 8-16 an. Dieser technisch verbesserte und um einiges handlichere Rahmenbauschlepper war sozusagen das weniger bekannte Gegenstück des im gleichen Jahr auf den Plan tretenden Fordson F.

Unten: Der legendäre Fordson F – hier ein Fahrzeug aus dem Jahre 1921 – beeinflusste wie kein zweiter Ackerschlepper die Entwicklung des landwirtschaftlichen Nutzfahrzeugs. Dieser in Großserie gebaute, eher unscheinbare Blockbauschlepper ist quasi der Urahn des heutigen Standardtraktors.

Leider fehlte auch zu Beginn des 20. Jahrhunderts eine durch Verbrennungsmotor angetriebene, universell als Zug- und Antriebsmaschine einzusetzende Kraftmaschine. Die rasche Industrialisierung hatte aber zu einer immer schneller wachsenden Bevölkerung geführt, die ernährt werden musste. Also mussten die Bodenerträge wesentlich gesteigert werden. Das war mit den überalterten Methoden der Feldbestellung nicht zu realisieren.

In Amerika hatte sich zu jener Zeit eine Benzinschlepperindustrie von beachtlichem Umfang gebildet. Das Land hatte mittlerweile auch eine technische Vorreiterstellung errungen, sodass die folgenden Innovationen von dort ausgingen. Waren es anfangs noch schwergewichtige und teure Schlepper, begann sich ab etwa 1910 das Bild zu wandeln: Leichtere und kompaktere Fahrzeuge gewannen die Oberhand. Mit

Oben: Dieser 1921 in den Vereinigten Staaten hergestellte Aultman-Taylor-Traktor Typ 30/60 soll als Beispiel für die zu Beginn des 20. Jahrhunderts dort üblichen schweren Benzintraktoren stehen. Das Ungetüm hatte einen 75 PS starken Vierzylindermotor und wog mehr als 12 t. Mit dem Erscheinen des Fordson F waren diese Giganten mit einem Schlag veraltet.

Unten: Ein Fordson F in der Heckansicht, ausgerüstet mit eisernen Laufringen für den Straßenbetrieb.

Dieser Fordson F mit Hinterradkotflügeln wurde nachträglich auf Ackerluftbereifung umgerüstet.

etwa 2,5 t Gewicht waren diese Maschinen zwar immer noch keine Leichtgewichte, sie konnten aber zumindest ansatzweise auch auf kleineren Höfen wirtschaftliche Einsatzbedingungen finden. Typische Vertreter dieser neuen, handlicheren Baulinie waren die ab 1914 angebotenen Modelle 10-20 Titan und 8-16 Mogul.

Der endgültige technische Durchbruch gelang schließlich keinem anderen als dem legendären Konstrukteur und Automobilkönig Henry Ford. Er schuf einen Ackerschlepper, der wie kein zweiter in der Geschichte der Landwirtschaft die Entwicklung dieses Nutzfahrzeugs grundlegend beeinflussen und verändern sollte. Gemeint ist der seit 1917 in gewaltigen Stückzahlen fabrizierte Benzintraktor Fordson F, eine in jeder Hinsicht wegweisende Konstruktion, die fast allen nachfolgenden Schlepperentwürfen – und dies nicht nur in Deutschland – als Vorbild diente. Es war ein Erfolgsmodell, das alles hatte, um eine wahre Revolution in der Branche auszulösen und es binnen kürzester Zeit an die Spitze der Zulassungen in den Vereinigten Staaten stürmen zu lassen. Der Fordson F war einfacher

und übersichtlicher konstruiert, wog viel weniger und war leichter in der Bedienung und Wartung als alles andere, was es damals am Markt zu kaufen gab. Außerdem war er auch noch wesentlich billiger als sämtliche Konkurrenzprodukte, sodass er es verhältnismäßig leicht hatte, diese technisch hoffnungslos unterlegenen Modelle ins Abseits zu drängen. Sein überaus günstiger Preis war das Ergebnis des bereits im Automobilbau bewährten Fließbandverfahrens, welches die Herstell- und Stückkosten deutlich minimierte.

Mit dem Fordson F, von dem bis zum Herbst 1927 fast 750.000 Einheiten entstanden, war es Henry Ford gelungen, einen für die Masse auch der kleinen Landwirte erschwinglichen und universell für die Feldarbeit einsetzbaren Ackerschlepper zu entwickeln. Mit einer gewissen Berechtigung kann man daher das Jahr seines Erscheinens als die eigentliche Geburtsstunde des neuzeitlichen Ackerschleppers betrachten.

# Blockbauschlepper und Bulldog-Technologie

Während der amerikanische Fordson-Traktor ab Mitte 1917 in immer größeren Stückzahlen produziert wurde, befand sich die deutsche Landtechnikindustrie hoffnungslos im Hintertreffen. Die wenigen deutschen Schlepperkonstruktionen waren viel zu groß und unhandlich, um eine Rolle als Universalschlepper in kleineren Betrieben übernehmen zu können.

Im Deutschen Reich, das unter den Nachwirkungen des verlorenen Ersten Weltkrieges, den im Versailler Friedensvertrag diktierten Reparationen und der folgenden Inflation sehr zu leiden hatte, dauerte es bis Mitte der 1920er-Jahre, bevor die neuen Bauprinzipien umgesetzt werden konnten. 1924 stellten die Hanomag-Werke den WD-Radschlepper R 26 vor. Der mit Benzin oder Petroleum zu betreibende Blockbautraktor orientierte sich an den neuen Bauprinzipien. Er war dem Konkurrenten aus Amerika zwar in manchen Punkten klar überlegen, dafür aber auch um einiges teurer. Deshalb blieb auch er für kleinere Betriebe praktisch unbezahlbar.

Eine für die deutsche Landwirtschaft überaus wichtige Konstruktion war der Glühkopfbulldog der Heinrich-Lanz-Werke. Auf der 1921 stattfindenden DLG-Ausstellung hatte der heute zur Legende gewordene 12er-Typ HL (Heinrich Lanz) als welterster Rohölschlepper seinen großen Auftritt. Der kleine Bulldog war allerdings viel eher eine selbstfahrende Maschine. Für Ackerarbeiten war er unbrauchbar. Daher kam zwei Jahre später ein für die Feldarbeit geeigneter Knicklenker-Bulldog auf den Markt. Diese Maschine besaß einen Vierradantrieb und war ackertauglich, auf der Straße aber nicht zu gebrauchen und somit auch nicht universell verwendbar.

Der Bulldogmotor war sehr einfach, robust und anspruchslos. Er kam dem damals nur gering ausgeprägten technischen Wissensstand der ländlichen Bevölkerung sehr entgegen. Außerdem besaß er den entscheidenden Vorteil, dass er mit praktisch allen vorhandenen Kraftstoffen, Ölen und Fetten und deren anderweitig nicht mehr verwendbaren Abfällen ohne Leistungseinbußen betrieben werden konnte.

Oben: Der Lanz-Bulldog HL war eine Glühkopfmaschine, die der landwirtschaftlichen Mechanisierung in Deutschland neue Impulse gab. Hier ist die einfachste Ausführung mit Eisenrädern zu sehen.

Unten, von links nach rechts: Hanomag WD-Radschlepper R 26, Lanz-Bulldog Typ HL mit Elastikbereifung, Lanz-Knicklenker-Bulldog Typ HP

### Lanz 12-PS-Rohölschlepper Typ HL

Die seit 1859 in Mannheim ansässigen Heinrich-Lanz-Werke waren zu Beginn des 20. Jahrhunderts zu einem der bedeutendsten Landmaschinenhersteller Europas aufgerückt.

Lag das hauptsächliche Betätigungsfeld des Unternehmens noch zu Beginn des Ersten Weltkrieges in der Fertigung von Lokomobilen, Dampfdreschmaschinen, selbstfahrenden Bodenfräsen und anderen landwirtschaftlichen Maschinen, so zeichnete sich mit dem Eintritt des Konstrukteurs Dr. Fritz Huber ab Ende 1916 eine grundlegende Veränderung ab. Er sah in dem einfachen und preiswerten einzylindrigen Glühkopfmotor das ge-

eignete Antriebssystem, um der längst fälligen Landwirtschaftsmechanisierung neue Impulse zu geben. Deshalb widmete er seine berufliche Tätigkeit einzig und allein dem Ziel, diesem Motor zum Durchbruch zu verhelfen. Seiner Überzeugung verlieh er mit dem Ausspruch „Der Motor für die Landwirtschaft kann nicht einzylindrig genug sein!" einen besonderen Nachdruck.

1921 wurde der später in Fachkreisen als „12er-Lanz" bezeichnete Rohölschlepper auf der Leipziger DLG-Messe die Sensation. Die zunächst nur mit Eisenrädern lieferbare Maschine gab es später auch in unterschiedlich bereiften Ausführungen. Ihre Zuverlässigkeit war sprichwörtlich. Bis 1927 entstanden mehr als 6.000 Einheiten.

Der sogenannte Eisenbulldog war die einfachste Variante des Lanz-Bulldogs HL.

| Lanz 12-PS-Rohölschlepper Typ HL | |
| --- | --- |
| BAUZEIT | 1921–1927 |
| MOTOR | wassergekühlter Einzylinder-Glühkopfmotor |
| LEISTUNG/DREHZAHL | 12 PS bei 420 U/min |
| HUBRAUM | 6.620 cm³ |
| GETRIEBE | keines (Fahrtrichtungs-wechsel durch Umsteuerung) |
| GEWICHT | 1.850–2.000 kg |
| ANTRIEB | auf die Hinterräder |

Rechts: Die hartgummibereifte Bauausführung wurde als Gummi-bulldog bezeichnet.

Unten links: Mit seinem liegenden, ventillosen Einzylinder-Zweitakt-Rohölmotor, seiner robusten Bauweise in Verbindung mit der ein-fachen und unkomplizierten Handhabung ist der 12-PS-Lanz-Bulldog berühmt geworden. Hier ein Fahrzeug mit Eisenrädern.

Unten rechts: Als leichte Straßenzugmaschine im Nahverkehr eingesetzt wurde der mit schweren Gussfelgen ausgerüstete Doppelbulldog.

## Lanz Ackerbulldog Typ HP (Knicklenker)

Da sich das Lanz-Modell HL für die Feldarbeit nicht eignete, entstand im Jahr 1923 der eben für diesen Bereich verwendbare Knicklenker-Ackerbulldog Typ HP. Es war eine etwas kopflastig und sehr eigenwillig wirkende Maschine, die vorne größere und hinten kleinere greiferbestückte Eisenräder mit Flachstahlspeichen besaß. Die Tatsache, dass der vordere und hintere Teil des Schleppers durch ein Scharniergelenk verbunden waren, verhalf dem Fahrzeug zu dem Namen „Knicklenker". Infolge seines permanent zugeschalteten Vierradantriebs verfügte der sehr wendige Bulldog über zwei Differenziale. Der Glühkopfmotor hatte eine Verdampfungskühlung und war mit dem des Typs HL identisch. Ein Schaltgetriebe war nicht vorhanden, für die Rückwärtsfahrt musste wie beim HL der Motor von Hand am Schwungrad umgesteuert werden. Zum Stationärbetrieb war eine Riemenscheibe vorhanden.

Dieser technisch hoch interessante Schlepper war seiner Zeit um rund 30 Jahre voraus. Seine Bauweise machte ihn zwar zu einem hervorragenden, wenn auch sehr teuren Ackerschlepper – Einsätze auf Straßen und Wegen führten indes zu keinen befriedigenden Ergebnissen.

Der vierradgetriebene Knicklenker-Bulldog wurde in der zeitgenössischen Reklame als „unübertroffener Pflugmotor der Neuzeit" bezeichnet. Das hier abgebildete Modell stammt aus dem Jahre 1923.

| Lanz Ackerbulldog Typ HP (Knicklenker) | |
|---|---|
| BAUZEIT | 1923–1926 |
| MOTOR | wassergekühlter Einzylinder-Glühkopfmotor |
| LEISTUNG/DREHZAHL | 12 PS bei 420–500 U/min |
| HUBRAUM | 6.220 cm³ |
| GETRIEBE | keines (Fahrtrichtungswechsel durch Umsteuerung) |
| GEWICHT | 1.960 kg |
| ANTRIEB | Vierrad-/Allradantrieb |

## Lanz-Bulldog HM Mops

Der auf Basis des Lanz-Bulldogs HL entstandene „Mops" – das war sein Telegrammkürzel – war eine Kleinkraftmaschine, die nicht nur zum Antrieb landwirtschaftlicher und gewerblicher Maschinen vorgesehen war, sondern diese auch mit eigener Kraft zum Einsatzort ziehen konnte. Der kleine 8-PS-Bulldog besaß in puncto Bauweise, Unempfindlichkeit und Wirtschaftlichkeit die gleichen Vorzüge wie sein 12 PS starkes Pendant. Allerdings war sein Motor doch etwas zu schwach. Den Mops gab es in mehreren Bereifungsvarianten. Der Zeitpunkt seines Erscheinens im Jahr 1923 auf dem Höhepunkt der Inflation war in Verbindung mit seiner Leistungsschwäche der Hauptgrund, der seinen Erfolg verhinderte. Nach nur 250 Einheiten endete die Fertigung bereits im Jahr 1925. Entsprechend selten (und teuer) ist er heute.

| Lanz-Bulldog HM Mops | |
| --- | --- |
| Bauzeit | 1923–1925 |
| Motor | wassergekühlter Einzylinder-Glühkopfmotor |
| Leistung/Drehzahl | 8 PS bei 500 U/min |
| Hubraum | 3.818 cm³ |
| Getriebe | keines (Fahrtrichtungswechsel durch Umsteuerung) |
| Gewicht | 1.190 kg |
| Antrieb | auf die Hinterräder |

Der Felddank von Lanz war eine ungemein zugkräftige Maschine. Sein volumenstarker Motor war auch über die angegebene Leistung hinaus starken Belastungsschwankungen gewachsen.

## Lanz FHD 38 PS Felddank

Dieser Schwerölschlepper wurde unter seiner Telegrammbezeichnung als Typ „Felddank" bekannt. Er entstand aus dem Vergaserschlepper Feldmotor (FMD), den Fritz Huber auf Glühkopfbetrieb umgestellt hatte. Der stehend in einem massiven Profileisen-Rahmen eingebaute Motor verfügte über zwei Glühköpfe, die so angeordnet waren, dass sie mit einer einzigen Heizlampe zugleich angeheizt werden konnten. Durch die damals sehr unübliche pendelnd gelagerte und blattgefederte Hinterachse ergab sich ein für seine Zeit beachtlicher Fahrkomfort. Der Felddank war ein Ackerschlepper der schweren Klasse und zur Motorisierung großer Gutshöfe und Domänen vorgesehen. Es gab eine eisenbereifte Ackerausführung sowie eine vollgummibereifte Verkehrsmaschine. Er war ein ausgezeichneter, aber sehr teurer Traktor, der nur kleine Fertigungszahlen erreichte.

| Lanz FHD 38 PS Felddank | |
| --- | --- |
| Bauzeit | 1923–1927 |
| Motor | wassergekühlter Zweizylinder-Glühkopfmotor |
| Leistung/Drehzahl | 38 PS bei 650 U/min |
| Hubraum | 12.475 cm³ |
| Getriebe | 3/1-Gang |
| Gewicht | 4.200 kg |
| Antrieb | auf die Hinterräder |

Der Mops war im Grunde ein maßstäblich verkleinerter 12-PS-Bulldog HL und sah diesem zum Verwechseln ähnlich.

## Hanomag WD-Radschlepper R 26

Das Jahr 1917 markierte weltweit einen Meilenstein in der Geschichte des Traktorenbaus, als Henry Ford seinen berühmten Fordson-Schlepper auf den Markt brachte. Mit diesem Modell gelang es seinem Hersteller, die gesamte Schlepperbranche in den USA, aber auch in Europa aufzumischen und zu fieberhaften Konstruktions- und Nachahmungsaktivitäten anzuregen. Auch in Deutschland fehlte ein leichter, universell verwendbarer Traktor. Nicht zuletzt deshalb, um den durch den Krieg verursachten gewaltigen Fehlbestand an Zugtieren auszugleichen. Doch zunächst hatte die geschwächte einheimische Industrie diesem Erfolgsmodell nichts Gleichwertiges entgegenzusetzen.

1924 begannen die Hanomag-Werke in Hannover mit dem Automobilbau – das erste Produkt dieser Art war ein 10-PS-Kleinwagen mit dem treffenden Namen „Kommissbrot" – und unternahmen gleichzeitig mit dem WD-Radschlepper R 26 einen Vorstoß in die Traktorenbranche. Der Radschlepper orientierte sich mit seiner gewichtsparenden Blockbauweise, bei der Motor, Getriebe und Hinterachse eine selbsttragende Einheit bildeten, weitgehend an seinem amerikanischen

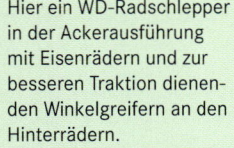

Hier ein WD-Radschlepper in der Ackerausführung mit Eisenrädern und zur besseren Traktion dienenden Winkelgreifern an den Hinterrädern.

### Der Fordson in Deutschland

Während der Fordson bereits 1921 mehr als zwei Drittel des amerikanischen Marktes beherrschte, verhinderte die deutsche Reichsregierung sowohl aus Sorge um die Konkurrenzfähigkeit der einheimischen Motorpflugindustrie als auch wegen fehlender Devisen zunächst die Einfuhr dieses Traktors. Hinzu kam, dass angesichts dieses Modells aus dem Siegerlager vor allem die Masse der national gesinnten Politiker der Weimarer Republik, aber auch viele Landwirte die Nase rümpften und das Fahrzeug als indiskutabel ablehnten. Ab Frühjahr 1924 wurde das Einfuhrverbot von Regierungsseite aber so weit gelockert, dass limitierte Kontingente in steigender Zahl ins Land kamen. Infolge des viel zu geringen inländischen Schlepperangebots überstieg die Nachfrage – trotz der genannten Vorbehalte – die zur Verfügung stehenden Stückzahlen bei Weitem.

Vorbild. Der Vierzylinder-Doppelvergasermotor war für den Betrieb mit Benzol oder Petroleum geeignet.

Dieses Modell gab es in einer eisenbereiften Ackerausführung und als Verkehrsschlepper mit hartgummibereiften Vollscheibenrädern für den Straßeneinsatz.

Um das Gesamtgewicht des ohnehin schon schweren WD-Straßenschleppers weiter zu erhöhen, konnte er mit schweren Gussfelgen und hinterer Zwillingsbereifung ausgerüstet werden. Das wiederum hatte eine höhere Zugkraft zur Folge.

Toprestaurierter WD-Radschlepper R 26 mit Hartgummi-(Elastik-)Bereifung und Faltverdeck für den Straßeneinsatz. Die seitlich sichtbare Riemenscheibe ermöglichte auch den Antrieb von stationären Maschinen.

**Hanomag WD-Radschlepper R 26**

| | |
|---|---|
| BAUZEIT | 1924–1925 |
| MOTOR | wassergekühlter Vier-zylinder-Vergasermotor |
| LEISTUNG/DREHZAHL | 26 PS bei 1.100 U/min |
| HUBRAUM | 4.252 cm³ |
| GETRIEBE | 3/1-Gang |
| GEWICHT | 1.950 kg |
| ANTRIEB | auf die Hinterräder |

**Wie entstand der Name „Bulldog"?**

Wer als Erster dieses Fahrzeug mit dem Erscheinungsbild einer Bulldogge in Verbindung brachte, ob sein Konstrukteur Dr. Huber selbst oder einer seiner Mitarbeiter, ist nicht überliefert. Offensichtlich aber ließ sich der Namensgeber von der eigentümlichen Form des frei liegenden Zylinderkopfes und der über diesem liegenden Schutzkappe mit den beiden augenähnlichen Entlüftungslöchern leiten, die zusammen genommen eine entfernte Ähnlichkeit mit dem Kopf einer Bulldogge ergaben. Gleichzeitig war damit ein äußerst treffender, einprägsamer Name für alle zukünftigen Produkte des Hauses gefunden.

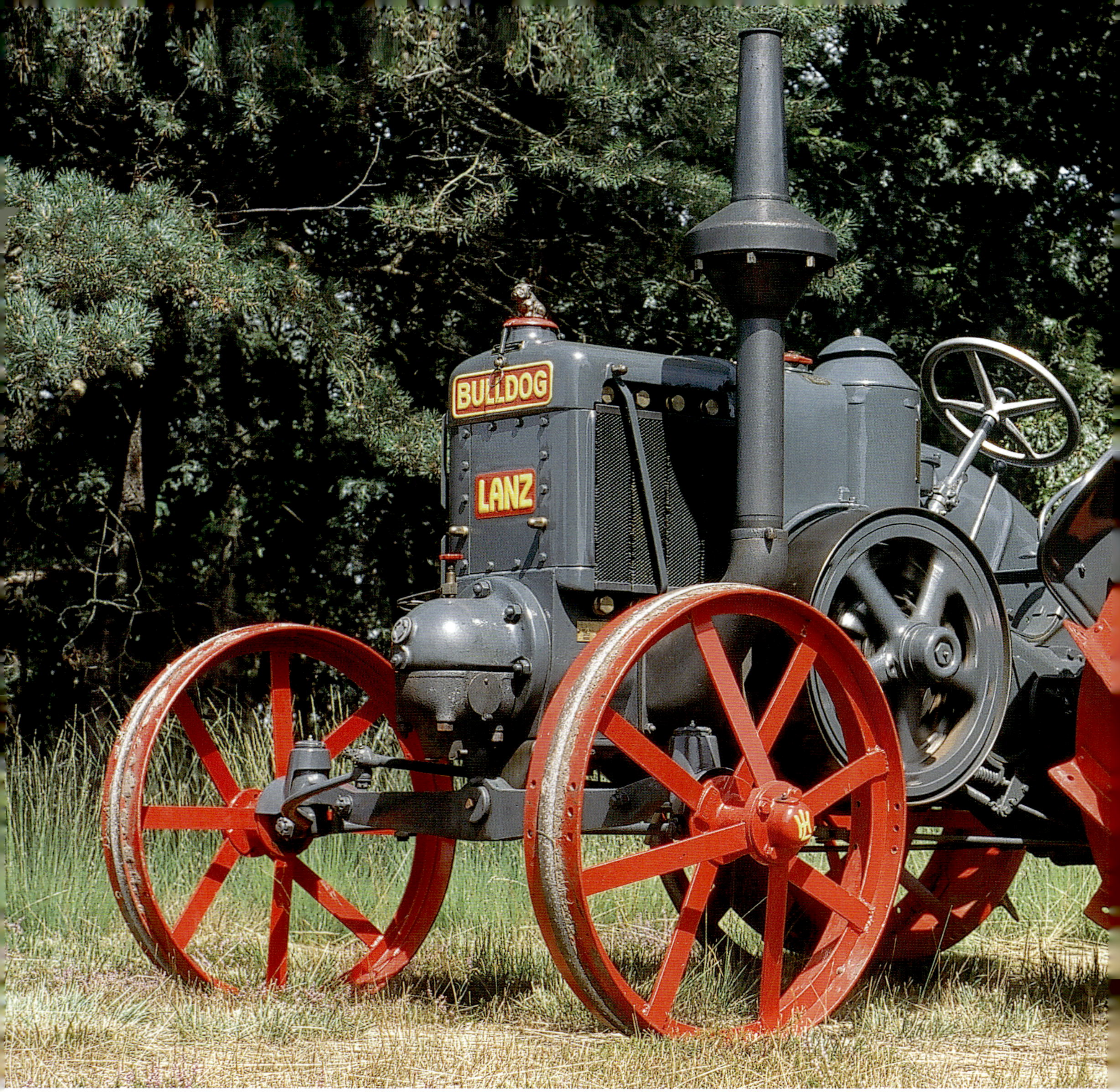
BULLDOG
LANZ

BULLDOG

DEUTZ

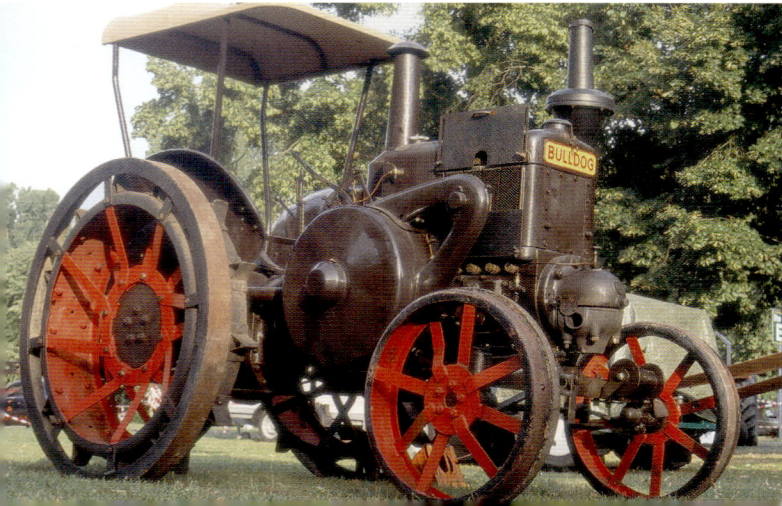

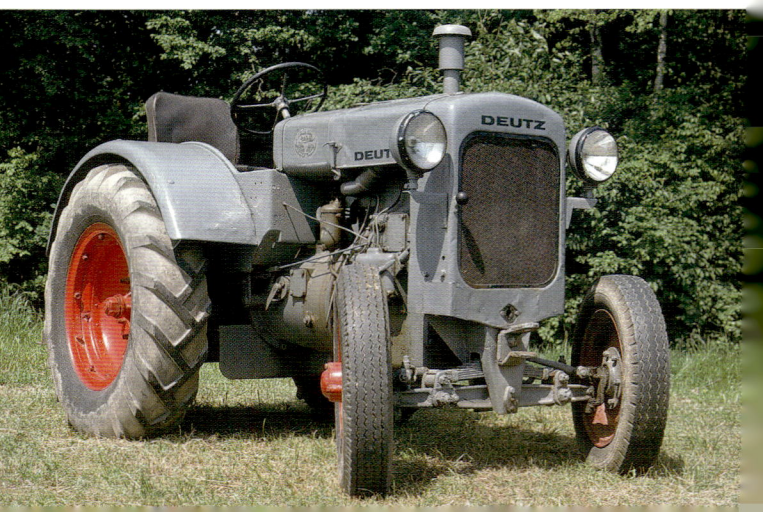

# Der Traktor nimmt Gestalt an

Mitte der 1920er-Jahre war die politische Situation im Deutschen Reich nach Überwindung der Inflation durch eine kurze Phase der Konsolidierung gekennzeichnet. Durch die von Amerika ausgehende Weltwirtschaftskrise geriet die wirtschaftlich noch immer sehr geschwächte Weimarer Republik jedoch in starke Turbulenzen. Die Krise traf das Land härter als seine Nachbarn, was seit Ende der 1920er-Jahre zu einem Rückgang der Industrieproduktion und Massenarbeitslosigkeit führte. Zukunftsängste und Perspektivlosigkeit sorgten dafür, dass Kommunisten, vor allem aber Nationalsozialisten immer mehr Zulauf erhielten. Mit Hitlers Machtübernahme im Januar 1933 schien ein Ausweg aus der Krise gefunden zu sein.

Auch die Schlepperbranche wurde von dieser rezessiven Talfahrt erfasst. Es kam zu Firmensterben und Marktbereinigung, die nur große Hersteller überleben ließ. Die Kraftstoff-Frage wurde ein immer wichtigeres Thema, weil die auf Erdöl basierenden Treibstoffe fast vollständig eingeführt werden mussten. Den Herstellern war klar geworden, dass dem sparsameren und billigeren Dieselmotor die Zukunft gehörte. So führte der Zwang zu Kosteneinsparungen zu einem schnellen Durchbruch dieses Antriebssystems.

Daneben waren jene Jahre gekennzeichnet durch zahlreiche große und kleine Verbesserungen, welche Zuverlässigkeit und Funktionstüchtigkeit der damaligen Traktoren erhöhten. Einmal die Luftbereifung, mit der die Traktoren auf Feld und Straße eingesetzt werden konnten. Oder der Ölbad-Luftfilter, der den anfallenden Staub auffing und die Lebensdauer des Motors erhöhte. Wichtig war die Getriebezapfwelle, mit der eine kraftübertragende Verbindung zwischen Schlepper und Arbeitsmaschine hergestellt wurde.

Neben den Lanz-Werken brachte auch Hanomag neue Traktortypen auf den Markt. Zu diesen beiden gesellten sich die Kölner Deutz-Werke, ein Motorenhersteller, der sich auf der Suche nach zusätzlichen Anwendungsbereichen für seine Antriebsaggregate ebenfalls dem Schlepperbau zuwandte.

Oben: Der seit Sommer 1929 gebaute Lanz-Kühlerbulldog Typ 15/30 HR 5 war die nunmehr mit einem geschlossenen Kühlsystem ausgerüstete konsequente Weiterentwicklung des 22/28-PS-Großbulldogs. Abgebildet ist die eisenbereifte Ackerausführung.

Unten, von links nach rechts: Lanz-Kühlerbulldog der HR-5-Baureihe, Deutz-Dieselschlepper F 2 M 315, Hanomag WD Radschlepper R 28/32

## Deutz-Dieselschlepper MTZ 220

Um den Absatz von Dieselmotoren zu fördern, entstand 1924 das konstruktiv vom Lanz-Bulldog HL beeinflusste Deutz-Traktormodell MTH. Ebenso wie sein Vorbild war es aber nur ein fahrbarer Stationärmotor, der überwiegend zum Antrieb der Dreschmaschine diente. Um den Forderungen der Landwirtschaft nach universeller Verwendbarkeit besser gerecht zu werden, entstand zwischen 1926 und 1932 die aus den Typen 120, 220 und 320 bestehende MTZ-Traktorreihe. Die zwischen 27 und 36 PS starken, in Rahmenbauweise ausgeführten Fahrzeuge waren die ersten vollwertigen Deutz-Schlepper, die auch auf dem Feld mit Erfolg eingesetzt werden konnten. Sie halfen dem Kölner Unternehmen, sich über den Motorenbau hinaus auch in der Traktorbranche einen guten Namen zu machen.

Das MTZ-Modell 220 unterschied sich vom Typ 120 durch seine größere Motorleistung. Außerdem war jetzt eine Druckumlaufschmierung vorhanden.

| Deutz-Dieselschlepper MTZ 220 | |
|---|---|
| Bauzeit | 1929–1932 |
| Motor | wassergekühlter Zweizylinder-Diesel |
| Leistung/Drehzahl | 30 PS bei 850 U/min |
| Hubraum | 5.722 cm³ |
| Getriebe | 3/1-Gang |
| Gewicht | 2.850 kg |
| Antrieb | auf die Hinterräder |

Ein eisenbereifter, mit Laufringen ausgeführter MTZ 320. Gut zu erkennen ist die ungefederte Pendelvorderachse, die sich aber Bodenunebenheiten gut anpassen konnte. Optional war eine Getriebezapfwelle lieferbar.

Zahlreiche Fahrzeuge wurden später – so wie das hier abgebildete – auf die vorteilhaftere Ackerluftbereifung umgerüstet. Damit erhöhte sich auch die Endgeschwindigkeit beträchtlich.

Hier ist ein restauriertes Stahlschleppermodell F 2 M 315 zu sehen. Die Luftbereifung verhalf ihm zu einer Höchstgeschwindigkeit von 17,4 km/h.

## Deutz-Dieselschlepper MTZ 320 mit Luftbereifung

Das größte und mit 1.427 Einheiten zugleich auch erfolgreichste Fahrzeug der MTZ-Schlepperfamilie war der Typ 320. Es löste den Typ 220 ab, dessen Fertigung zum Ende des Jahres 1932 auslief. Zugleich war der MTZ 320 auch das höchstentwickelte Fahrzeug, dessen Leistung durch Drehzahlerhöhung weiter gesteigert werden konnte. Der großvolumige Motor stellte 36 PS als Dauer- und 40 PS als Höchstleistung zur Verfügung. Er kam entweder in landwirtschaftlichen Großbetrieben oder als Straßenzugmaschine im Nahverkehr zum Einsatz.

Im Jahr 1934 bekam der MTZ 320 in Gestalt des neuen Deutz-Blockbauschleppers, des Stahlschleppermodells F 2 M 315, Konkurrenz aus dem eigenen Hause. Erstaunlicherweise wurde er nach Erscheinen dieses Modells noch fast zwei Jahre weitergebaut.

## Deutz-Dieselschlepper F 2 M 315

Vom Fordson ausgehend, hatte sich mittlerweile die Blockbauweise auf breiter Front durchgesetzt. Mit der Einführung des Typs F 2 M 315 vollzog Deutz im Jahr 1934 diesen längst fälligen Entwicklungsschritt. Es war das erste Modell einer überaus fortschrittlichen und erfolgreichen Schlepperfamilie, die bis in die 1950er-Jahre Bestand haben sollte. Bei dieser waren die aus Stahlguss gefertigte Motorölwanne und das Getriebegehäuse zu einem selbsttragenden Element verflanscht. Da das Getriebegehäuse als geschweißtes, bruchsicheres Stahlgehäuse ausgebildet war, gründete sich hierauf auch der in Insiderkreisen für die gesamte Baureihe geläufige Beiname „Stahlschlepper".

Das aus zwei Zylindereinheiten bestehende Vorkammer-Dieselaggregat war hinsichtlich Art und Qualität der verwendbaren Kraftstoffe ziemlich anspruchslos und verdaute nahezu alles, was man ihm vorsetzte. Dieses Modell wurde überwiegend mit Ackerluftbereifung verlangt und bis 1942 in 11.888 Exemplaren gefertigt.

| Deutz-Dieselschlepper MTZ 320 mit Luftbereifung | |
| --- | --- |
| BAUZEIT | 1932–1936 |
| MOTOR | wassergekühlter Zweizylinder-Diesel |
| LEISTUNG/DREHZAHL | 36–40 PS bei 1.100 U/min |
| HUBRAUM | 5.722 cm³ |
| GETRIEBE | 3/1-Gang |
| GEWICHT | 4.020 kg |
| ANTRIEB | auf die Hinterräder |

| Deutz-Dieselschlepper F 2 M 315 | |
| --- | --- |
| BAUZEIT | 1934–1942 |
| MOTOR | wassergekühlter Zweizylinder-Diesel |
| LEISTUNG/DREHZAHL | 28 PS bei 1.200 U/min |
| HUBRAUM | 3.400 cm³ |
| GETRIEBE | 3/1-Gang |
| GEWICHT | 2.750 kg |
| ANTRIEB | auf die Hinterräder |

Dieser 1927 gebaute Groß-bulldog ist mit Hartgummi-(Elastik-)Bereifung und versenkt angeordneten Blitzgreifern an den doppelt bereiften Hinterrädern ausgerüstet.

### Lanz-22/28-PS-Großbulldog, Typ HR 2

Nach dem berühmten 12er-Bulldog HL war der Lanz-Großbulldog HR 2 ein weiterer Riesenerfolg für das Mannheimer Unternehmen. Es war der erste Bulldog, bei dem fast alle grundlegenden Merkmale der späteren Typen vertreten waren. Dank moderner Fließbandher-stellung konnte er zu sehr günstigen Preisen angeboten werden, was seinen enormen Verkaufserfolg von insge-samt 7.230 Stück sehr begünstigte.

Bereits 1924 hatte man mit der Entwicklung eines hubraumstarken Glühkopfmotors begonnen, der in ein speziell für größere Höfe konzipiertes Bulldog-Modell eingebaut werden sollte. Die ersten Exemplare des neuen, zunächst mit 22 PS klassifizierten Bulldogs HR 2 waren Ende 1926 fertiggestellt. Im Übrigen konzentrierte sich das Werk nun ausschließlich auf den Bau dieser neuen Maschine. Die anfängliche Leistungsangabe wurde nur kurze Zeit beibehalten, nachdem sich herausgestellt hatte, dass der Motor wesentlich größere Kräfte aus seinem gewaltigen Hubraum freisetzen konnte. Die neue Zahlenkombination 22/28 besagte, dass der Motor 22 PS als Dauerleistung und 28 PS als Höchstleistung über eine Stunde hergeben konnte. Der mit einer Verdampfungskühlung mit 135 Liter Wasservorrat funktionierende Motor war so solide konstruiert, dass kurzzeitig auch Leistungsspitzen um die 30 PS möglich waren, ohne dass dabei Schäden zu befürchten waren.

Gleichzeitig erhielt der HR 2 ein neu entwickeltes viergängiges Stirnrad-Schubgetriebe, das aber nur im Stand durch Betätigung zweier Handhebel – Fußbedienung und Schalten während der Fahrt war noch nicht möglich – zu betätigen war. Nach wie vor musste vor Rückwärtsfahrt die Motordrehrichtung durch Umsteuerung geändert werden.

### Lanz-22/28-PS-Großbulldog, Typ HR 2

| | |
|---|---|
| BAUZEIT | 1927–1929 |
| MOTOR | wassergekühlter Einzylinder-Glühkopfmotor |
| LEISTUNG/DREHZAHL | 22–28 PS bei 500 oder 540 U/min |
| HUBRAUM | 10.338 cm³ |
| GETRIEBE | 4/4-Gang, umsteuerbar |
| GEWICHT | 2.500–3.800 kg |
| ANTRIEB | auf die Hinterräder |

Ein Großbulldog 22/28 in der Verkehrsausführung mit schweren, doppelelastikbereiften Gussfelgen. Die ursprünglichen Klappgreifer sind nicht mehr vorhanden.

### Lanz-15/30-PS-Kühlerbulldog, Typ HR 5

Obwohl sich der Lanz-Großbulldog im täglichen Einsatz bereits seit Jahren sehr bewährt hatte, wurde verschiedentlich über die unzureichende Verdampfungskühlung geklagt. Denn trotz des immerhin 135 Liter fassenden Wasserkastens erwies sich dieser Vorrat im praktischen Einsatz, vor allem in wasserarmen tropischen Ländern als zu gering. Der im Einsatz bei voller Leistung festgestellte Verbrauch von bis zu vier Litern pro Stunde war einfach zu hoch. Hier zeigte sich deutlich, dass ein geschlossenes Kühlsystem für ein zeitgemäßes Fahrzeug dringend erforderlich war. Dies war der Hauptanlass, das nachfolgende Bulldog-Modell mit einer Thermosyphonkühlung auszurüsten.

Ihr Vorteil bestand darin, dass sie – ohne eine Wasserpumpe zu benötigen – in einem geschlossenen Behälter nahezu verlustfrei arbeitete. Dabei wurden die physikalischen Gesetze ausgenutzt, nach denen das erwärmte Wasser nach oben in den Kühler stieg, während das abgekühlte Wasser unten zum Motor zurückfloss. Links und rechts vom Motor waren groß dimensionierte Kühlerelemente angeordnet. Es waren überaus robuste

Ein 15/30-PS-Kühlerbulldog mit doppelten Eisenrädern und Stollen aus dem Jahr 1929. In der Typenbezeichnung bedeutete die Zahl 15 die Zughakenleistung, während aus der zweiten Ziffer die Leistung an der Riemenscheibe – in diesem Fall 30 PS – hervorging.

und unverwüstliche Maschinen, die, wenn es sein musste, tagelang ohne Unterbrechung und fast immer ohne Störung ihren Dienst versahen.

Diese Änderung wurde dazu benutzt, das Getriebe auf Fußschaltung mit Kupplung und Rückwärtsgang umzustellen, wobei der Gangwechsel nun auch während des Fahrens vorgenommen werden konnte. Das umständliche Umsteuern des Motors für Rückwärtsfahrt gehörte seither der Vergangenheit an.

Den Kühlerbulldog gab es in zahlreichen unterschiedlichen Ausführungen als Acker-, Verkehrs- und Raupenbulldog und diese wiederum in einer großen Zahl von Ausrüstungsvarianten und Sonderausstattungen. Bis 1935 wurden 11.500 Einheiten hergestellt.

| Lanz-15/30-PS-Kühlerbulldog, Typ HR 5 | |
|---|---|
| BAUZEIT | 1929–1935 |
| MOTOR | wassergekühlter Einzylinder-Glühkopfmotor |
| LEISTUNG/DREHZAHL | 30–35 PS bei 500 oder 540 U/min |
| HUBRAUM | 10.338 cm³ |
| GETRIEBE | 3/1-Gang |
| GEWICHT | 2.650–3.640 kg |
| ANTRIEB | auf die Hinterräder |

Dieser elastikbereifte Verkehrsbulldog mit Verdeck und gefederter Vorderachse brachte es mit seinen schweren doppelten Gussfelgen auf ein Gewicht von fast 4.000 kg. Die Endgeschwindigkeit betrug 15,8 km/h.

### Hanomag-Dieselschlepper AR 38

Ein tadellos wiederhergerichteter Hanomag-AR-38-Ackerschlepper. Die Vorderräder sind elastikbereift, während die hinteren Eisenräder mit aufgeschraubten Laufringen ausgerüstet sind.

Die Hanomag-Werke begannen erst relativ spät mit der Entwicklung eines Dieselmotors. Dafür hatte man Ende der 1920er-Jahre einen günstigen Zeitpunkt erwischt, indem man die Zeit der Wirtschaftskrise und der stark rückläufigen Nachfrage geschickt für die Neuentwicklung dieses Motors ausnutzte.

Der Chefkonstrukteur der Hanomag-Motorenentwicklung, Dipl.-Ing. Lazar Schargorodsky, konnte bis 1931 einen wassergekühlten Vierzylinder-Dieselmotor fertigstellen, der nach dem Vorkammer-Verbrennungsverfahren arbeitete. Da zu dieser Zeit die Dieselmotorentechnik noch in den Kinderschuhen steckte und Zulieferer wie Bosch noch keine Einspritzaggregate entwickelt hatten, musste die Einspritzanlage für diesen Motor ebenfalls im eigenen Hause entwickelt werden. Der neue Motor leistete 36 PS, und es spricht für die außerordentliche Dauerhaftigkeit der Konstruktion, dass bis 1951 insgesamt rund 30.000 Radschlepper und Hanomag-Raupen mit diesem Antriebsaggregat ausgerüstet wurden.

Bereits 1931 wurde das neu entwickelte, unter der Typenbezeichnung D 52 geführte Antriebsaggregat im Radschlepper RD 36, der das Vergasermodell R 28/32 ablöste, verwendet. Dieser Blockbautraktor und beson-

#### Die Motorisierung der großen Höfe

Bis etwa Mitte der 1930er-Jahre waren nahezu alle bis dahin gebauten Ackerschlepper für landwirtschaftliche oder gewerbliche Großbetriebe konzipiert. Das war bei Lanz nicht anders als bei Hanomag und Deutz. Der 12-PS-Bulldog HL der Mannheimer Lanz-Werke bildete da die Ausnahme. Die hohen Kaufpreise für Fahrzeuge wie Hanomag WD, Deutz MTZ, aber auch für die 10-l-Groß- und Kühlerbulldogs von Lanz, deren Leistung bis hin zur 40-PS-Marke gesteigert worden war, konnten die meist wenig finanzkräftigen kleinen Betriebe in der Regel nicht aufbringen. Neben diesem preislichen Hindernis waren diese Maschinen für kleine Höfe auch viel zu groß, um dort wirtschaftlich eingesetzt werden zu können. Daher erstreckte sich die Motorisierung in der Anfangszeit fast ausschließlich auf große Betriebe, während die Kleinlandwirte hiervon kaum profitieren konnten.

## Hanomag-Dieselschlepper AR 38

| | |
|---|---|
| Bauzeit | 1935–1942 |
| Motor | wassergekühlter Vierzylinder-Diesel |
| Leistung/Drehzahl | 38 PS bei 1.100 U/min |
| Hubraum | 5.195 cm³ |
| Getriebe | 3/1-Gang |
| Gewicht | 2.750–3.200 kg |
| Antrieb | auf die Hinterräder |

ders sein etwas leistungsstärkerer, in manchen Details verbesserter Nachfolger AR 38 entwickelten sich zu den Verkaufsschlagern des Hauses Hanomag in den 1930er-Jahren. Beide Modelle waren an ihren trommelförmigen Kraftstoffbehältern vor der Lenksäule zu erkennen.

Der AR 38 war ein für seine Zeit sehr zugstarker Traktor, der aufgrund seiner Getriebeübersetzung und der Eisenbereifung fast ausschließlich bei der Feldarbeit Verwendung fand. Der Ackerschlepper entwickelte

eine Zugkraft am Haken von 1950 kg im ersten Gang, während diese im dritten Gang immer noch 660 kg ausmachte. Eine Zugleistung von 30 t auf ebenem, trockenem und festem Untergrund konnten ihm unbedenklich zugemutet werden. Serienmäßig vorhanden war die Riemenscheibe, während eine Getriebezapfwelle sowie eine 3,5-t-Seilwinde mit Bergstütze zur Sonderausrüstung zählten.

### Der Sieg des Dieselmotors

Die Frage des Treibstoffs hatte in Deutschland schon seit jeher eine große Rolle gespielt. Denn im Gegensatz zu den Vereinigten Staaten mit ergiebigen Ölquellen und daher billigen Treibstoffen war man hierzulande auf teure Importe angewiesen. Sparsamer Spritverbrauch wurde daher zu einer der wichtigsten Maximen der Schlepperkonstrukteure. Schweröle wie Gasöl, Rohöl oder Diesel waren weitaus billiger und sparsamer im Verbrauch als die schneller entzündlichen Leichtöle Benzin oder Benzol. Daher stellten die deutschen Schlepperhersteller ihre Motorenproduktion spätestens zu Beginn der 1930er-Jahre auf wirtschaftlichere Dieselaggregate um, während diese Entwicklung in den USA erst nach Ende des Zweiten Weltkrieges vollzogen wurde.

Dieser AR 38 wurde nachträglich auf Ackerluftbereifung umgerüstet. In dieser Ausführung betrug seine Höchstgeschwindigkeit 10,5 km/h.

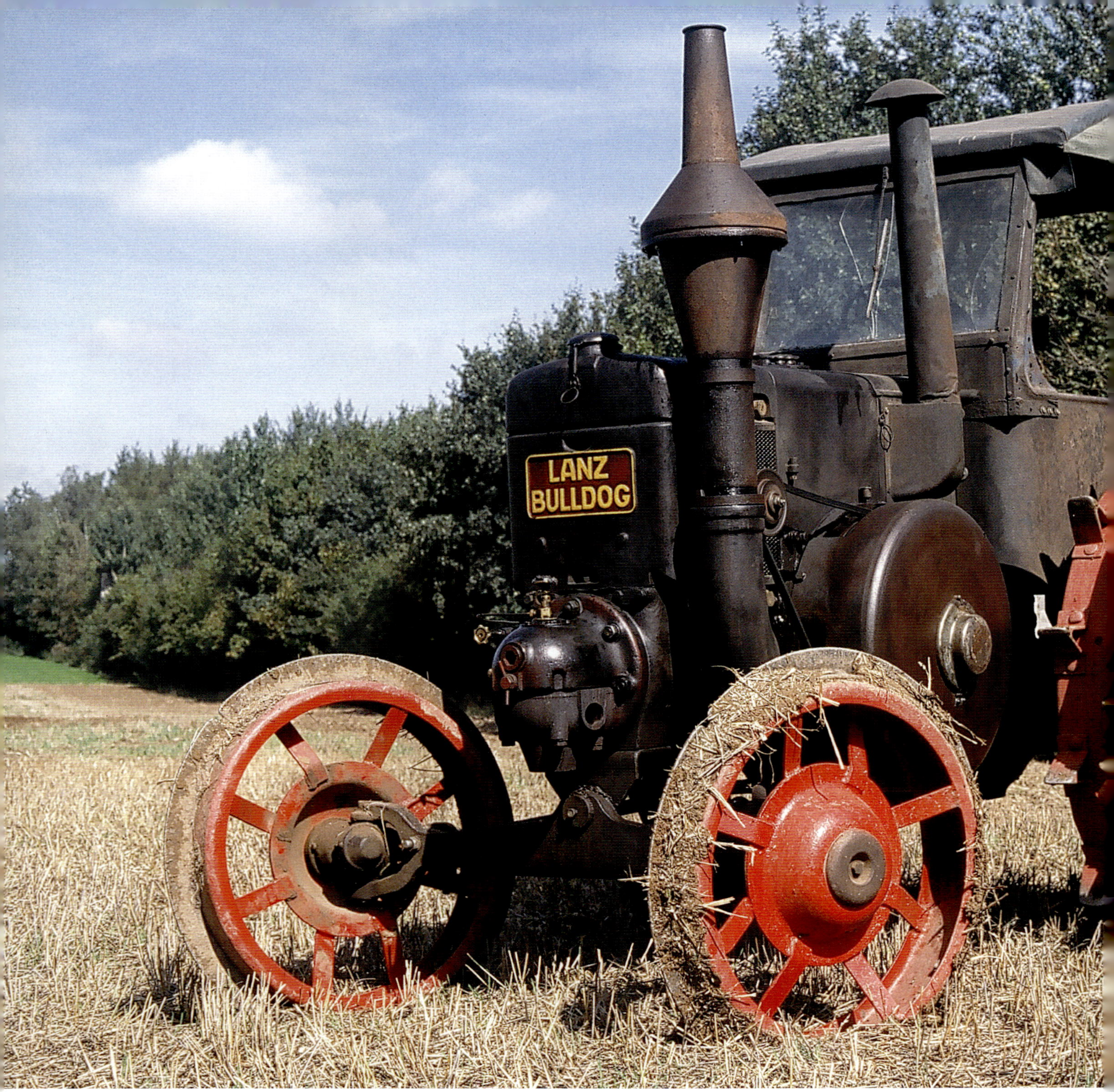
LANZ
BULLDOG

Kramer

HANOMAG
HANOMAG

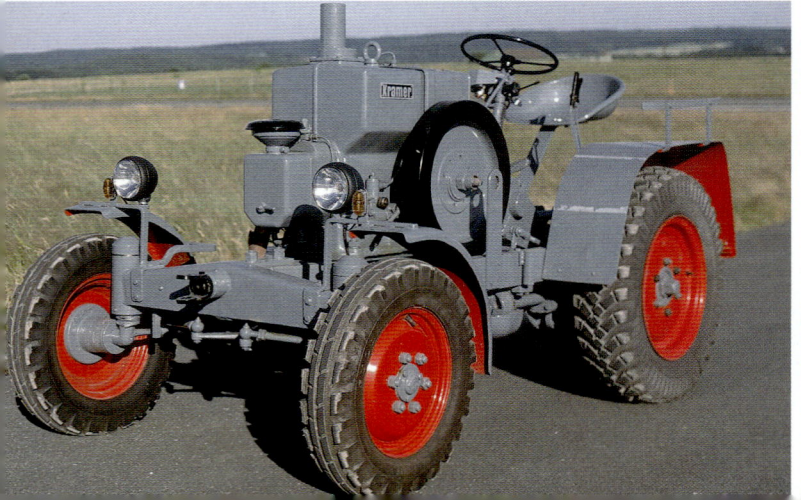

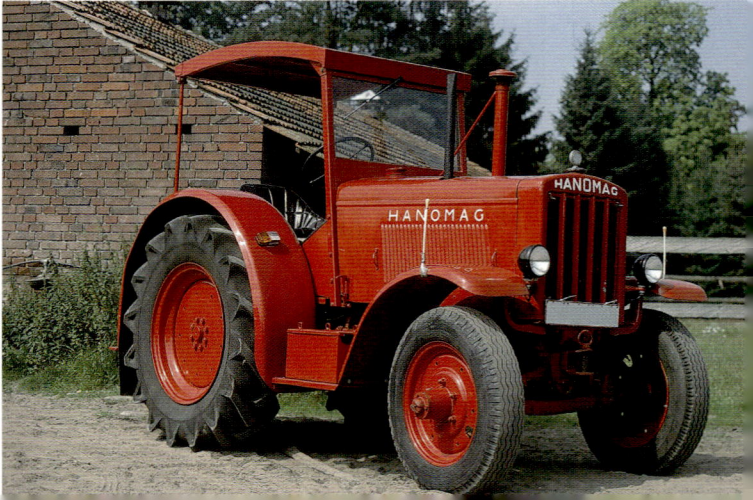

# Der Traktorenbau im Dritten Reich

Die 1933 an die Macht gekommenen Nationalsozialisten erwirkten durch ihre neuen, totalitären Führungsprinzipien zahllose Veränderungen, die sich auf alle Lebensbereiche auswirken sollten. Auch vor der Landwirtschaft machten diese nicht Halt, denn auch sie wurde hinfort in politische Überlegungen mit einbezogen.

Angesichts der völlig unbefriedigenden wirtschaftlichen Lage bestand das vorrangige Ziel der Regierung darin, die Konjunktur wieder anzukurbeln und den vielen Millionen Arbeitslosen eine Beschäftigung zu verschaffen. Durch verschiedene Maßnahmen gelang es unerwartet schnell, ihre hohe Zahl drastisch zu reduzieren. Da Arbeitskräfte anfänglich im Überfluss vorhanden waren, stand die Regierung jeglicher Mechanisierung im Agrarbereich eher ablehnend gegenüber. Die Front gegen die Mechanisierung in der Landwirtschaft wurde aber umso schwächer, je stärker sich die Volkswirtschaft erholte und ein zunehmender Arbeitskräftemangel spürbar wurde. Gleichzeitig hatten die Verantwortlichen erkannt, dass die für den Kriegsfall angestrebte weitgehende Unabhängigkeit des Landes von Einfuhren aus dem Ausland ohne den Einsatz von Maschinen in der Landwirtschaft nicht erreichbar war. In den Prozess der Technisierung mussten auch kleine Höfe mit einbezogen werden.

Der Bau kleiner Traktoren war das Gebot der Stunde. Einfach, robust und preiswert mussten die Fahrzeuge sein. Mit dem 1936 vorgestellten 11er-Deutz, Typ F 1 M 414, reagierten die Deutz-Werke als erster Traktorhersteller auf diese Forderung. Lanz und Hanomag folgten. Angesichts des großen Schlepperbedarfs wagten auch andere Firmen den Einstieg in den Markt.

Seit 1939 wurde die Branche durch Erlass verpflichtet, nur noch in zugewiesenen Leistungskategorien zu bauen und sich dabei auf bestimmte Typen zu beschränken. Der zunehmende Kraftstoffmangel während des Krieges führte ab Mitte 1942 zu einem generellen Bauverbot für Dieselschlepper. Holzgasschlepper mussten fortan die Feldbestellung übernehmen.

Oben: Der eisenbereifte, ausschließlich für den Acker vorgesehene Lanz-Bulldog D 8500 von 1942 war mit einem Dreiganggetriebe und – aufgrund der geringen Geschwindigkeit – nur mit einer Handbremse ausgerüstet.

Unten, von links nach rechts: Kramer-Verdampferschlepper K 18, Hanomag-Diesel-Radschlepper R 40, Deutz-Bauernschlepper Typ F 1 M 414

Deutz F 1 M 414, ausgerüstet mit Klappgreifern und Seitenmähwerk mit Getreideablage für Handaushub.

### Deutz-Bauernschlepper F 1 M 414

Der allseits bekannte und schon zu Bauzeiten zu einer Legende gewordene, unter Kennern als 11er-Deutz bezeichnete Klein- und Bauernschlepper F 1 M 414 verdankt seine Entwicklung der Forderung der damaligen Reichsregierung, auf dem Nahrungsmittelsektor eine größtmögliche Unabhängigkeit von Einfuhren aus dem Ausland zu erreichen. Zu diesem Zweck musste eine intensivere landwirtschaftliche Bewirtschaftung und Steigerung der Felderträge nicht nur auf den größeren Höfen, sondern auch in den zahllosen bisher kaum motorisierten Klein- und Nebenerwerbsbetrieben erfolgen. Entsprechende Kleinschlepper mussten schnellstmöglich entwickelt werden.

Die Kölner Deutz-Werke reagierten als erster Großhersteller auf diese Herausforderung, indem sie 1936

dieses Modell vorstellten. Es war eine von den größeren Zwei- und Dreizylindermodellen des Hauses abgeleitete Blockkonstruktion. Serienmäßig waren weder Lichtanlage noch Fußbremse – die Bremsung erfolgte durch eine auf die Hinterräder wirkende Handbremse – vorhanden. Gestartet wurde mittels Anlasskurbel.

Diesem bewusst einfach und zweckmäßig ausgeführten kleinen Fahrzeug hatte die Konkurrenz zunächst nichts entgegenzusetzen. Durch Großserienfabrikation konnte sein Preis niedrig gehalten werden, was zu seinem großen Verkaufserfolg maßgeblich beitrug. Insgesamt wurden 19.025 Fahrzeuge gefertigt, davon etwa 45 % nach Kriegsende. Mit diesem Bauernschlepper wurde der Beweis erbracht, dass die Motorisierung nicht nur für Großbetriebe rationell und sinnvoll war.

**Deutz-Bauernschlepper F 1 M 414**

| | |
|---|---|
| BAUZEIT | 1936–1951 |
| MOTOR | wassergekühlter Einzylinder-Diesel |
| LEISTUNG/DREHZAHL | 11 PS bei 1.550 U/min |
| HUBRAUM | 1.100 cm³ |
| GETRIEBE | 3/1-Gang (ab 1946: 4/1-Gang) |
| GEWICHT | 1.080–1.140 kg |
| ANTRIEB | auf die Hinterräder |

Ein gut restaurierter Deutz-Bauernschlepper aus dem Jahr 1936.

Die seitliche Perspektive lässt die kompakte und gedrungene Bauweise des F 1 M 414 besonders gut hervortreten.

## Deutz-Dieselschlepper F 2 M 315

Mit dem Erscheinen des Traktormodells F 2 M 315 wurde ein neues Kapitel in der Geschichte des Hauses Deutz eingeleitet. Es war das erste Glied einer überaus erfolgreichen blockkonstruierten Schlepperbaureihe, deren wichtigste Merkmale bis zum Beginn der 1950er-Jahre Bestand haben sollten.

Das Fahrzeug verfügte wahlweise über Eisen- oder Ackerluftbereifung. Die überwiegend verlangte Luftbereifung machte den Schlepper zu einer gleichwohl auf Acker und Straße einsetzbaren Maschine. Da das Getriebegehäuse als geschweißtes Stahlgehäuse ausgebildet war, gründete sich hierauf auch der für die gesamte Baureihe geläufig werdende Beiname „Stahlschlepper".

Dieser Universalschlepper für mittlere bis größere Betriebe verkaufte sich ganz hervorragend und trug maßgeblich dazu bei, die Stellung von Deutz als Hersteller guter und solider Traktoren zu festigen. Bis Mitte 1942 verließen genau 11.888 Traktoren dieses Typs die Werkstore.

| Deutz-Dieselschlepper F 2 M 315 | |
|---|---|
| BAUZEIT | 1934–1942 |
| MOTOR | wassergekühlter Zweizylinder-Diesel |
| LEISTUNG/DREHZAHL | 28 PS bei 1.200 U/min |
| HUBRAUM | 3.400 cm³ |
| GETRIEBE | 5/1-Gang |
| GEWICHT | 2.750 kg |
| ANTRIEB | auf die Hinterräder |

Dieser Zweizylinder-Deutz-Schlepper F 2 M 315 befindet sich in einem nicht restaurierten, sauberen Gebrauchszustand.

## Deutz-Dieselschlepper F 3 M 317

Mit dem in erster Linie für Großbetriebe vorgesehenen Dreizylinder-Traktor F 3 M 317 stellten die Deutz-Werke im Jahr 1935 ein leistungsstärkeres Pendant zu dem bereits am Markt befindlichen Zweizylinder-Typ F 2 M 315 vor. Mit seiner Motorleistung von 50 PS zählte dieses Stahlschleppermodell zu den stärksten damals angebotenen Traktoren.

Der große Dreizylinder wurde als reiner Ackerschlepper mit Eisenrädern, als Universalschlepper mit Luftbereifung für den Einsatz auf Acker und Straße sowie als luftbereifter Straßenschlepper mit elektrischer Beleuchtung und Druckluftbremsanlage angeboten.

Der verwendete wassergekühlte Vorkammer-Dieselmotor war einfach im Aufbau, überall leicht zugänglich, sparsam im Verbrauch und auch im Dauerbetrieb hoch belastbar. Was den Kraftstoff anbelangte, war der Motor sehr anspruchslos, denn es ließen sich alle handelsüblichen Treiböle wie Gasöl, Petroleum, Rohöl oder Braunkohlenteeröl sowie deren Abfälle verwenden.

Dieser grundsolide, starke Schlepper bewährte sich auf Anhieb ausgezeichnet und fand bei den Landwirten große Anerkennung und Zuspruch.

| Deutz-Dieselschlepper F 3 M 317 | |
|---|---|
| BAUZEIT | 1935–1942 |
| MOTOR | wassergekühlter Dreizylinder-Diesel |
| LEISTUNG/DREHZAHL | 50 PS bei 1.300 U/min |
| HUBRAUM | 5.768 cm³ |
| GETRIEBE | 5/1-Gang |
| GEWICHT | 3.550 kg |
| ANTRIEB | auf die Hinterräder |

## Deutz-Dieselschlepper F 3 M 417

Das während des Krieges nur kurze Zeit gefertigte Deutz-Modell F 3 M 417 ersetzte ab 1942 den gleich starken Typ F 3 M 317. Bei diesem nach den Richtlinien der Kriegswirtschaft gefertigten Fahrzeug hatte man einen besonderen Wert auf Einsparungen knapper Buntmetalle wie Kupfer, Zinn, Nickel und deren Legierungen gelegt und diese eng kontingentierten Materialien durch minderwertigere Ersatzstoffe ersetzt.

Beim neuen F 3 M 417 kamen verschiedene Detailverbesserungen zum Tragen. So die verbreiterte Spur der Vorderräder, die verstärkte Kurbelwelle, eine wirksamere Bremsanlage und eine Bosch-Einspritzpumpe. Der F 3 M 417 gelangte überwiegend als luftbereifter Universalschlepper zur Auslieferung. Für den Straßeneinsatz gab es eine bis zu 28 km/h schnelle Ausführung, andererseits auch einen eisenbereiften Ackerschlepper, bei dem die Gangstufen 4 und 5 gesperrt waren.

Das große Dreizylinder-Modell F 3 M 317 von Deutz gehörte seinerzeit zu den stärksten Traktoren, die am Markt angeboten wurden.

| Deutz-Dieselschlepper F 3 M 417 | |
|---|---|
| BAUZEIT | 1942–1943 |
| MOTOR | wassergekühlter Dreizylinder-Diesel |
| LEISTUNG/DREHZAHL | 50 PS bei 1.350 U/min |
| HUBRAUM | 5.768 cm³ |
| GETRIEBE | 5/1-Gang |
| GEWICHT | 4.000 kg |
| ANTRIEB | auf die Hinterräder |

Der F 3 M 417 war eine verbesserte Ausführung des F 3 M 317, den er 1942 ersetzte.

## Fendt-Dieselross-Grasmäher F 9

Die in Marktoberdorf ansässige Firma Fendt gehört auch heute noch zu den wenigen deutschen Schlepperherstellern, die sich im Zeichen der Internationalisierung eine weitgehende Eigenständigkeit erhalten konnten. Dabei gehört das Familienunternehmen zu den Pionieren der Landmaschinen- und Traktorindustrie und hat vor allem die Entwicklung einfacher, für die Kleinlandwirte bedeutsame Grasmäher energisch vorangetrieben. Bereits 1928 hatte der 17-jährige Hermann Fendt eine solche Maschine in der elterlichen Werkstatt zusammengebaut und damit – ohne es zu wissen – den ersten europäischen Diesel-Kleinschlepper auf die Räder gestellt.

Seit 1932 fabrizierte Fendt einen 9-PS-Grasmäher-Schlepper, dessen Exemplare ausschließlich einzeln und in Handarbeit zusam-

Hier einer der wenigen bis heute erhalten gebliebenen Fendt-Grasmäher-Schlepper des Typs F 9. Das Fahrzeug entstand 1936.

mengeschraubt wurden. Der Antrieb erfolgte durch einen verdampfungsgekühlten Deutz-Motor in Verbindung mit einem ZF-Dreiganggetriebe. Der Traditionsname „Dieselross" wurde 1930 aus der Taufe gehoben. Die bis 1936 gefertigte Stückzahl betrug immerhin mehr als 100 Einheiten.

## Fendt-Diesel-Kleinschlepper F 18

Der im März 1937 vorgestellte Dieselross-Kleinschlepper F 18 konnte schon äußerlich seine Abstammung von den bisherigen Grasmäher-Modellen nicht verleugnen. Sah man aber genauer hin, so musste man feststellen, dass es sich fast um eine komplette Neu-

| Fendt-Dieselross-Grasmäher F 9 | |
|---|---|
| Bauzeit | 1932–1936 |
| Motor | wassergekühlter Einzylinder-Diesel |
| Leistung/Drehzahl | 9 PS bei 1.000 U/min |
| Hubraum | 1.808 cm³ |
| Getriebe | 3/1-Gang |
| Gewicht | 1.200 kg |
| Antrieb | auf die Hinterräder |

| Fendt-Diesel-Kleinschlepper F 18 | |
|---|---|
| Bauzeit | 1937–1942 |
| Motor | wassergekühlter Einzylinder-Diesel |
| Leistung/Drehzahl | 18 PS bei 1.400 U/min |
| Hubraum | 1.808 cm³ |
| Getriebe | 4/1-Gang |
| Gewicht | 1.500 kg |
| Antrieb | auf die Hinterräder |

## Fendt-Dieselschlepper F 22

Mit dem 1938 vorgestellten Dieselschlepper-Modell F 22 wagte sich Fendt auch an Entwurf und Bau größerer Fahrzeuge. Der neue Dieselross-Traktor war ein zeittypischer, mittelschwerer, in Blockbauweise konstruierter Bauernschlepper, der erstmals mit einer richtigen Motorhaube daherkam und einen sehr modernen Eindruck vermittelte. Für den nötigen Vortrieb sorgte der bekannte, seit 1937 erhältliche Zweizylinder-Vorkammer-Dieselmotor F 2 M 414 von Deutz, der von der Branche sozusagen als Einheitsmotor für diese Schlepperbaugröße verwendet wurde. Das Aggregat war mit Wasserumlaufkühlung mit Pumpe ausgerüstet und verkörperte damit den neuesten technischen Entwicklungsstand. Als Triebwerk diente ein Viergang-Schubrad-Schaltgetriebe des Berliner Herstellers Prometheus.

Anlass- und Beleuchtungsanlage sowie Differenzialsperre waren serienmäßig. Gegen Aufpreis gab es Riemenscheibe, Getriebezapfwelle, Mähwerk und Seilwinde zu kaufen.

Der Fendt-Kleinschlepper F 18 war eine wirtschaftliche Investition für den kleinen Hof.

konstruktion handelte. Der Deutz-Verdampfungsdiesel leistete jetzt 18 PS und es war ein modernes Vierganggetriebe von ZF installiert, das den Geschwindigkeitsbereich von 3 bis 15 km/h abdeckte. Eine Motorabdeckung besaß der F 18 zwar noch nicht, aber Luftbereifung und Hinterradkotflügel mit Sitzen machten das betont einfach und preisgünstig ausgeführte Fahrzeug immer schlepperähnlicher. Die pendelnd gelagerte Vorderachse war ungefedert und die Spurweite konnte durch Umstecken der Räder verändert werden. Riemenscheibe und Seitenmähwerk gehörten zu den serienmäßig vorhandenen Attributen.

Mit diesem Fahrzeug, das bis 1942 in 1.938 Einheiten verkauft wurde, schaffte Fendt den Übergang zum „richtigen" Schlepperhersteller.

| Fendt-Dieselschlepper F 22 | |
|---|---|
| Bauzeit | 1938–1942 |
| Motor | wassergekühlter Zweizylinder-Diesel |
| Leistung/Drehzahl | 22 PS bei 1.500 U/min |
| Hubraum | 2.198 cm³ |
| Getriebe | 4/1-Gang |
| Gewicht | 1.555 kg |
| Antrieb | auf die Hinterräder |

Der Fendt-Dieselschlepper F 22 war ein modernes Fahrzeug, das mit 2.258 Exemplaren ein guter Verkaufserfolg wurde.

## Hanomag-Dieselschlepper ARG 38

Neben dem Modell AR 38 boten die Hanomag-Werke den Typ ARG 38 zusätzlich als ackerluftbereifte Geländeausführung an. Abgesehen von der Bereifung entsprach dieses Fahrzeug im Wesentlichen dem AR 38, besaß aber den Vorteil einer schnelleren Getriebeübersetzung mit größerer Gangspreizung, die anstelle von 10,5 nunmehr 13,7 km/h Endgeschwindigkeit ermöglichte. Das luftbereifte Fahrzeug verfügte über breite Hinterradkotflügel und außerdem wegen der höheren Geschwindigkeit über eine auf die Hinterräder wirkende Bremsanlage. Die Start- und Beleuchtungsanlage von Bosch sowie eine Differenzialsperre gehörten zum werksseitig vorhanden Mindestlieferumfang. Riemenscheibe, Getriebezapfwelle und Seilwinde waren hingegen gesondert in Rechnung gestellte Ausrüstungsteile.

Infolge seines im Vergleich zum AR 38 kaum ins Gewicht fallenden Mehrpreises war der Geländeschlepper eine sehr verbreitete Maschine, die mit dem Vorteil einer höheren Geschwindigkeit punkten konnte.

| Hanomag-Dieselschlepper ARG 38 | |
| --- | --- |
| Bauzeit | 1936–1942 |
| Motor | wassergekühlter Vierzylinder-Diesel |
| Leistung/Drehzahl | 38 PS bei 1.100 U/min |
| Hubraum | 5.195 cm$^3$ |
| Getriebe | 3/1-Gang |
| Gewicht | 3.200 kg |
| Antrieb | auf die Hinterräder |

Unten: Hier ein restaurierter ARG 38 mit Verdeck. Gut ist die vom Fahrersitz aus zu betätigende Kühlerjalousie zu erkennen.

## Hanomag-Diesel-Straßenschlepper SR 45

Seit dem Jahr 1936 gab es im Traktorenprogramm der Hanomag-Werke neben den 38-PS-Modellen eine zusätzliche Leistungsklasse mit 45 PS. Diese waren – vom drehzahlgesteigerten und damit stärkeren Motor einmal abgesehen – im Grundaufbau mit dem schwächeren Pendant nahezu identisch. Auch dieses Fahrzeug vermittelte mit dem vor der Lenksäule angeordneten tonnenförmigen Kraftstofftank das bereits vom R 26 her bekannte Hanomag-Design. Das Kernstück war weiterhin der äußerst solide Dieselmotor D 52, der die vorgenommene Drehzahlerhöhung klaglos vertrug. Diese in unterschiedlichen Bereifungsvarianten lieferbaren Fahrzeuge wurden in zunehmendem Maße für schnelle Straßentransporte aller Art im Nahbereich der Städte und Ortschaften eingesetzt. Das mit den sogenannten Aero-Riesenluftreifen und automobilähnlich durchgehenden Kotflügeln ausgerüstete Modell SR 45 war mit einer Maximalgeschwindigkeit von 28,6 km/h die schnellste Ausführung dieses bewährten Straßenschleppers.

Oben: Dieser optimal wiederhergerichtete SR 45 von 1937 befindet sich noch immer im Erstbesitz.

| Hanomag-Diesel-Straßenschlepper SR 45 | |
|---|---|
| BAUZEIT | 1936–1942 |
| MOTOR | wassergekühlter Vierzylinder-Diesel |
| LEISTUNG/DREHZAHL | 45 PS bei 1.300 U/min |
| HUBRAUM | 5.195 cm³ |
| GETRIEBE | 3/1-Gang |
| GEWICHT | 3.750–3.900 kg |
| ANTRIEB | auf die Hinterräder |

## Hanomag-Bauernschlepper RL 20

Nachdem bereits 1936 die Firma Deutz ihren kleinen 11-PS-Bauern-schlepper auf den Markt gebracht hatte, folgte ein Jahr später auch Hanomag mit einem adäquaten Fahrzeug. Da die Zeit drängte, verzichteten die Konstrukteure auf eine komplette Neuentwicklung, sondern griffen auf bereits vorhandene Baukomponenten aus dem Pkw-Fertigungsprogramm zurück. So fand eine gedrosselte Aus-führung des Motors des Pkw „Rekord" Verwendung, während die Vorderachse von einem anderen Modell stammte. Der so entstan-dene Typ RL 20 verkörperte mit seiner bewusst einfach gehaltenen

Der RL 20 – hier ein gut restauriertes Fahrzeug mit Verdeck – konnte trotz zufrie-denstellender Absatzzahlen den außerordentlichen Erfolg des 11er-Deutz in keiner Weise beeinträchtigen.

Bauweise und der Pkw-ähnlichen Motorhaube eine völlig neue Designrichtung im Schlepperbau. Er glich viel eher einem Acker-auto als einem Ackerschlepper. Gleichwohl besaß er alle damals für die Feldarbeit notwendigen und üblichen Ausrüstungsgegenstände. Über einen kurzen Zeitraum wurde sein Bau auch in den ersten Nachkriegsjahren fortgeführt.

| Hanomag-Bauernschlepper RL 20 | |
|---|---|
| BAUZEIT | 1937–1949 |
| MOTOR | wassergekühlter Vierzylinder-Diesel |
| LEISTUNG/DREHZAHL | 19,8 PS bei 2.000 U/min |
| HUBRAUM | 1.910 cm³ |
| GETRIEBE | 4/1-Gang |
| GEWICHT | 1.680 kg |
| ANTRIEB | auf die Hinterräder |

### Lanz-Eilbulldog 55 PS, Typ HR 9

Die mit Heckseilwinde
ausgestattete Eilbulldog-
Variante wurde als Modell
D 2538 geführt. Hier ein
offen mit Faltverdeck
ausgeführtes Fahrzeug.

Wer kennt ihn nicht, den berühmten Lanz-Eilbulldog, in
Fach- und Sammlerkreisen kurz „Eiler" genannt? Er war
und ist das bekannteste und berühmteste Flaggschiff in
der großen Familie der Lanz-Glühkopf-Flotte. Heute ist er
eines der gesuchtesten und begehrtesten Kultfahrzeuge
der Szene.

   Im Gegensatz zu heute hatte dieser schwere Glühkopfbulldog früher ganz andere, handfestere Aufgaben
zu erfüllen: Die sehr leistungsstarke Maschine musste sowohl Transportaufgaben in der Land- und Forstwirtschaft
bewältigen als auch im Nahverkehr als Zugmaschine für
Straßentransporte aller Art dienen. Der Betrieb mit zwei

| Lanz-Eilbulldog 55 PS, Typ HR 9 | |
|---|---|
| BAUZEIT | 1936–1954 |
| MOTOR | wassergekühlter Einzylinder-Glühkopfmotor |
| LEISTUNG/DREHZAHL | 55 PS bei 750 U/min |
| HUBRAUM | 10.338 cm³ |
| GETRIEBE | 5/1-Gang |
| GEWICHT | 4.300–4.540 kg |
| ANTRIEB | auf die Hinterräder |

Lanz-Eilbulldog D 2539 mit festem, geschlossenem Fahrerhaus. Innen befand sich eine gut gepolsterte Schwingfedersitzbank für zwei Personen.

Anhängern – hierfür gab es selbstverständlich eine Druckluftbremsanlage – war das klassische Bild des Eilers im Straßenverkehr jener Tage. Einsatzmöglichkeiten gab es beispielsweise auf Großbaustellen, wo es galt, größere Mengen Kies, Sand und Baustoffe zu transportieren. Auf schlechten Wegen und im Gelände konnte der Eilbulldog seine zusätzlichen Vorteile gegenüber den damaligen Lastkraftwagen, die in der Regel an feste Straßen und Wege gebunden waren, ins Feld führen. Die auf Wunsch erhältliche Seilwinde befähigte das Fahrzeug auch zu Forsteinsätzen. Die Zugkraft des Eilers war enorm: Auf „ebener, guter, fester und trockener" Straße konnte er weitaus mehr als 30 t Anhängelast in Bewegung setzen.

Dieser 1938 gebaute, offen ausgeführte Eilbulldog D 2531 befindet sich noch in einem nicht restaurierten Originalzustand. Oberhalb der Windschutzscheibe ist das damals vorgeschriebene Anhängerdreieck sichtbar.

## Lanz-Ackerbulldog 20 PS, Typ HN 5, D 3506

Mitte der 1930er-Jahre konnte sich nur ein verschwindend geringer Teil der Kleinlandwirte einen eigenen Traktor leisten. Dies sollte sich nach dem Willen der Reichsregierung baldmöglichst ändern, denn auch diese Betriebe waren für die Steigerung der Nahrungsmittelerzeugung und damit zur angestrebten Unabhängigkeit von Einfuhren wichtig. 1937 brachten die Lanz-Werke – als dritter großer Schlepperhersteller in Deutschland – den in vielen Bauteilen vereinfachten Ackerbulldog D 3506 für diese Zielgruppe heraus, dessen nach dem Zweitaktverfahren funktionierender Glühkopfmotor 20 PS hergab. Mit 4.150 Reichsmark in der Grundausrüstung war er zwar um einiges teurer als sein Hauptkonkurrent, der 11er-Deutz, dafür konnte er aber mit einer wesentlich höheren Leistung, einem besseren Getriebe und größerer Geschwindigkeit aufwarten. Diese einfache und robuste Maschine war genau das, was die kleinen Landwirte zur Motorisierung ihrer Höfe benötigten.

| Lanz-Ackerbulldog 20 PS, Typ HN 5, D 3506 | |
| --- | --- |
| Bauzeit | 1937–1952 |
| Motor | wassergekühlter Einzylinder-Glühkopfmotor |
| Leistung/Drehzahl | 20 PS bei 760 U/min |
| Hubraum | 4.767 cm³ |
| Getriebe | 6/2-Gang |
| Gewicht | 2.140 kg |
| Antrieb | auf die Hinterräder |

Der Ackerbulldog D 3506 entstand bis 1952 in sehr großen Stückzahlen. Hier ein 1940 gebautes Exemplar.

## Lanz-Ackerbulldog 20 PS, Typ HN 5, D 3500

Der nur mit einem Dreiganggetriebe und ungefederter Vorderachse ausgerüstete 20-PS-Ackerbulldog D 3500 ging in der zweiten Jahreshälfte 1937 in die Serienfabrikation. Dieses Modell war die einfachste und preiswerteste Ausführung des in erster Linie für kleine Höfe und Nebenerwerbsbetriebe angedachten 20-PS-Bauernbulldogs. Konstruktiv stammte er vom 25-PS-Typ D 7506 ab, mit dem er – bis auf die kleinere 9-24er-Hinterradbereifung – große Ähnlichkeit hatte. Manche der nicht unbedingt benötigten Bauteile entfielen ganz oder wurden schlichter und gewichtserleichtert gefertigt. Immerhin aber besaß dieser einfache Bulldog Luftbereifung, die ihn zu einer Höchstgeschwindigkeit von 18,5 km/h befähigte. Mit 3.110 Reichsmark in der Grundausrüstung bedeutete dieses Fahrzeug ein durchaus konkurrenzfähiges Angebot, was sich in seinem ausgezeichneten Verkaufserfolgen niederschlug.

| Lanz-Ackerbulldog 20 PS, Typ HN 5, D 3500 | |
|---|---|
| BAUZEIT | 1937–1942 |
| MOTOR | wassergekühlter Einzylinder-Glühkopfmotor |
| LEISTUNG/DREHZAHL | 20 PS bei 760 U/min |
| HUBRAUM | 4.767 cm³ |
| GETRIEBE | 3/1-Gang |
| GEWICHT | 2.000 kg |
| ANTRIEB | auf die Hinterräder |

Im Originalzustand belassener Ackerluftbulldog D 7506 von 1938, ausgerüstet mit Radnabengewichten an den Hinterrädern.

## Lanz-Ackerluftbulldog 25 PS, Typ HN 3, D 7506

Der seit 1936 in den Lanz-Verkaufslisten zu findende Ackerluftbulldog D 7506 war mit etwa 23.000 gefertigten Einheiten innerhalb der HN-3-Baureihe die mit Abstand am häufigsten vertretene Variante. Gegenüber dem einfachen Dreigang-Sparbulldog D 7500 war er schon etwas aufwendiger, dafür aber auch entsprechend teurer. Er konnte mit elektrischer Anlasszündung und Beleuchtung, gefederter Vorderachse und einem in eine Acker- und eine Straßengruppe unterteilten Sechsganggetriebe sowie einem gefederten Polstersitz aufwarten. Die Riemenscheibe war ein serienmäßiger Bestandteil, während Getriebezapfwelle, Mähantrieb und Seitenmähwerk, Windschutzscheibe und Wetterdach gesondert in Rechnung gestellt wurden. Das Modell wurde noch bis zum Jahr 1952 mit gutem Erfolg verkauft.

| Lanz-Ackerluftbulldog 25 PS, Typ HN 3, D 7506 | |
|---|---|
| BAUZEIT | 1936–1952 |
| MOTOR | wassergekühlter Einzylinder-Glühkopfmotor |
| LEISTUNG/DREHZAHL | 25 PS bei 850 U/min |
| HUBRAUM | 4.767 cm³ |
| GETRIEBE | 6/2-Gang |
| GEWICHT | 2.550 kg |
| ANTRIEB | auf die Hinterräder |

Preisgünstige Fahrzeuge wie der Lanz-Ackerbulldog D 3500 spielten beim ersten Motorisierungsschub in der deutschen Landwirtschaft eine wichtige Rolle.

Der mittelschwere Lanz-Ackerluftbulldog D 8506 gehörte mit zu den am meisten gebauten Fahrzeugen dieses Herstellers.

## Lanz-Ackerluftbulldog 35 PS, Typ HR 7, D 8506

Im Laufe des Jahres 1934 wurde der Kühlerbulldog HR 5 durch eine neue, aus zwei Modellen bestehende Bulldog-Generation ersetzt. Die Fahrzeuge gehörten zur großen 10-l-Klasse und wurden werksseitig zunächst mit 30 bzw. 38 PS Dauerleistung klassifiziert. Aus Wettbewerbsgründen hielt man es aber ab 1936 für geboten, bei der Leistungsangabe die jeweilige Höchstleistung zugrunde zu legen. Einmal ließ sich ein Fahrzeug mit einem höheren Leistungswert in der Werbung viel besser profilieren, zum anderen gehörte es schon seit jeher zu den Gepflogenheiten der Konkurrenz, die höchste Motorleistung zur Standard-Leistungsangabe zu machen. So wurde aus dem 30-PS-Modell ein 35-PS-Bulldog, ohne dass technisch etwas verändert worden war. Die hier vorgestellte 35-PS-Maschine war für den mittleren bis größeren landwirtschaftlichen Betrieb eine sinnvolle Anschaffung. Dieser Bulldog wurde mit kurzzeitiger kriegsbedingter Unterbrechung bis 1954 in großen Stückzahlen gebaut.

### Holzgasschlepper im Krieg

Mit zunehmender Kriegsdauer zeichnete sich ein immer stärker werdender Mangel an flüssigen Kraftstoffen ab. Um zumindest den Wehrmachtsbedarf einigermaßen decken zu können, musste man zu einschneidenden Sparmaßnahmen greifen. Mitte des Jahres 1942 wurde daher ein Bauverbot für Dieselschlepper erlassen. Als Ersatz mussten die Traktorproduzenten sogenannte Holzgas- oder Generatorschlepper bauen. Sie wurden mit den in Deutschland reichlich vorhandenen – „heimischen" – festen Brennstoffen wie Holz, Torf und Kohle betrieben. Mithilfe von Generatoren wurden hieraus Kraftstoffe gewonnen. Die Schleppermotoren mussten zum Teil aufwendig auf das neue Verbrennungsverfahren umgestellt werden. Andererseits bedeutete dieses aus der Not geborene, zukunftslose Antriebsverfahren oftmals die einzige Möglichkeit, um in den letzten Kriegsjahren die Felder bestellen zu können.

## Lanz-Ackerluftbulldog 45 PS, Typ HR 8, D 9506

Ähnlich wie beim Lanz-Bulldog-Typ HR 7, war auch beim stärkeren HR 8 anfangs der Wert der Dauerleistung maßgebend. 1936 wurde die Höchstleistung zugrunde gelegt, sodass aus dieser Maschine ein 45-PS-Bulldog wurde. Die beliebteste und am häufigsten gebaute Variante innerhalb dieser Typenreihe war der D 9506 Ackerluftbulldog mit serienmäßiger Luftbereifung und Sechsganggetriebe. Es war eine sehr leistungsstarke Maschine, die im Einsatz auf großen Höfen ihr richtiges Betätigungsfeld fand. Mit 2705 kg maximaler Zughakenkraft und mehr als 30 t Anhängelast im ersten Gang konnten diese Daten schon überzeugen. Nach der kriegsbedingten Baueinstellung verließen bereits im Sommer 1945 wieder die ersten Bulldogs die noch weitgehend zerstörten Werksanlagen und waren als Wiederaufbauhelfer nicht nur in der Landwirtschaft unverzichtbar. Technisch aber waren die Glühköpfe spätestens Mitte der 1950er-Jahre überholt.

| Lanz-Ackerluftbulldog 35 PS, Typ HR 7, D 8506 | |
| --- | --- |
| BAUZEIT | 1936–1954 |
| MOTOR | wassergekühlter Einzylinder-Glühkopfmotor |
| LEISTUNG/DREHZAHL | 35 PS bei 540 U/min |
| HUBRAUM | 10.338 cm³ |
| GETRIEBE | 6/2-Gang |
| GEWICHT | 3.780 kg |
| ANTRIEB | auf die Hinterräder |

## Lanz-Ackerluftbulldog 45 PS, Typ HR 8, D 9506

| | |
|---|---|
| BAUZEIT | 1936–1955 |
| MOTOR | wassergekühlter Einzylinder-Glühkopfmotor |
| LEISTUNG/DREHZAHL | 45 PS bei 630 U/min |
| HUBRAUM | 10.338 cm³ |
| GETRIEBE | 6/2-Gang |
| GEWICHT | 3.880 kg |
| ANTRIEB | auf die Hinterräder |

### Typenbegrenzungen im Dritten Reich

Bis 1939 war die Zahl der am deutschen Markt verfügbaren Traktortypen auf 43 Verkehrs- und sogar 62 Ackerschlepper-Modelle ausgeufert. Im Hinblick auf kriegswirtschaftliche Gegebenheiten und im Interesse einer rationellen Fertigung sollte diese Zahl auf ein sinnvolles Maß möglichst einfach herzustellender Baumuster reduziert werden. Dies galt im Übrigen für die gesamte Kraftfahrzeugindustrie. Der im Januar 1940 in Kraft getretene und nach Oberst Adolf von Schell, dem „Generalbevollmächtigten für das Kraftfahrwesen", benannte Schell-Plan sah eine radikale Typenbeschränkung für die Fahrzeugindustrie vor. Dabei wurde den einzelnen Herstellern vorgeschrieben, welche Modelle sie ausschließlich produzieren durften. Dies galt auch für Traktoren. Der Zweck dieser Maßnahmen bestand darin, die hierbei erzielten Einsparungen der Rüstungswirtschaft zugutekommen zu lassen.

Dieser Lanz D 9506 aus dem Jahr 1943 wurde nachträglich mit durchgehenden Kotflügeln, Verdeck und Doppelsitzbank nachgerüstet.

Ein Ackerluftbulldog D 9506 von 1936.

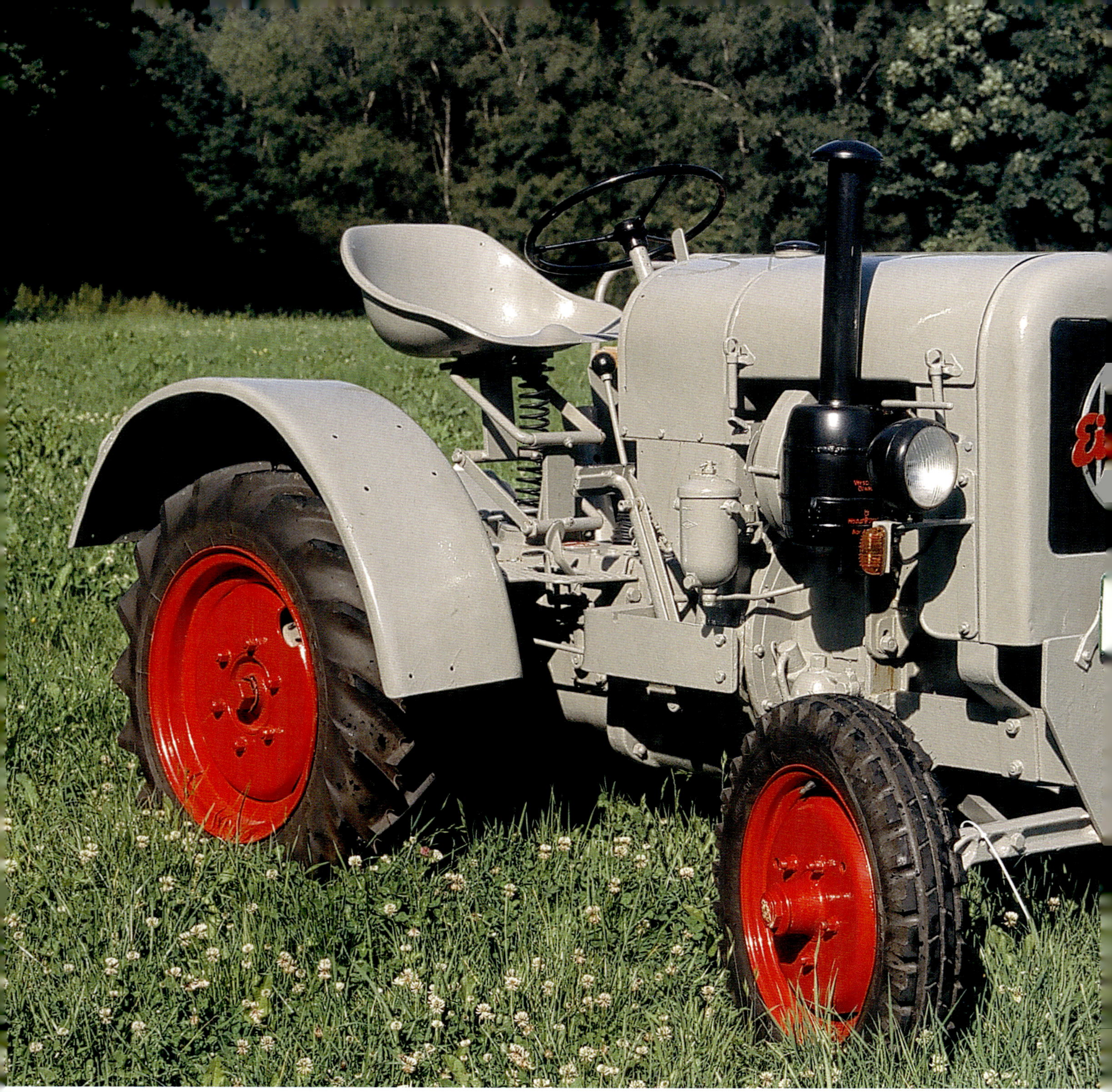

HANOMAG
HANOMAG

DEUTZ
luftgekühlt
DEUTZ

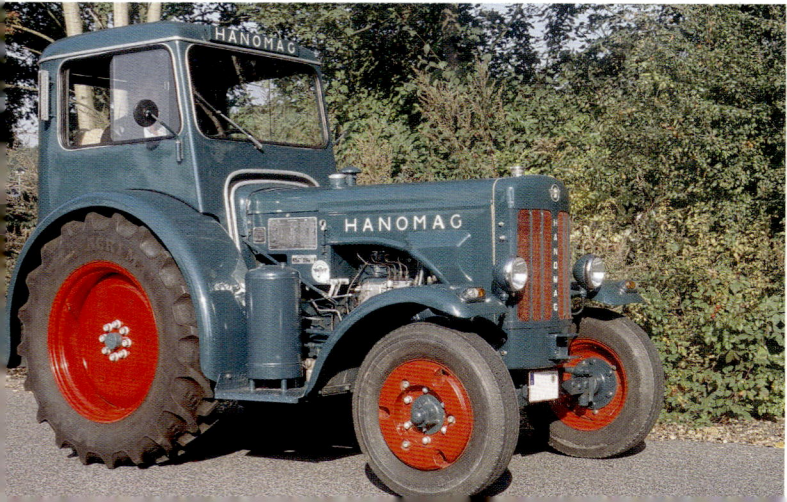

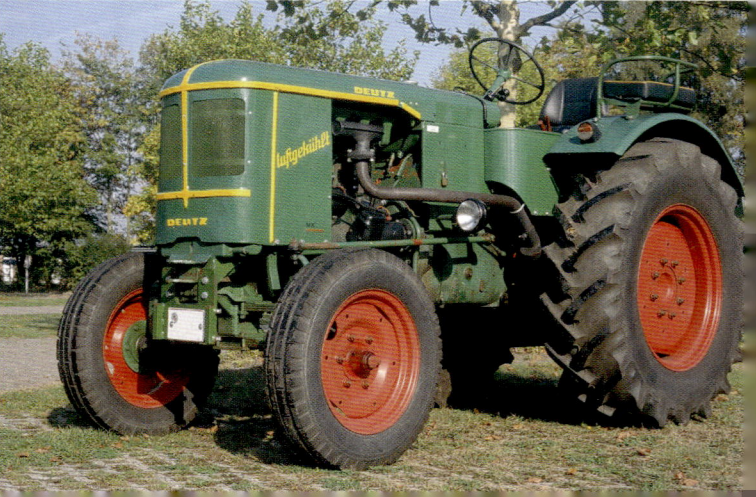

# Neubeginn und Traktorboom

Das Kriegsende hinterließ in weiten Teilen Deutschlands und Europas nur Trümmer und Zerstörung. Fast alle größeren Industriebetriebe in dem unter den Siegermächten in vier Besatzungszonen aufgeteilten früheren Deutschen Reich waren durch Luftkrieg und Kampfhandlungen mehr oder weniger zerstört. Das betraf natürlich auch die Traktorindustrie.

Zunächst galt es, die überaus schlechte Versorgungslage durch gesteigerten landwirtschaftlichen Anbau zu verbessern, denn alle Menschen brauchten Nahrung. Dies im Westen auf verhältnismäßig kleiner Fläche, denn die großen, für die Volksernährung wichtigen Güter in Ostpreußen, Pommern und Schlesien waren unrettbar verloren. Zudem war die Bevölkerung durch Millionen heimatvertriebener Flüchtlinge sprunghaft gewachsen. Mit Ochsen- und Pferdegespannen, die im Übrigen durch die zahllosen Kriegsverluste ebenfalls Mangelware waren, ließ sich diese Aufgabe unmöglich erfüllen. Von dem schon viel zu geringen Vorkriegsbestand an Landmaschinen und Traktoren waren nur noch klägliche Reste übrig geblieben. Das bedeutete, dass deren Fertigung schnellstmöglich und in großer Zahl wieder aufgenommen werden musste.

Vor der Währungsreform kam die Landtechnikindustrie nur sehr zögerlich in Gang. Unmittelbar darauf ging es aber schnell wieder bergauf. Zu den Anbietern aus der Vorkriegszeit traten neue, vielfach kleine Hersteller auf den Plan. Zeitweise bestand der westdeutsche Traktorenmarkt aus mehr als 60 Anbietern – ein Großteil allerdings nur mit regionaler Bedeutung.

Zu Beginn der 1950er-Jahre setzte im Agrarbereich eine nie für möglich gehaltene Nachfrage ein, denn der Bedarf an Ackerschleppern war ungeheuer groß. Die Mechanisierung der bäuerlichen Betriebe machte große Fortschritte und der Markt für Ackerschlepper schien uneingeschränkt aufnahmefähig. Der preiswerte Kleinschlepper um die 15 PS war der große Favorit. Er leitete die Motorisierung der vielen Kleinbetriebe ein, an denen diese bisher nahezu unbemerkt vorbeigegangen war.

Oben: Das Eicher-Modell ED 16/I war der Urvater unter den mit einem luftgekühlten Dieselmotor ausgerüsteten Ackerschleppern. Dieser hier ist von 1951.

Unten, von links nach rechts: Hanomag-Straßenschlepper R 35 C, Deutz-Dieselschlepper F 3 L 514, Lanz-Bulldog D 2206

## Allgaier-Dieselschlepper R 22

Die Allgaier-Werke im württembergischen Uhingen gehörten zu den neuen Anbietern in der Schlepperbranche. Mit dem Modell R 18, einem einfachen und preisgünstigen Ackerschlepper für den Kleinbetrieb, begann der Einstieg dieses Werkzeugmaschinenherstellers in den Schleppermarkt. 1949 folgte das nahezu unveränderte Modell R 22, dessen Motorleistung nun mit 22 PS angegeben wurde. Das ohne Motorhaube ausgeführte Fahrzeug erhielt jetzt eine größere Bereifung, was die Bodenfreiheit und damit die Geländegängigkeit deutlich erhöhte. Serienmäßige Bestandteile waren Getriebezapfwelle, Differenzialsperre und Lichtanlage, während Riemenscheibe, Mähwerk, Startanlage und Seilwinde auf Wunsch geordert werden konnten. Ab 1950 stand ein mechanischer, später ein ölhydraulischer Kraftheber zur Verfügung.

| Allgaier-Dieselschlepper R 22 | |
| --- | --- |
| BAUZEIT | 1949–1952 |
| MOTOR | wassergekühlter Einzylinder-Diesel |
| LEISTUNG/DREHZAHL | 22 PS bei 1.500 U/min |
| HUBRAUM | 1.840 cm³ |
| GETRIEBE | 4/1-Gang |
| GEWICHT | 1.700 kg |
| ANTRIEB | auf die Hinterräder |

Hier ein optimal restaurierter Allgaier-Verdampfungsschlepper Typ R 22 aus dem Jahr 1950.

## Allgaier-Dieselschlepper AP 17 (Volksschlepper)

1949 übernahm Allgaier die Lizenzrechte an dem von Prof. Ferdinand Porsche entwickelten Volksschlepper. Hierbei handelte es sich um einen modern konzipierten Leichtbauschlepper, dessen Entwurf bereits auf die Kriegsjahre zurückging. Mitte 1950 begann der Serienbau des als AP 17 (Allgaier-Porsche) bezeichneten Traktors. Das kurz zuvor auf der DLG-Messe in Frankfurt vorgestellte kleine Fahrzeug war von der gesamten Landtechnik-Fachpresse einhellig als die Sensation dieser Ausstellung gewürdigt worden. Neben seiner innovativen Technik in Form der Luftkühlung, der ölhydraulischen Kupplung und des Fünfganggetriebes war es vor allem der konkurrenzlos günstige Preis von 4.450 DM, der das gesamte Preisgefüge in dieser Leistungsklasse durcheinanderwirbelte. Die meisten Mitbewerber wurden noch während der Messedauer zu Preissenkungen gezwungen. Bis 1953 verließen rund 9.000 Einheiten die Werkstore.

| Allgaier-Dieselschlepper AP 17 (Volksschlepper) | |
| --- | --- |
| BAUZEIT | 1950–1953 |
| MOTOR | luftgekühlter Zweizylinder-Diesel |
| LEISTUNG/DREHZAHL | 18 PS bei 2.000 U/min |
| HUBRAUM | 1.374 cm³ |
| GETRIEBE | 5/1-Gang |
| GEWICHT | 950 kg |
| ANTRIEB | auf die Hinterräder |

Der Allgaier-Volksschlepper AP 17 war genau das richtige Universalfahrzeug für den kleinen und mittleren Hof.

## Allgaier-Diesel-Tragschlepper A 111

Im Zuge von Rationalisierung und Austauschbarkeit möglichst vieler Baukomponenten entstand ab 1952 eine von der Porsche-Konstruktionsabteilung in Stuttgart entworfene neue Schlepperreihe. Es waren vier Modelle, die das Leistungsspektrum von 12 bis 44 PS abdeckten. Diese ebenfalls luftgekühlten Fahrzeuge hoben sich mit ihren weit nach vorn gezogenen, eleganten Motorhauben gegenüber den Mitbewerbern recht positiv ab. Das Einstiegsmodell war der kleine Tragschlepper A 111, durch dessen Bauweise Arbeitsgeräte zwischen den Achsen angebracht werden konnten. Es war dazu ausersehen, Kleinbetrieben die Vollmechanisierung zu ermöglichen. Eine Besonderheit war das mit jeweils vier Vorwärts- und Rückwärtsgängen ausgestattete Wendegetriebe. 1953 stand der insgesamt in 5.074 Einheiten verkaufte Traktor an der Spitze der Allgaier-Neuzulassungen.

| Allgaier-Diesel-Tragschlepper A 111 | |
| --- | --- |
| BAUZEIT | 1952–1955 |
| MOTOR | luftgekühlter Einzylinder-Diesel |
| LEISTUNG/DREHZAHL | 12 PS bei 2.200 U/min |
| HUBRAUM | 822 cm³ |
| GETRIEBE | 4/4-Gang |
| GEWICHT | 930 kg |
| ANTRIEB | auf die Hinterräder |

Der A 111 von Allgaier war ein leichter und sehr wendiger Kleinschlepper in der Anfang der 1950er-Jahre aktuellen Wespentaillenbauart.

Selbst in den 1990er-Jahren war der Anblick eines noch im täglichen Einsatz befindlichen 15er-Deutz nicht ungewöhnlich.

## Deutz-Dieselschlepper F 1 L 514

Mit dem kleinen Dieselschleppermodell F 1 L 514 leiteten die Kölner Deutz-Werke im Jahr 1950 den Bau einer komplett neuen Traktorbaureihe ein. Erstmals im Hause Deutz wurden für diese Schlepperfamilie die nach dem Baukastensystem konstruierten, neu entwickelten Antriebsaggregate der FL-514-Motorenreihe mit Luftkühlung verwendet, deren Ursprünge auf eine Kriegsentwicklung zurückgingen. Ab April 1950 lief die Großserienfertigung des mit einer aktualisierten abgerundeten Motorabdeckung versehenen Traktors an. Monat für Monat verließen mehrere hundert Exemplare die Werkstore. Bis 1957 sollten knapp 37.000 Stück einen Besitzer finden. Damit gehörte der kleine 15er-Deutz zu den erfolgreichen Modellen der 1950er-Jahre. Er war maßgeblich an dem großen Motorisierungsschub, der vor allem die vielen Kleinbetriebe erfasste, beteiligt. Nicht zuletzt ihm war es zu verdanken, dass Deutz im Jahr 1953 einen inländischen Marktanteil von 14 % erzielen konnte.

Dass der F 1 L 514 als der legitime Nachfolger des berühmten 11-PS-Bauernschleppers, dessen Nachkriegsfertigung bald darauf auslief, anzusehen war, wird durch die Verwendung des Deutz-Vieranggetrie-

bes deutlich. Ebenso bestand beim Motor eine enge konstruktive Verwandtschaft zu dem des Vorgängers. 1951 kamen einige Verbesserungen zum Tragen. Damit war das Fahrzeug derart gut ausgereift, dass an ihm bis zum Fertigungsende kaum noch etwas verändert werden musste.

Der kleine Deutz war einfach, robust und gab sich mit einem Mindestmaß an Wartung und Pflege zufrieden. Er gab seinen Besitzern selbst nach Jahrzehnten nur äußerst selten Grund zur Klage.

| Deutz-Dieselschlepper F 1 L 514 | |
|---|---|
| BAUZEIT | 1950–1957 |
| MOTOR | luftgekühlter Einzylinder-Diesel |
| LEISTUNG/DREHZAHL | 15 PS bei 1.650 U/min |
| HUBRAUM | 1.330 cm³ |
| GETRIEBE | 4/1- bzw. 5/1-Gang |
| GEWICHT | 1.345 kg |
| ANTRIEB | auf die Hinterräder |

Den Deutz F 1 L 514 gab es auch mit einer besonders für Saat- und Pflegedienste sehr geeigneten größeren Allzweckbereifung.

Ein 1952 gebauter F-1-L-514-Hochradschlepper mit Speichenrädern.

## Deutz-Dieselschlepper F 2 L 514

In der zweiten Jahreshälfte 1950 war der luftgekühlte Zweizylinder-motor so weit gediehen, dass er in das zunächst 28 PS starke Traktormodell F 2 L 514 installiert werden konnte. Zwei Jahre später ergab eine geringfügige Drehzahlsteigerung 30 PS. Der mittelschwere Deutz-Schlepper gehörte zu jener Zeit einer sehr bedeutsamen Leistungsklasse an und wurde in großen Stückzahlen verkauft. Er war vor allem auf mittelgroßen Höfen als Allein- und Universalschlepper eine unverzichtbare Hilfe. Er konnte für alle Arbeiten vom Pflügen,

Säen, Pflegen und Ernten bis zum Transport auf Straßen und Wegen eingesetzt werden. Er war leicht zu handhaben und, wie im Übrigen alle Deutz-Fahrzeuge, sehr genügsam. Auch in preislicher Hinsicht hielt sich dieses Modell – 1953 stand das Fahrzeug grundausgerüstet mit 9.795 DM in den Listen – in durchaus moderaten Grenzen.

## Deutz-Dieselschlepper F 3 L 514

Im Mai 1951 wurde der neue Dreizylinder-Schlepper F 3 L 514 vorgestellt. Im Rahmen der neu geschaffenen Deutz-Traktorfamilie mit luftgekühlten Motoren war er der Dritte im Bunde. Anfangs war dieser noch mit dem bereits 1934 konstruierten Deutz-Fünfganggetriebe bestückt, das – ursprünglich auf eine Motoreingangsleistung von 28 PS ausgelegt – nun 45 PS verkraften musste. Obwohl es damit an seiner Belastbarkeitsgrenze angelangt war, dauerte es bis 1956, ehe dieses durch das ungleich besser geeignete ZF-Zahnradwerk A 23 ersetzt wurde. Der F 3 L 514 war zu seiner Zeit ein starker Schlepper der oberen Leistungsklasse, der vor allem in Großbetrieben und Lohnunternehmen zum Arbeiten mit schweren Zapfwellenanhängemaschinen verwendet wurde. Nach den heutigen Maßregeln wäre er – wenn überhaupt – allenfalls im untersten Leistungsangebot zu finden.

| Deutz-Dieselschlepper F 2 L 514 | |
|---|---|
| BAUZEIT | 1950–1956 |
| MOTOR | luftgekühlter Zweizylinder-Diesel |
| LEISTUNG/DREHZAHL | 28 PS bei 1.550 U/min (ab 1952: 30 PS bei 1.650 U/min) |
| HUBRAUM | 2.660 cm³ |
| GETRIEBE | 5/1- bzw. 6/1-Gang |
| GEWICHT | 1.750 kg |
| ANTRIEB | auf die Hinterräder |

Deutz F 2 L 514 mit 28 PS und ZF-A-15-Fünfganggetriebe Baujahr 1950.

Ein F-3-L-514-Schlepper von 1953. Gut zu erkennen ist die seitlich angeordnete Riemenscheibe.

| Deutz-Dieselschlepper F 3 L 514 | |
|---|---|
| BAUZEIT | 1951–1958 |
| MOTOR | luftgekühlter Dreizylinder-Diesel |
| LEISTUNG/DREHZAHL | 45 PS bei 1.650 U/min |
| HUBRAUM | 3.990 cm³ |
| GETRIEBE | 5/1- bzw. 7/2-Gang |
| GEWICHT | 2.600 kg |
| ANTRIEB | auf die Hinterräder |

## Eicher-Dieselschlepper ED 16/II

Nach Erscheinen eines schweren Vierzylinder-Schleppers mit 60 PS war die neue Deutz-Traktorreihe einstweilen komplett. Nun ging es daran, noch bestehende Leistungslücken abzudecken. In Anbetracht der überaus großen Nachfrage nach ausgesprochenen Kleinschleppern wurde 1953 der Kleinschlepper F 1 L 612 ins Verkaufsprogramm integriert. Neben einem neuen, besser abgestuften 6/3-Gang-Getriebe gelangte ein Einzylinder-Diesel aus der FL-612-Motorreihe zur Verwendung. Dies war die zweite Generation luftgekühlter Motoren, die dem Trend zu höheren Motordrehzahlen in Verbindung mit kleineren Zylindereinheiten Rechnung trugen. Mit 11 PS war dieser Bauernschlepper für Klein- und Nebenerwerbsbetriebe, aber auch als Zweitschlepper eine sinnvolle Anschaffung. Das sahen viele Landwirte ebenso, denn der neue Deutz-Traktor wurde zum Senkrechtstarter, der nach dem ersten Jahr seiner Marktpräsenz mit mehr als 2.500 verkauften Einheiten rund 30 % aller Deutz-Zulassungen erreichen konnte.

| Eicher-Dieselschlepper ED 16/II | |
|---|---|
| BAUZEIT | 1953–1958 |
| MOTOR | luftgekühlter Einzylinder-Diesel |
| LEISTUNG/DREHZAHL | 11 PS bei 2.100 U/min |
| HUBRAUM | 763 cm³ |
| GETRIEBE | 6/3-Gang |
| GEWICHT | 830 kg |
| ANTRIEB | auf die Hinterräder |

Ein 1955 gebauter F 1 L 612 mit Anbaupflug und Seitenmähwerk mit Handaushub.

## Eicher-Dieselschlepper ED 16/I

Die Landmaschinenwerke Gebr. Eicher in Forstern bei München hatten sich bereits in der zweiten Hälfte der 1930er-Jahre zur Riege der Traktorhersteller gesellt. Nach Kriegsende entwickelte man einen luftgekühlten, mit direkter Kraftstoffeinspritzung arbeitenden Schleppermotor, der bereits 1948, mit nur geringem Vorsprung vor den Kölner Deutz-Werken, in das Traktormodell ED 16/I eingebaut wurde. Es war der erste luftgekühlte Diesel-schleppermotor in Europa, der diesem Hersteller in dem schon bald beginnenden Traktorboom neue, ungeahnte Perspektiven eröffnen sollte.

Der Verkauf des kleinen Traktors entwickelte sich zu einem Riesenerfolg, denn in puncto Abmessungen und Motorleistung entsprach er genau jenen Vorstellungen, welche die bäuerliche Zielgruppe an diese Klasse stellte. Der ED 16/I war einfach, robust, wartungsarm und besaß eine fast unbegrenzte Lebensdauer. Sein guter Ruf und die positive Akzeptanz der Kundschaft verbreiteten sich schnell auch über die Grenzen Bayerns hinaus.

Mit dem ED 16/I konnte Eicher als erster Hersteller mit einem luftgekühlten Schleppermodell aufwarten.

## Eicher-Dieselschlepper ED 16/II

Zum Ende des Jahres 1950 ersetzte Eicher das bisherige ZF-Viergang-getriebe durch das fünfgängige Hurth-Triebwerk des Baumusters G 76. Diese Maßnahme bedeutete für den nunmehr als ED 16/II geführten Eicher-Traktor den technischen Anschluss an die Fahrzeuge der Mitbewerber. Gewichtsmäßig hatte man dieses zweite luftgekühlte Eicher-Modell ein wenig abgespeckt und in einigen Details verbessert. So waren jetzt Radstand und Baulänge größer. Ansonsten hatte sich das Vormodell so gut bewährt, dass im Wesentlichen kein Änderungsbedarf bestand. Anfangs besaß der neue Fünfgang-Eicher noch die eckige, dem stehenden Wasserkühler nachempfundene Kühlerfront. Ab 1952 wurde diese durch eine leicht abgerundete, optisch gefälligere Kühlermaske ersetzt. Die Fünfgangausführung ED 16/II war gleichzeitig die häufigste. Insgesamt fanden zwischen 1948 und 1953 5.637 luftgekühlte Eicher-Traktoren einen Besitzer.

| Eicher-Dieselschlepper ED 16/I | |
|---|---|
| BAUZEIT | 1948–1950 |
| MOTOR | luftgekühlter Einzylinder-Diesel |
| LEISTUNG/DREHZAHL | 16 PS bei 1.500 U/min |
| HUBRAUM | 1.425 cm³ |
| GETRIEBE | 4/1-Gang |
| GEWICHT | 1.450 kg |
| ANTRIEB | auf die Hinterräder |

| Eicher-Dieselschlepper ED 16/II | |
|---|---|
| BAUZEIT | 1950–1953 |
| MOTOR | luftgekühlter Einzylinder-Diesel |
| LEISTUNG/DREHZAHL | 16 PS bei 1.500 U/min |
| HUBRAUM | 1.425 cm³ |
| GETRIEBE | 5/1-Gang |
| GEWICHT | 1.410 kg |
| ANTRIEB | auf die Hinterräder |

## Eicher-Dieselschlepper ED 16/II (19 PS)

Nach Erscheinen des mit dem Fünfgang-Hurth-Triebwerk ausgerüsteten ED 16/II erkannte man, dass dieses recht großzügig dimensionierte Bauteil unbedenklich stärker belastet werden konnte. So kam es ab 1953 zu einem 19 PS starken Modell, das kurioserweise ebenfalls unter der Typenbezeichnung ED 16/II geführt wurde. Verwendet wurde eine Bauvariante des gleichen Einzylinders, der durch Veränderung der Kraftstoffeinspritzmenge bei gleicher Drehzahl auf diese Leistung gebracht wurde. Dadurch konnte Eicher mit einem identischen Motor zwei Leistungsklassen belegen.

Dieser Schlepper wurde bis 1957 mit unterschiedlichen Vorderachsen und entsprechend angepassten Radständen in insgesamt 4.094 Stück fabriziert. Die maßgeblichen Gründe für die häufigen Änderungen waren in der in jenen Jahren überaus starken Nachfrage nach Ackerschleppern zu finden, was nicht selten zu Lieferengpässen bei einzelnen Baukomponenten führte. Daher war man oft gezwungen, Traktoren mit Teilen fertigzustellen, die gerade am Markt verfügbar waren.

Dieser mit Seitenmähwerk und runder Haube ausgeführte ED 16/II entstand 1953.

Ein 1954 entstandener ED 16/II mit 19 PS, der mit Windschutzscheibe, Dach und Seitenteilen als Wetterschutz ausgerüstet ist.

| Eicher-Dieselschlepper ED 16/II (19 PS) | |
|---|---|
| Bauzeit | 1953–1957 |
| Motor | luftgekühlter Einzylinder-Diesel |
| Leistung/Drehzahl | 19 PS bei 1.500 U/min |
| Hubraum | 1.425 cm³ |
| Getriebe | 5/1-Gang |
| Gewicht | 1.420 kg |
| Antrieb | auf die Hinterräder |

## Eicher-Dieselschlepper L 28/I

Im Jahr 1950 wies das Eicher-Verkaufsprogramm noch viele Lücken und Provisorien auf. Es bestand aus mehreren Modellen mit Motorleistungen zwischen 16 und 30 PS. Da der eigene Motorenbau noch auf dem Einzylindermotor verharrte – erst 1953 gab es den ersten luftgekühlten Eicher-Motor mit zwei Zylindereinheiten –, mussten die Motoren für die übrigen Modelle dazugekauft werden. Diese waren sowohl luft- als auch wassergekühlt. Um der Kundschaft ein einheitliches Bild zu vermitteln, war Eicher bemüht, die Motoren mit Wasserkühlung alsbald durch luftgekühlte zu ersetzen. Eine große Auswahl bestand nicht, denn nur Deutz konnte derartige Aggregate in den erforderlichen Stückzahlen liefern.

Ein Traktor mit Zweizylinder-Deutz-Motor war das 1950 vorgestellte Modell L 28/I, dessen Leistung werksseitig anfangs mit 28, später mit 30 PS angegeben wurde. Zur besseren Unterscheidung wurde den mit Fremdmotoren ausgestatteten Eicher-Schleppern ein „L" in der Typenbezeichnung beigegeben. Im Übrigen waren – abgesehen von den Blechteilen – der Deutz-Traktor F 2 L 514 und das Eicher-Modell L 28 nahezu identisch.

| Eicher-Dieselschlepper L 28/I | |
|---|---|
| BAUZEIT | 1950–1954 |
| MOTOR | luftgekühlter Zweizylinder-Diesel |
| LEISTUNG/DREHZAHL | 30 PS bei 1.550 U/min |
| HUBRAUM | 2.660 cm³ |
| GETRIEBE | 7/2-Gang |
| GEWICHT | 1.800 kg |
| ANTRIEB | auf die Hinterräder |

## Eicher-Dieselschlepper ED 25/II

Das 1950 vorgestellte Eicher-Modell 25/II gehörte zu jenen Fahrzeugen, die in Ermangelung eines luftgekühlten Antriebsaggregats mit einem wassergekühlten Motor ausgerüstet werden mussten. In diesem Fall gelangte der zwar noch aus der Vorkriegszeit stammende, aber sehr bewährte Deutz-Diesel F 2 M 414 zur Verwendung. Dieser

Oben: Das Eicher-Modell L 28/I war ein zugstarker Schlepper, der damals bereits zur oberen Mittelklasse zählte.

S. 59 unten: Der nur in kleiner Stückzahl hergestellte Eicher L 40 gehört heute zu den ausgewiesenen Raritäten.

Das Eicher-Modell ED 25/II verkörperte noch die klassische Form des reinen Zugschleppers.

jetzt bei gleicher Drehzahl mit 25 PS klassifizierte Motor wurde von den meisten Herstellern als Einbauaggregat für die damals sehr verbreiteten 22-PS-Bauernschlepper genommen. Im Eicher-Modell ED 25/II war dieser mit dem im Hauptarbeitsbereich weniger gut abgestuften Vieranggetriebe SG 30-4 der Zahnradfabrik Augsburg (Renk) selbsttragend verblockt. Wegen Lieferschwierigkeiten auf dem Triebwerksektor und um die Lieferfähigkeit aufrechtzuerhalten, mussten zeitweise auch andere Baumuster, wie das für die Motorleistung viel zu schwache SG 22-4 des gleichen Herstellers, verwendet werden.

| Eicher-Dieselschlepper ED 25/II | |
| --- | --- |
| BAUZEIT | 1950–1954 |
| MOTOR | wassergekühlter Zweizylinder-Diesel |
| LEISTUNG/DREHZAHL | 25 PS bei 1.500 U/min |
| HUBRAUM | 2.198 cm$^3$ |
| GETRIEBE | 4/1-Gang |
| GEWICHT | 1.810 kg |
| ANTRIEB | auf die Hinterräder |

## Eicher-Dieselschlepper L 40

Auf der DLG-Messe des Jahres 1951 hatte der große Eicher-Schlepper L 40 seinen ersten Auftritt. Mit 42 PS Motorleistung war er damals das vorläufige Spitzenmodell dieses Herstellers. Wie bereits an anderer Stelle ausgeführt, stand aus Eicher-eigener Produktion bisher nur der Einzylindermotor zur Verfügung. Deshalb mussten die Kölner Deutz-Werke als Retter in der Not mit ihrem luftgekühlten Diesel F 3 L 514 als Einbauaggregat aushelfen. Anfangs gelangte das eigentlich

nur für eine Eingangsleistung von 30 PS ausgelegte und daher zu schwache ZF-Räderwerk A 15 zum Einbau. Schon nach kurzer Zeit beseitigte Eicher diesen Mangel, indem das stärkere ZF A 17 verwendet wurde, das zusätzlich noch einen Kriechgang besaß. Mit nur 270 verkauften Fahrzeugen hielt sich der Verkaufserfolg dieses großen Schleppers allerdings in sehr engen Grenzen.

| Eicher-Dieselschlepper L 40 | |
| --- | --- |
| BAUZEIT | 1951–1957 |
| MOTOR | luftgekühlter Dreizylinder-Diesel |
| LEISTUNG/DREHZAHL | 42 PS bei 1.450 U/min (ab 1954: 45 PS bei 1.600 U/min) |
| HUBRAUM | 3.990 cm$^3$ |
| GETRIEBE | 5/1- bzw. 6/1-Gang |
| GEWICHT | 2.190–2.340 kg |
| ANTRIEB | auf die Hinterräder |

Der D 22 von Fahr war für Acker und Straße gleichermaßen gut geeignet.

## Fahr-Dieselschlepper D 22

Auch die als Landmaschinenhersteller sehr bedeutsamen Fahr-Werke in Gottmadingen hatten seit Mitte der 1930er-Jahre mit dem Bau von Ackerschleppern als zweites unternehmerisches Standbein begonnen. Nach der Währungsreform war auch diese Firma eifrig bemüht, baldmöglichst ein alle Leistungsklassen umfassendes Schlepperprogramm auf die Beine zu stellen. Das Hauptaugenmerk lag dabei auf Fahrzeugen der kleinen bis mittleren Größenordnung. Zu der letzteren Gruppe zählte das 1951 vorgestellte und in mehreren Bauausführungen gefertigte Modell D 22. Es war eine zeittypische, sehr solide konstruierte Universalmaschine, die für den großen Nachholbedarf der deutschen Landwirtschaft von nicht unerheblicher Bedeutung war. Für den nötigen Vortrieb sorgte ein ausgereifter Wirbelkammer-Dieselmotor der Aschaffenburger Güldner-Werke, mit denen man seit jeher in guter geschäftlicher Beziehung

stand. Eine ebenfalls lieferbare Hochradausführung eignete sich besonders gut für die Arbeit in Reihenkulturen.

| Fahr-Dieselschlepper D 22 | |
|---|---|
| BAUZEIT | 1951–1953 |
| MOTOR | wassergekühlter Zweizylinder-Diesel |
| LEISTUNG/DREHZAHL | 22 PS bei 1.800 U/min |
| HUBRAUM | 1.630 cm³ |
| GETRIEBE | 5/1-Gang |
| GEWICHT | 1.350 kg |
| ANTRIEB | auf die Hinterräder |

## Fahr-Diesel-Kleinschlepper D 90

Seit den frühen 1950er-Jahren konnte die Firma Fahr an der Mechanisierungswelle, die die deutsche Landwirtschaft erfasst hatte, mit beeindruckenden Verkaufszahlen partizipieren. 1953 belegte man in der jährlichen Zulassungsstatistik einen beachtenswerten sechsten Platz mit 7 % Marktanteil. Einen wesentlichen Anteil an diesem Erfolg hatte die Tatsache, dass Fahr als Landmaschinenhersteller auch die entsprechenden Geräte und Maschinen zu den Traktoren beisteuern konnten. Um diese Position ausbauen zu können, wurde das Typenangebot laufend erweitert und der Nachfrage angepasst. Dazu gehörte der Kleinschlepper D 90, der mit einem luftgekühlten Direkteinspritz-aggregat der Mannheimer Motoren-Werke (MWM) und einem ZF-Fünfgang-Gruppenschaltgetriebe ausgerüstet war. Dieses Getriebe war in eine Acker- und eine Straßengruppe unterteilt, sodass dem Schlepperfahrer insgesamt 10 Vorwärts- und 2 Rückwärtsgänge zur Verfügung standen. Der Fahr D 90 war vor allem für kleine Familien- oder Nebenerwerbsbetriebe, aber auch als Zweit- und Pflegeschlepper eine sinnvolle Anschaffung. Mit fast 5.500 gebauten Einheiten gehörte das Fahrzeug zu den erfolgreichsten Modellen im Fahr-Programm.

**Fahr-Diesel-Kleinschlepper D 90**

| | |
|---|---|
| BAUZEIT | 1953–1956 |
| MOTOR | luftgekühlter Einzylinder-Diesel |
| LEISTUNG/DREHZAHL | 12 PS bei 2.000 U/min |
| HUBRAUM | 905 cm³ |
| GETRIEBE | 10/2-Gang |
| GEWICHT | 1.130 kg |
| ANTRIEB | auf die Hinterräder |

Unter der Bezeichnung D 90 H wurde bei Fahr die Bauausführung mit vergrößerter Allzweck-Hinterrad-bereifung geführt.

## Fendt-Kleinschlepper F 15 G

Den zu den Pionieren der Grasmähschlepper zählenden Fendt-Werken war es gelungen, sich mit den Dieselross-Modellen bis zum Kriegsausbruch eine gute Position in der Traktorbranche zu erarbeiten. Die frühen 1950er-Jahren standen ganz im Zeichen des Ausbaus und der Verbreiterung der Angebotspalette, der Modellpflege und der Baukapazitäten. Dabei lag der Schwerpunkt auf dem Bau der damals am stärksten nachgefragten Kleinschlepper. Diese waren so begehrt, dass die Hersteller mit ihrer Produktion kaum nachkommen konnten. Das mit einem Wirbelkammer-Diesel von MWM ausgerüstete Modell F 15 war ein Klein- und Universalschlepper in Standardbauweise für den geringen Leistungsbedarf. Es war wendig, vielseitig und zuverlässig und konnte alle auf kleinen Höfen anfallenden Arbeiten erledigen. Die Verkaufszahl von 8.026 Fahrzeugen spricht für seine Beliebtheit bei den Landwirten.

| Fendt-Kleinschlepper F 15 G | |
| --- | --- |
| BAUZEIT | 1950–1956 |
| MOTOR | wassergekühlter Einzylinder-Diesel |
| LEISTUNG/DREHZAHL | 15 PS bei 1.600 U/min |
| HUBRAUM | 1.180 cm³ |
| GETRIEBE | 4/1-Gang |
| GEWICHT | 1.150 kg |
| ANTRIEB | auf die Hinterräder |

Oben: Ein mit 8-24er-Hinterrädern bestückter F 15 G mit Windschutzscheibe und Verdeck.

Unten: Hier ein Fendt F 15 H 6 mit Hochrad-Speichenrädern.

## Fendt-Dieselschlepper F 15 H 6

Der Markt hatte sehr positiv auf das Erscheinen des neuen Fendt-Bauernschleppers F 15 reagiert. Allein 1950, im ersten Jahr seiner Fertigung, fanden 1.975 Fahrzeuge einen Käufer. Im Rahmen der Modellpflege erfolgte im darauffolgenden Jahr eine Aktualisierung. Während zu einer Veränderung bezüglich des von den Mannheimer Motoren-Werken dazugekauften Einzylinder-Dieselmotors KDW 415 kein Anlass bestand, kam ein neu entwickeltes, aus eigener Fabrikation stammendes Sechsgang-Gruppenschaltgetriebe, dessen erste Gangstufe als voll belastbarer Kriechgang ausgelegt war, zum Einbau. Darüber hinaus erhielt das jetzt in den Abmessungen geringfügig größere Fahrzeug anstelle der bisherigen Pendelachse eine verstärkte, gefederte Schwingachse. Neben der Ausführung als Standardtraktor gab es auch eine Hoch- und Allzweckradvariante, deren Hinterräder entweder in Scheiben- oder Speichenform geordert werden konnten.

Ein vorbildlich restaurierter Fendt-Dieselschlepper F 20 mit Hülle-Ansteckraupen.

## Fendt-Dieselschlepper F 20

Im Juni 1951 wurde das Fendt-Modell F 20 vorgestellt. Dieses 20-PS-Fahrzeug gab es in der Ausführung F 20 G als Standardschlepper sowie als Hackfrucht- und Pflegevariante F 20 H mit größeren Hinterrädern und mehr Bodenfreiheit. 1953 wurde das nicht mehr aktuelle 4/1-Gang- gegen ein 6/2-Gang-Getriebe ausgetauscht. Für den Einsatz auf weichen und nassen Böden konnten anstelle der Hinterräder Ansteckraupen montiert werden. Unter Verwendung dieser Raupen ergaben sich durch die erhöhten Auflageflächen eine größere Ausnutzung der Zug- und Schubkräfte sowie eine größere Steigfähigkeit und mehr Sicherheit bei Talfahrten − auch unter winterlichen Bedingungen. Für Austausch von Rädern und Raupen benötigte man etwa 30 Minuten Montagezeit. Dafür aber erweiterte sich das Einsatzfeld des Traktors beträchtlich. Sehr verbreitet waren die Hülle-Ansteckraupen der Firma IWK in Karlsruhe.

| Fendt-Dieselschlepper F 15 H 6 | |
| --- | --- |
| BAUZEIT | 1951–1957 |
| MOTOR | wassergekühlter Einzylinder-Diesel |
| LEISTUNG/DREHZAHL | 15 PS bei 1.600 U/min |
| HUBRAUM | 1.180 cm³ |
| GETRIEBE | 6/2-Gang |
| GEWICHT | 1.310 kg |
| ANTRIEB | auf die Hinterräder |

| Fendt-Dieselschlepper F 20 | |
| --- | --- |
| BAUZEIT | 1951–1956 |
| MOTOR | wassergekühlter Einzylinder-Diesel |
| LEISTUNG/DREHZAHL | 20 PS bei 1.600 U/min |
| HUBRAUM | 1.480 cm³ |
| GETRIEBE | 4/1-Gang (ab 1953: 6/2-Gang) |
| GEWICHT | 1.355 kg |
| ANTRIEB | auf die Hinterräder |

## Fendt-Dieselschlepper F 25 P

Im Jahr 1950 wurde der 25 PS starke Fendt-Schlepper F 25 vorgestellt und werksseitig als „Traktor für den größeren Leistungsbedarf" beworben. Das Fahrzeug wurde seinerzeit noch als leistungsfähiger Dieselschlepper in der schweren Klasse eingestuft, eine
Klassifizierung, die sich schon bald grundlegend ändern sollte. Aus
diesem Modell entstand noch im gleichen Jahr das verbesserte Modell F 25 P, dessen wassergekühlter MWM-Vorkammer-Dieselmotor
nun mit einer Dauerleistung von 25 PS und 28 PS Höchstleistung
angegeben wurde. In dieser Maschine kam das ZF-Schubrad-
schaltgetriebe A 15 mit fünf Vorwärtsgängen zur Verwendung. Auf
Wunsch war dieses Triebwerk auch mit sechs Gängen, also einem
angeflanschten Kriechgang für 1,76 km/h erhältlich. Darüber

| Fendt-Dieselschlepper F 25 P | |
|---|---|
| Bauzeit | 1950–1952 |
| Motor | wassergekühlter Zweizylinder-Diesel |
| Leistung/Drehzahl | 25–28 PS bei 1.500 U/min |
| Hubraum | 2.356 cm³ |
| Getriebe | 5/1- oder 6/1-Gang |
| Gewicht | 1.600 kg |
| Antrieb | auf die Hinterräder |

Ein in Belgien beheimateter F 25 P, ausgerüstet mit Seitenmähwerk mit Schwad-
ablage.

hinaus stand eine schnelle Getriebevariante zur Verfügung, mit
der der Traktor 23 km/h Höchstgeschwindigkeit erreichte. Die
Bodenfreiheit variierte zwischen 380 und 520 mm, je nachdem, ob
Standard- oder hohe Allzweckbereifung für den Hackfruchteinsatz
gewählt wurde.

## Fendt-Diesel-Kleinschlepper F 12 HL

Das unter der Typenbezeichnung Dieselross F 12 GH im Jahr 1952
vorgestellte neue, mit einem wassergekühlten MWM-Dieselmotor
ausgerüstete Kleinschleppermodell von Fendt hatte auf Anhieb einen
durchschlagenden Erfolg. Ein Jahr später folgte der Hersteller, dem
allgemeinen Markttrend Rechnung tragend, mit der luftgekühlten
Bauvariante. Wie nicht anders zu erwarten, verkaufte sich auch
dieses Schleppermodell hervorragend. Bis auf das unterschiedliche Kühlsystem waren beide Ausführungen praktisch identisch.
Besonders zu erwähnen ist das moderne, gut abgestufte Fendt-6/2-
Gang-Getriebe, das stets für eine optimale Traktion sorgte. Die erste
Gangstufe diente gleichzeitig als Kriechgang.

    Das Schleppermodell F-12-Kleinschlepper machte auf kleinen
Höfen und Nebenerwerbsbetrieben die Gespannhaltung überflüssig.
Das Fahrzeug war sehr wendig und leicht zu bedienen, sodass auch
die Bäuerin problemlos damit arbeiten konnte. Von beiden Ausfüh-
rungen konnten fast 16.000 Stück, die sich fast gleichmäßig auf beide
Varianten verteilten, verkauft werden.

Der Fendt-Schlepper F 12 HL hatte einen axialluftgekühlten Direkteinspritz-Dieselmotor von MWM.

## Fendt-Dieselschlepper F 40

Im Mai 1951 überraschte Fendt die Fachwelt mit der Vorstellung eines 40-PS-Großschleppers, der gleichzeitig das stärkste Diesel-ross-Modell im Verkaufsprogramm dieses Herstellers darstellte. Es war ein konventioneller Blockbauschlepper ohne herausragende technische Besonderheiten, dafür aber mit sehr dauerhaften Qualitäten. Obwohl der Markt infolge Baugröße und Preis für derartige Traktoren noch recht klein war, gab es einige Gründe, die für den Bau solcher Modelle bestimmend waren. Ein großes Fahrzeug, das als Renommierobjekt und Aushängeschild die Leistungsfähigkeit des Traktorherstellers zum Ausdruck bringen sollte, gehörte zur Abrundung des Verkaufsprogramms einfach dazu. Wirtschaftlich und gewinnbringend waren solche Projekte nicht immer, da die gefertigten Stückzahlen meist klein blieben. Viele Fahrzeuge fanden im Export Abnehmer. Beim Fendt F 40 waren es gerade einmal 1.030 Stück, die – verteilt über einen Zeitraum von knapp acht Jahren – einen Käufer fanden.

| Fendt-Diesel-Kleinschlepper F 12 HL | |
|---|---|
| BAUZEIT | 1953–1958 |
| MOTOR | luftgekühlter Einzylinder-Diesel |
| LEISTUNG/DREHZAHL | 12 PS bei 2.000 U/min |
| HUBRAUM | 905 cm³ |
| GETRIEBE | 6/2-Gang |
| GEWICHT | 1.150 kg |
| ANTRIEB | auf die Hinterräder |

| Fendt-Dieselschlepper F 40 | |
|---|---|
| BAUZEIT | 1951–1958 |
| MOTOR | wassergekühlter Dreizylinder-Diesel |
| LEISTUNG/DREHZAHL | 40 PS bei 1.500 U/min |
| HUBRAUM | 334 cm³ |
| GETRIEBE | 5/1- oder 6/2-Gang |
| GEWICHT | 2.500 kg |
| ANTRIEB | auf die Hinterräder |

Die Ausführung F 40 U kennzeichnete die Ausführung mit Sechsganggetriebe sowie Motorzapfwelle mit Doppelkupplung.

## Güldner-Dieselschlepper AFS

Die Aschaffenburger Güldner-Werke hatten sich als langjähriger Motorenfabrikant bereits einen hervorragenden Ruf erworben, als das Unternehmen Mitte der 1930er-Jahre in den Schlepperbau diversifizierte. Zwangsläufig gelangten in den Fahrzeugen eigene Antriebseinheiten zum Einbau. Nach Kriegsende betätigte sich Güldner zwar hauptsächlich im Bau von Schleppern der kleinen und mittleren Leistungsklasse, die sich optisch durch haifischmaulähnliche Kühlerschutzgitter von den Modellen der Konkurrenz abhoben. Gleichwohl versuchte dieser Hersteller auch mit stärkeren Modellen auf dem Markt Fuß zu fassen. Das zweitstärkste Fahrzeug im 1953er-Bauprogramm war der 28-PS-Schlepper AFS, den ein hauseigener Zweizylinder-Wirbelkammer-Dieselmotor mit Wasserumlaufkühlung und gutem Drehmoment fortbewegte. Es handelte sich um einen sehr soliden Traktor der oberen Mittelklasse, der dank seiner Portal-achsen über die ungewöhnlich große Bodenfreiheit von 500 mm verfügte. Mit nur 245 verkauften Fahrzeugen blieb sein Markterfolg aber überaus bescheiden.

Schon äußerlich vermittelt das Güldner-Modell AFS einen kräftigen Eindruck.

| Güldner-Dieselschlepper AFS | |
|---|---|
| BAUZEIT | 1953–1957 |
| MOTOR | wassergekühlter Zweizylinder-Diesel |
| LEISTUNG/DREHZAHL | 28 PS bei 1.500 U/min |
| HUBRAUM | 2.425 cm³ |
| GETRIEBE | 5/1- oder 6/1-Gang |
| GEWICHT | 1.870 kg |
| ANTRIEB | auf die Hinterräder |

## Güldner-Dieselschlepper ADS

1954 schloss das Zweizylinder-Modell ADS eine Leistungslücke im Güldner-Verkaufssortiment. Zu diesem Zweck wurde die Leistung des zum Einbau vorgesehenen Güldner-Motors durch Erhöhung der eingespritzten Kraftstoffmenge auf 18 PS gesteigert. Für diesen Schlepper standen zwei unterschiedliche ZF-Triebwerke, und zwar die Baumuster A 8 bzw. 8/6 zur Verfügung. Der Typ ADS war ein

Obwohl sehr solide verarbeitet, konnte der Typ ADS nur geringe Verkaufserfolge erzielen.

zuverlässiger, ausgereifter Traktor für den kleineren bis mittelgroßen Hof, der aber stets im Schatten seines mit 16 PS nur geringfügig schwächeren Bruders ADN stand. So wurden von der Mehrzahl der Kunden sowohl der Leistungsunterschied als auch die Eigenschaften dieses Fahrzeugs als zu gering angesehen, und er wurde daher nur selten verlangt. Schon zum Ende des Jahres 1954 verschwand dieses wenig erfolgreiche Modell wieder aus dem Programm. In diesem Zeitraum konnten lediglich 354 Fahrzeuge verkauft werden.

| Güldner-Dieselschlepper ADS | |
| --- | --- |
| Bauzeit | 1954–1955 |
| Motor | wassergekühlter Zweizylinder-Diesel |
| Leistung/Drehzahl | 18 PS bei 1.800 U/min |
| Hubraum | 1.305 cm$^3$ |
| Getriebe | 5/1- oder 6/1-Gang |
| Gewicht | 1.100 kg |
| Antrieb | auf die Hinterräder |

## Güldner-Dieselschlepper ADA

Als Nachfolgemodell des zwischen 1951 und 1952 mit großem Erfolg angebotenen Güldner-Schleppers AF 20 trat noch im gleichen Jahr der verbesserte Typ ADA auf den Plan. Im Interesse einer noch größeren Bodenfreiheit wählte man für dieses Fahrzeug die Portalausführung des ZF-A-15-Getriebes. Der installierte Wirbelkammer-Dieselmotor 2 DA konnte 20 PS Dauer- und 22 PS Höchstleistung erzeugen. Der erste Getriebegang ließ sich bei gedrosselter Drehzahl auf 1,5 km/h Mindestgeschwindigkeit reduzieren. Das war wichtig bei Saat- und Pflegearbeiten in Reihenkulturen. Eine querblattgefederte Pendelvorderachse sorgte für erträgliche Fahreigenschaften

auch auf unebenen Untergründen. Das aus Getriebezapfwelle, Differenzialsperre und Einzelradlenkbremsen bestehende serienmäßig vorhandene Zubehör entsprach dem Standard dieser Leistungsklasse. Mit 2.748 gefertigten Fahrzeugen war der ADA durchaus erfolgreich.

Gegen Aufpreis gab es für den ADA auch ein Allwetterverdeck der Firma Fritzmeier.

| Güldner-Dieselschlepper ADA | |
| --- | --- |
| Bauzeit | 1952–1955 |
| Motor | wassergekühlter Zweizylinder-Diesel |
| Leistung/Drehzahl | 20–22 PS bei 1.800 U/min |
| Hubraum | 1.630 cm$^3$ |
| Getriebe | 5/1-Gang |
| Gewicht | 1.325 kg |
| Antrieb | auf die Hinterräder |

Der Typ R 16 B war die Standardausführung mit kleinen Hinterrädern.

## Hanomag-Dieselschlepper R 16

Die Hanomag-Werke in Hannover-Linden konnten ab 1947 mit ihrer ersten Traktor-Nachkriegskonstruktion, die aber noch mit einem aus der Vorkriegszeit stammenden Motor auskommen musste, aufwarten. Kurze Zeit später hatte auch ein neuer Vierzylinder-Vorkammer-Dieselmotor des Typs D 28 den Status der Serienreife erlangt. Dieses Antriebsaggregat war das Ausgangsmodell einer neuen, nach dem Baukastensystem ausgebildeten, als Kurzhubmotor konstruierten Motorenreihe, bei der die Austauschmöglichkeit vieler Bauteile wie Zylinderlaufbuchsen, Kolben, Pleuel und Lager möglich war. Hierzu gehörte auch das aus zwei Zylindereinheiten gebildete Dieselaggregat D 14, das in den ab 1951 lieferbaren, blockkonstruierten Dieselschlepper R 16 eingebaut wurde. Dabei war die Ausrüstung mit einem laufruhigeren Zweizylindermotor bei einem Schlepper dieser Baugröße eher die Ausnahme. Der Typ R 16 war damals das kleinste Traktormodell des von 16 bis 55 PS Motorleistung reichenden Hanomag-Verkaufsprogramms.

Der R 16 wurde in den beiden Ausführung A und B angeboten. Dabei war die Variante B mit 7-30er-Scheibenrädern ausgerüstet, während die Version A die hohen Allzweckhinterräder der Größe 7-36 besaß. Diese Variante mit ihrer hochgezogenen Portalachse und großer Bodenfreiheit war vor allem für Arbeiten in Reihenkulturen bestens geeignet.

Der bis 1957 gefertigte R 16 konnte mit 14.300 verkauften Einheiten einen sehr guten Verkaufserfolg einfahren. Dieser sehr solide und robuste Schlepper bedeutete für nicht wenige Kleinbauern den Einstieg in die Motorisierung.

| Hanomag-Dieselschlepper R 16 | |
|---|---|
| BAUZEIT | 1951–1957 |
| MOTOR | wassergekühlter Zweizylinder-Diesel |
| LEISTUNG/DREHZAHL | 16 PS bei 1.600 U/min |
| HUBRAUM | 1.399 cm³ |
| GETRIEBE | 5/1-Gang |
| GEWICHT | 1.170 kg |
| ANTRIEB | auf die Hinterräder |

Links: Ein 1954 entstandener R 16 mit Windschutzscheibe, Dach, seitlicher Riemenscheibe und Mähwerk.

Unten: Ein Allzweckschlepper R 16 A, ausgerüstet mit Windschutzscheibe, Dach und hinteren Stahlspeichenrädern.

## Hanomag-Dieselschlepper R 28

Der Diesel-Halbrahmenschlepper R 28 tauchte erstmals 1951 im Hanomag-Verkaufsprogramm auf. Er ersetzte den nun überflüssig gewordenen Typ R 25, besaß aber dessen jetzt auf 28 PS gesteigerten Motor. Neu war darüber hinaus das hauseigene Fünfganggetriebe, das wahlweise mit einer vorgelagerten Kriechganggruppe im Geschwindigkeitsbereich von 1,05 bis 5,2 km/h ausgerüstet werden konnte. Damit standen dem Schlepperfahrer zehn Vorwärts- und zwei Rückwärtsgänge zur Verfügung. Ebenso war dieses Triebwerk auch in einer schnellen Übersetzung bis maximal 25,2 km/h erhältlich. Auch vom R 28 gab es eine standardbereifte und eine Allzweckausführung mit größeren Hinterrädern.

Dieses Modell, von dem innerhalb seiner nur kurzen Marktpräsenz beachtliche 5.942 Einheiten verkauft wurden, war ein kräftiges und problemloses Fahrzeug für den mittelgroßen Betrieb.

| Hanomag-Dieselschlepper R 28 | |
| --- | --- |
| BAUZEIT | 1951–1953 |
| MOTOR | wassergekühlter Vierzylinder-Diesel |
| LEISTUNG/DREHZAHL | 28 PS bei 1.500 U/min |
| HUBRAUM | 2.799 cm³ |
| GETRIEBE | 5/1- oder 10/2-Gang |
| GEWICHT | 1.740–1.860 kg |
| ANTRIEB | auf die Hinterräder |

Unten: Ein 1951 gebauter R 28 in offener Ausführung.

## Hanomag-Dieselschlepper R 22

Das zeitgleich mit dem Typ R 16 vorgestellte Hanomag-Modell R 22 war ein weiterer Traktor, der mit einem Aggregat aus der neuen D-28-Motorenreihe ausgerüstet wurde. In diesem Fall mussten drei Zylindereinheiten zusammengeführt werden, um die angedachte Leistung von 22 PS bei gleicher Drehzahl herauszuholen. Der Typ R 22 war ebenfalls mit dem 5/1-Gang-Getriebe, das durch eine zusätzliche Kriechganggruppe aufgerüstet werden konnte, bestückt. Es war ein Fahrzeug der unteren Mittelklasse, das überall dort sein Betätigungsfeld fand, wo in Kleinbetrieben besonders

Oben: Dieser Hanomag R 22 ist mit Speichenradsätzen ausgerüstet.

| Hanomag-Dieselschlepper R 22 | |
|---|---|
| BAUZEIT | 1951–1957 |
| MOTOR | wassergekühlter Dreizylinder-Diesel |
| LEISTUNG/DREHZAHL | 22 PS bei 1.500 U/min |
| HUBRAUM | 2.099 cm³ |
| GETRIEBE | 5/1- oder 10/2-Gang |
| GEWICHT | 1.620 kg |
| ANTRIEB | auf die Hinterräder |

schwere Böden zu bearbeiten waren oder die Geländebeschaffenheit größere Zugkräfte erforderte. Selbst für nicht zu großflächige Mittelbetriebe kam dieser Schlepper als Universalfahrzeug infrage. Das wurde auch von vielen Landwirten ebenso bewertet, denn mit 6.853 verkauften Einheiten war das Verkaufsergebnis schon sehr beachtlich.

## Hanomag-Dieselschlepper R 19

Im Jahr 1953 expandierten die Hanomag-Werke und bauten ihr Schlepperprogramm weiter aus. Zu den Neuvorstellungen zählte der Dieselschlepper R 19, dessen Leistung sich im unteren Mittelklassebereich befand. Der aus dem R 16 hervorgegangene Traktor war in

Der Hanomag R 19 war von dem geringfügig schwächeren R 16 erst auf den zweiten Blick zu unterscheiden.

Blockbauweise konstruiert. Die Mehrleistung des Zweizylindermotors erzielte man durch Drehzahlerhöhung und Änderung der Vorkammer, was das solide Aggregat klaglos vertrug. Von dem in Aussehen und Größe ziemlich identischen R 16 war er durch den bis zur Motormitte zurückversetzen Ölbadluftfilter und durch die größeren Hinterräder zu unterscheiden. Ab Werk gab es den R 19 mit hinteren Speichenrädern, die allerdings gegen Scheibenräder getauscht werden konnten. Der Traktor, dessen Zughakenleistung mit 1.368 kg deutlich höher lag als die des R 16, fand mit 8.489 Einheiten einen außerordentlich guten Absatz.

| Hanomag-Dieselschlepper R 19 | |
|---|---|
| BAUZEIT | 1953–1957 |
| MOTOR | wassergekühlter Zweizylinder-Diesel |
| LEISTUNG/DREHZAHL | 19 PS bei 1.975 U/min |
| HUBRAUM | 1.399 cm³ |
| GETRIEBE | 5/1- oder 8/2-Gang |
| GEWICHT | 1.250 kg |
| ANTRIEB | auf die Hinterräder |

Ein 1952 gebauter Hanomag R 45 mit Dach und landwirtschaftlichem, hier strohbeladenem Anhänger.

### Hanomag-Dieselschlepper R 45

Anfang 1951 erschien mit dem schweren Diesel-Radschlepper R 45 ein überarbeiteter Nachfolger des Typs R 40. Mit der Weiterentwicklung entsprach Hanomag dem Wunsch vieler Kunden nach einem Mehr an Motorleistung. Zu diesem Zweck hatte man die Zylinderbohrung des bewährten D-52-Motors von 105 auf 110 mm vergrößert, sodass dessen Rauminhalt erhöht und die größere Leistung bei gleicher Drehzahl erreicht werden konnte. Abgesehen davon entsprach das hierdurch entstandene, mit einem Gewicht von 800 kg sehr kräftig dimensionierte Antriebsaggregat dem Vorgänger. Anfangs war der D-57-Motor mit einer hauseigenen Einspritzpumpe, ab 1957 mit einer solchen von Bosch bestückt.

Rein äußerlich unterschied sich das neue Modell durch eine aktualisierte, den übrigen Typen des Hauses angeglichene Motorverkleidung. Der R 45 war ein unverwüstlicher, anspruchsloser und zuverlässiger schwerer Radschlepper mit sehr hoher Zugleistung, der vor allem in land- und forstwirtschaftlichen Großbetrieben zu finden war. Er bewährte sich auch als Straßenschlepper für Transportarbeiten, wobei ein schnelles Getriebe, eine Druckluftbremsanlage, schwere Gussfelgen und teilweise ein geschlossenes Fahrerhaus obligatorisch waren. Für Einsätze in Wald und Forst stand eine 3,5-t-Seilwinde zur Verfügung.

| Hanomag-Dieselschlepper R 45 | |
|---|---|
| BAUZEIT | 1951–1958 |
| MOTOR | wassergekühlter Vierzylinder-Diesel |
| LEISTUNG/DREHZAHL | 45 PS bei 1.200 U/min |
| HUBRAUM | 5.702 cm³ |
| GETRIEBE | 5/1-Gang |
| GEWICHT | 3.220 kg |
| ANTRIEB | auf die Hinterräder |

### Hanomag-Diesel-Tragschlepper R 12

1953 war das Jahr, in dem Hanomag mit dem Mehrzweckschlepper R 12 konzeptionell neue Wege ging. In die Entwicklung dieses Tragschleppers hatte das Unternehmen die damals mehr als beachtliche Summe von 20 Millionen DM investiert. Entsprechend groß waren auch die Erwartungen, die man in die neue Konstruktion setzte. Es war ein hauptsächlich für Klein- und Kleinstbetriebe konzipiertes Fahrzeug, das dem großen Bedarf dieser noch vielfach mit Zugtieren arbeitenden Zielgruppe Rechnung trug.

Leider warf der nicht hinreichend ausgereifte Motor einen sehr großen Schatten auf die ansonsten sehr gute Konzeptionsidee. Der kleine, nach dem Zweitaktverfahren arbeitende Hochleistungsmotor gab ein sehr lautes Arbeitsgeräusch von sich, was zumindest sehr gewöhnungsbedürftig war und dem Fahrzeug dem Spitznamen „Ackermoped" eintrug. Zudem führte das helle, wenig kräftige und damit vermeintlich keine Stärke vermittelnde Geräusch zu einer subjektiven Voreingenommenheit bei den eher konservativ eingestellten Landwirten. Viel schlimmer war der Austritt von nicht verbranntem Schmieröl durch den Auspuff, was Traktor und Anbaugeräte verschmutzte und zudem zur Geruchsbelästigung führte. Noch ungünstiger war, dass der R 12 trotz zeitweise guter Abverkäufe auf Dauer mit diesen Schwachstellen behaftet blieb. Das führte letztendlich zu Verärgerung und einem massiven Vertrauensverlust der Kundschaft zur gesamten Marke.

**Hanomag-Diesel-Tragschlepper R 12**

| | |
|---|---|
| BAUZEIT | 1953–1954 |
| MOTOR | wassergekühlter Einzylinder-Diesel |
| LEISTUNG/DREHZAHL | 12 PS bei 2.200 U/min |
| HUBRAUM | 511 cm³ |
| GETRIEBE | 6/2-Gang |
| GEWICHT | 800 kg |
| ANTRIEB | auf die Hinterräder |

Ein toprestaurierter R 12 mit Windschutz, Dach und Zwischenachsanbaugeräten.

## International-Vergaserschlepper FG

Im Jahr 1937 verließen in dem neu errichteten Neusser Fertigungs-
werk der in Chicago ansässigen International Harvester Company
(I.H.C.) die ersten in Deutschland montierten Traktoren die Werkstore. Im Gegensatz zu allen übrigen deutschen Herstellern besaßen
die für den amerikanischen Markt konzipierten Traktoren der
Typenreihe F 12 G den in Europa bereits unüblichen Vergaserantrieb.
Trotzdem wurden die Fahrzeuge von den Landwirten recht positiv
aufgenommen. 1940 kam das stärkere und verbesserte Modell FG auf

| International-Vergaserschlepper FG | |
|---|---|
| Bauzeit | 1940–1951 |
| Motor | wassergekühlter Vierzylinder-Vergasermotor |
| Leistung/Drehzahl | 20 PS bei 1.650 U/min |
| Hubraum | 2.043 cm³ |
| Getriebe | 4/1-Gang |
| Gewicht | 1.830 kg |
| Antrieb | auf die Hinterräder |

Der Vergaserschlepper FG besaß ein formschönes Kühlerschutzgitter mit Motorhaube.

den Markt, das jetzt über eine geschlossene Motorhaube verfügte.
Nach einer kriegsbedingten Produktionsunterbrechung lief die
Fertigung 1947 wieder an. Der Markt aber zeigte, dass der Vergaser-
schlepper kaum noch verkäuflich war und ein Dieselschlepper
immer dringlicher wurde, wollte das Unternehmen den technischen
Anschluss nicht verlieren. Das sah schließlich auch die amerikani-
sche Konzernspitze ein und gab grünes Licht zur schnellstmöglichen
Entwicklung eines solchen Aggregats. 1951 löste der Dieseltraktor
DF 25 das Vergasermodell ab.

## McCormick International-Dieselschlepper DLD 2

1953 stellte das I.H.C.-Werk in Neuss eine aus drei Modellen mit 14,
20 und 30 PS bestehende Dieselschlepperreihe vor. Diese Fahrzeuge
sollten zur Grundlage einer langen Reihe überaus erfolgreicher Traktoren werden. Der mit einem 14 PS starken Zweizylinder-Dieselmotor
ausgerüstete Blockbau-Kleinschlepper war ein modernes Fahrzeug
für den kleinen Hof oder als Zusatz- und Pflegemaschine für größere
Betriebe konstruiert. Er war klein, handlich und kompakt und stellte
nur geringe Wartungs- und Pflegeansprüche. Trotz seiner geringen
Größe war er ein verhältnismäßig starker Schlepper, dessen größte
Kraft am Zughaken 1.510 kg betrug.

Die große Akzeptanz der neuen Reihe durch die Kundschaft war
entscheidend dafür, dass die I.H.C. bereits 1955 in der westdeutschen
Zulassungsstatistik auf den achten Platz bei 5,1 % Marktanteil vor-
rückten. Das entsprach 5.094 Traktoren – fünf Jahre zuvor waren es
ganze 93 bei Rang 25 gewesen!

Dieser DLD 2 ist von 1954.

| McCormick International-Dieselschlepper DLD 2 | |
|---|---|
| BAUZEIT | 1953–1956 |
| MOTOR | wassergekühlter Zweizylinder-Diesel |
| LEISTUNG/DREHZAHL | 14 PS bei 1.750 U/min |
| HUBRAUM | 1.088 cm³ |
| GETRIEBE | 6/1-Gang |
| GEWICHT | 975 kg |
| ANTRIEB | auf die Hinterräder |

| McCormick International-Dieselschlepper DGD 4 | |
|---|---|
| BAUZEIT | 1953–1956 |
| MOTOR | wassergekühlter Vierzylinder-Diesel |
| LEISTUNG/DREHZAHL | 30 PS bei 1.750 U/min |
| HUBRAUM | 2.175 cm³ |
| GETRIEBE | 6/1-Gang |
| GEWICHT | 1.295 kg |
| ANTRIEB | auf die Hinterräder |

## McCormick International-Dieselschlepper DGD 4

Das Spitzenmodell der 1953 präsentierten neuen Dieselschlepper-reihe von International Harvester war der 30-PS-Traktor DGD 4. Die von einem ruhigen, elastischen Dieselmotor angetriebene Maschine war schon für größere Betriebe vorgesehen. Der DGD 4 besaß trotz seines im Verhältnis zur Motorleistung nur geringen Gewichts eine im Klassenvergleich überdurchschnittliche Zugkraft mit 2.160 kg am Haken. Bei zusätzlicher Wasserfüllung der Hinterräder und Ballastgewichten waren es sogar 2.960 kg. Er war für alle in der Landwirtschaft vorkommenden Arbeiten, aber auch für Straßen-transporte bestens geeignet. Hierzu bot das Werk, das gleichzeitig als renommierter Landmaschinenhersteller fungierte, ein reichhal-tiges Zubehör- und Geräteprogramm an – sozusagen alles aus einer Hand. Hierzu gehörte auch ein hydraulischer Dreipunkt-Kraftheber. Mit 8.130 Einheiten war dieses Fahrzeug ein ausgesprochenes Erfolgsmodell.

Der sehr solide DGD 4 erfreute sich bei den Bauern einer großen Beliebtheit.

## Kramer-Diesel-Kleinschlepper KB 12

Die Kramer-Werke waren in den 1930er-Jahren mit dem Bau einfacher und preiswerter Kleinschlepper mit verdampfungsgekühlten Motoren hervorgetreten. Seit den frühen 1950er-Jahren konnte auch dieser Hersteller an dem Verkaufsboom, der die gesamte Branche erfasst hatte, teilhaben. 1952 wurde das Kleinschleppermodell KB 12 vorgestellt, das mit einem wassergekühlten Güldner-Diesel und dem neuen selbst entwickelten, werksintern als „Kramer-Achtganggetriebe" bezeichneten Räderwerk ausgerüstet war. Durch die Geradverzahnung war es anfänglich bei den Schaltvorgängen ziemlich geräuschvoll. Später sorgte ein spiralverzahnter Winkeltrieb für Abhilfe. Die Vorderachse war pendelnd gelagert und auf Wunsch auch mit Einzelradfederung erhältlich. Innerhalb seines Fertigungszeitraums von 15 Monaten verließen immerhin 1.398 Fahrzeuge dieses speziell für kleine landwirtschaftliche Anwesen vorgesehenen Traktormodells die Werkstore.

| Kramer-Diesel-Kleinschlepper KB 12 | |
|---|---|
| BAUZEIT | 1952–1953 |
| MOTOR | wassergekühlter Einzylinder-Diesel |
| LEISTUNG/DREHZAHL | 12 PS bei 2.000 U/min |
| HUBRAUM | 810 cm³ |
| GETRIEBE | 6/2-Gang |
| GEWICHT | 1.100 kg |
| ANTRIEB | auf die Hinterräder |

Der KB 12 von Kramer war ein zeittypischer Kleinschlepper der frühen 1950er-Jahre.

## Kramer-Dieselschlepper K 22 Th

Rechtzeitig zum 25-jährigen Betriebsjubiläum am 17. Januar 1950 hatte das Werk den neuen, als „Jubiläumsmodell" bezeichneten Kramer-Dieselschlepper K 22 Th fertiggestellt. Dieser aus dem Vorkriegsmodell K 22 hervorgegangene Ackerschlepper hatte eine moderne, nach hinten klappbare Motorhaube erhalten. Er verfügte über eine Thermosyphon-Umlaufkühlung, bei der die Kühlung nicht mehr durch Wasserverdampfung, sondern durch ein geschlos-

Ein vorzüglich restaurierter Kramer-Jubiläumsschlepper K 22 Th mit Seitenmähwerk mit Handaushebung.

| Kramer-Dieselschlepper K 22 Th | |
| --- | --- |
| BAUZEIT | 1950–1951 |
| MOTOR | wassergekühlter Einzylinder-Diesel |
| LEISTUNG/DREHZAHL | 22 PS bei 1.500 U/min |
| HUBRAUM | 1.639 cm³ |
| GETRIEBE | 5/1-Gang |
| GEWICHT | 1.650 kg |
| ANTRIEB | auf die Hinterräder |

| Kramer-Diesel-Tragschlepper KB 25 W | |
| --- | --- |
| BAUZEIT | 1953–1957 |
| MOTOR | wassergekühlter Zweizylinder-Diesel |
| LEISTUNG/DREHZAHL | 25 PS bei 1.800 U/min |
| HUBRAUM | 1.840 cm³ |
| GETRIEBE | 10/2-Gang |
| GEWICHT | 1.500 kg |
| ANTRIEB | auf die Hinterräder |

senes System mit Lamellenkühler zur Wärmeableitung erfolgte. An seinen großen seitlichen Schwungrädern, die gleichzeitig als Riemenscheibe dienten, war dieser Schlepper einwandfrei zu identifizieren.

Der K 22 Th war eine robuste und wartungsarme Allzweckmaschine, die bereits für mittlere Betriebsgrößen infrage kam. 1.239 Einheiten, von denen manche noch nach Jahrzehnten ihren Besitzern treue Dienste leisteten, wurden bis 1951 verkauft.

## Kramer-Diesel-Tragschlepper KB 25 W

In der Leistungsklasse der 22- bis 25-PS-Schlepper waren die Kramer-Werke gleich mit mehreren luft- und wassergekühlten Fahrzeugen vertreten. Hierzu zählte das seit 1953 am Markt befindliche Modell KB 25, das ab 1955 unter der Bezeichnung KB 25 W mit einem um 15 cm verlängerten Radstand angeboten wurde. Es war ein

für den Anbau von Zwischenachsgeräten vorgesehener Tragschlepper, dessen Antrieb der bewährte, von den Aschaffenburger Güldner-Werken dazugekaufte wassergekühlte Zweizylinder-Wirbelkammer-Dieselmotor 2 BN besorgte. Das Tragschlepperkonzept wurde zu dieser Zeit immer stärker propagiert, was zur Folge hatte, dass immer mehr Hersteller derartige Modelle in ihr Programm aufnahmen. Der Traktor war mit einem Kramer-Getriebe der Baugruppe II mit Kriechgang-Untersetzergruppe ausgerüstet. Die Getriebezapfwelle war serienmäßig, während der Dreipunkt-Kraftheber mit 720 kg Hubvermögen gegen Aufpreis erhältlich war.

Der KB 25 bzw. KB 25 W war ein starker Tragschlepper der in 1.297 Exemplaren entstand. Das Fahrzeug besaß eine einteilige, hinten angeschlagene Motorhaube, die problemlos den Zugang zu allen Motorteilen ermöglichte.

## Lanz-Bulldog 36 PS, Typ HN, D 3606

In den 1950er-Jahren hatte sich die Situation für die Mannheimer Lanz-Werke grundlegend verändert. Nichts war mehr so wie früher, denn die polternden, am Rande der Überalterung stehenden Glühkopfbulldogs hatten gegenüber der mehrzylindrigen Dieselkonkurrenz erheblich an Boden verloren. Lanz versuchte zwar, sich den Gegebenheiten anzupassen, ohne dabei aber von dem grundlegenden Bauprinzip, dem langsam laufenden Einzylinder, abzuweichen.

Zunächst bedeutete das den Schritt zum Halbdiesel-Bulldog, der mit Benzin gestartet und dann auf wirtschaftlicheren Dieselbetrieb umgestellt wurde. Bei diesen Maschinen war der Glühkopf entbehrlich geworden und die Laufruhe erheblich kultivierter. Hierzu gehörte auch das Allzweck-Modell D 3606, das die Nachfolge des legendären 35-PS-Glühkopfbulldog D 8506 antrat. Es war ein Zugschlepper für schwere Bodenbearbeitung, aber auch die richtige Maschine für Zapfwellengeräte, wie gezogene Mähdrescher und andere Vollerntemaschinen. Mit 3.340 Exemplaren konnte er recht zufriedenstellende Verkaufserfolge erzielen.

## Lanz-Allzweck-Bulldog 20 PS, Typ HN 5, D 3506

Seit 1950 ergänzte unter der gleichen Typenbezeichnung wie der Ackerluftbulldog 20 PS D 3506 ein ebenso starker Allzweck-Bulldog mit großen Antriebsrädern das mittlerweile wieder komplette Verkaufsprogramm der Lanz-Werke. Dieses Fahrzeug hatte zwar keinen Vorgänger, war aber technisch eng verwandt mit dem 1939 vorgestellten, sehr vielseitigen 25-PS-Allzweck-Bulldog D 7506. Ebenso wie

| Lanz-Bulldog 36 PS, Typ HN, D 3606 | |
| --- | --- |
| Bauzeit | 1953–1956 |
| Motor | wassergekühlter Einzylinder-Mitteldruck-Diesel |
| Leistung/Drehzahl | 36 PS bei 1.050 U/min |
| Hubraum | 3.711 cm$^3$ |
| Getriebe | 6/2-Gang |
| Gewicht | 2.390 kg |
| Antrieb | auf die Hinterräder |

| Lanz-Allzweck-Bulldog 20 PS, Typ HN 5, D 3506 | |
| --- | --- |
| Bauzeit | 1950–1952 |
| Motor | wassergekühlter Einzylinder-Glühkopfmotor |
| Leistung/Drehzahl | 20 PS bei 760 U/min |
| Hubraum | 4.767 cm$^3$ |
| Getriebe | 6/2-Gang |
| Gewicht | 1.850 kg |
| Antrieb | auf die Hinterräder |

Der Halbdiesel-Bulldog D 3606 mit 13-30er-Hinterrädern wirkte nicht nur optisch sehr kraftvoll – die Kraft war auch tatsächlich vorhanden.

Ein 1952 gebauter Allzweck-Bulldog D 3506 mit Dach und trapezförmigen Hinterradkotflügeln.

dieser besaß er eine große Bodenfreiheit mit gekröpfter Vorderachse und schmaler Hinterradbereifung.

Werksseitig war diese speziell für Hackfrucht- und Pflegearbeiten vorgesehene kleine Glühkopfmaschine mit Einzelradlenkbremsen, verstellbarer Spurweite, Beleuchtungsanlage und Anlasszündung sowie einer Riemenschiebe ausgerüstet. Getriebezapfwelle, Mähwerk, Windschutzscheibe und Dach sowie ein ölhydraulischer Kraftheber mit Vierpunkt-Normschwingrahmen standen als Sonderausrüstung gegen Aufpreis zur Verfügung.

## Lanz-Bulldog 50 PS, Typ HR, D 5006

Mit den 1955 vorgestellten 50 bzw. 60 PS starken schweren Halbdiesel-Bulldogs konnte Lanz in dieser Klasse endlich einen vollwertigen Ersatz für die mittlerweile hoffnungslos veralteten und daher aus der Fertigung genommenen Glühkopfmaschinen ins Feld führen. Das war dringend nötig geworden, denn es bestand die Gefahr, diesen traditionellen Abnehmerkreis an die Mitbewerber zu verlieren.

Diese neuen Modelle waren unverwüstliche, robuste und sehr zugstarke Großschlepper für schwerste Zug- und Zapfwellenleistungen, die in großen Gutsbetrieben, bei Lohnunternehmen und in der Forstwirtschaft Verwendung fanden. Für den letzteren Verwendungszweck konnten diese Fahrzeuge mit einer Heckseilwinde mit hydraulischer Bergstütze ausgerüstet werden. Die maximale Zughakenleistung des kleineren Modells D 5006 betrug 3.510 kg. Leistungsmäßig gehörten die mit Motorzapfwelle und Doppelkupplung ausgerüsteten Schlepper zur damaligen Spitzengruppe.

Der D 5006 besaß im Gegensatz zu dem zusätzlich mit einer Kriechganggruppe ausgerüstete D 5016 das 6/2-Gang-Standardgetriebe.

| Lanz-Bulldog 50 PS, Typ HR, D 5006 | |
| --- | --- |
| BAUZEIT | 1955–1958 |
| MOTOR | wassergekühlter Einzylinder-Mitteldruck-Diesel |
| LEISTUNG/DREHZAHL | 50 PS bei 800 U/min |
| HUBRAUM | 7.372 cm³ |
| GETRIEBE | 6/2-Gang |
| GEWICHT | 3.230 kg |
| ANTRIEB | auf die Hinterräder |

## Lanz-Bulldog 19 PS, Typ HE, D 1906

Noch kurz vor der Markteinführung der neuen Volldiesel-Schlepper-reihe löste der Lanz-Bulldog D 1906 die bis dato vertriebenen Modelle D 1706 und D 2206 ab. Abgesehen von der Motorleistung waren sie mit dem D 1906 technisch weitgehend identisch, allerdings hatte man dem Fahrzeug eine neue Motorhaube spendiert, sodass es optisch jetzt kraftvoller wirkte als seine etwas schmalbrüstigen Vor-gänger. Denn ebenso wie ein zu helles Motorengeräusch bei einem Traktor scheinbar auf einen Mangel an Kraft hindeutete, kamen viele Landwirte bei einer klein und zierlich dimensionierten Motorverklei-dung fälschlicherweise zu ähnlichen subjektiven Schlussfolgerungen. Durch eine dünnere Zylinderkopfdichtung konnten die Konstrukteure die Motorkompression etwas erhöhen, woraus die gegenüber dem D 1706 um zwei Pferdestärken größere Leistungsausbeute resultierte. Da von diesem Übergangsmodell nur 600 Stück gefertigt wurden, ist es heute entsprechend selten.

Ein D 1906 mit Windschutzscheibe und Dach.

## Lanz-Diesel-Kleinschlepper D 1306

Nach dem Produktionsauslauf der kleineren Lanz-Halbdiesel-Schlep-per stellte das Unternehmen plötzlich fest, dass sich die firmeneigene Entwicklung nicht auf der Höhe der Zeit befand: Man hatte das Seg-ment der Diesel-Kleinschlepper, besonders solcher mit luftgekühlten Motoren, völlig vernachlässigt. So sah sich der einstige Marktführer

| Lanz-Bulldog 19 PS, Typ HE, D 1906 | |
| --- | --- |
| Bauzeit | 1955 |
| Motor | wassergekühlter Einzylinder-Mitteldruck-Diesel |
| Leistung/Drehzahl | 19 PS bei 950 U/min |
| Hubraum | 2.256 cm³ |
| Getriebe | 6/2-Gang |
| Gewicht | 1.340 kg |
| Antrieb | auf die Hinterräder |

Der D 1306 von Lanz war ein zeittypischer Kleinschlepper mit einem damals im Trend befindlichen luftgekühlten Motor.

| Lanz-Diesel-Kleinschlepper D 1306 | |
|---|---|
| BAUZEIT | 1955–1956 |
| MOTOR | luftgekühlter Einzylinder-Diesel |
| LEISTUNG/DREHZAHL | 13 PS bei 2.800 U/min |
| HUBRAUM | 533 cm³ |
| GETRIEBE | 6/1-Gang |
| GEWICHT | 890 kg |
| ANTRIEB | auf die Hinterräder |

| Lanz-Bulldog 60 PS, Typ HR, D 6006 | |
|---|---|
| BAUZEIT | 1955–1958 |
| MOTOR | wassergekühlter Einzylinder-Mitteldruck-Diesel |
| LEISTUNG/DREHZAHL | 60 PS bei 800 U/min |
| HUBRAUM | 7.372 cm³ |
| GETRIEBE | 6/2-Gang |
| GEWICHT | 3.840 kg |
| ANTRIEB | auf die Hinterräder |

plötzlich gezwungen, fundamentale Schlepperbauteile von Fremdherstellern dazuzukaufen. Bei der Realisierung dieser Notlösungen bewies man, vor allem bei der Wahl der Antriebsaggregate, nicht immer eine glückliche Hand. Mit einem auf Diesel-Direkteinspritzung umgebauten und in Lizenz gefertigten, ehemals im Motorradbau verwendeten Vergasermotor der Triumph-Werke Nürnberg (TWN) gelangte ab März 1955 das als Bulldog-Dieselschlepper bezeichnete Modell D 1306 zum Verkauf. Obwohl dieses Aggregat keinesfalls der Weisheit letzter Schluss war, konnten immerhin 2.350 Fahrzeuge verkauft werden.

## Lanz-Bulldog 60 PS, Typ HR, D 6006

Der zeitgleich mit dem 50-PS-Halbdiesel-Schlepper D 5006 vorgestellte D 6006 war mit 60 PS leistungsmäßig das Spitzenfahrzeug

der Mannheimer Lanz-Werke. Auch er verfügte über einen liegend angeordneten, großvolumigen Einzylindermotor, von dessen nicht mehr auf der Höhe der Zeit befindlichen Konstruktionsprinzipien sich Lanz einfach nicht trennen wollte. Der Motor wurde mit Benzin durch elektrische Anlasszündung und Pendelstarter angelassen und anschließend auf reinen Dieselbetrieb umgestellt.

Abgesehen von diesem Manko handelte es sich bei dem 60-PS-Schlepper um ein ungemein starkes Fahrzeug, das immer dort eingesetzt wurde, wo besondere Kraftreserven bei der Bearbeitung großer Flächen, bei der Lastenbeförderung oder auch im Forstbetrieb benötigt wurden. Sehr groß war der Exportanteil der schweren Halbdiesel-Bulldogs, deren Fertigung bis zum Jahr 1962 aufrechterhalten wurde.

Beim Anblick des schweren Halbdiesels D 6006 konnte man dessen unbändige Kraft erahnen.

## MAN-Diesel-Allradschlepper AS 325 A

Der seit 1938 erneut aufgenommene Traktorenbau bei MAN war nach Kriegsende zum Erliegen gekommen. Bei der ersten Nachkriegskonstruktion entschied man sich für den Bau eines mittelschweren Fahrzeugs in der 25-PS-Klasse, das unter der Bezeichnung „Ackerdiesel" angeboten wurde. Als Antriebseinheit verwendete man einen für diese Leistungsgröße eher unüblichen Vierzylinder-Direkteinspritz-Diesel, der überdies nach dem G-(Globus-)Verfahren arbeitete, bei dem das Einspritzen des Kraftstoffs durch spezielle Flachspitzdüsen in einen kugelförmigen Brennraum im Kolbenboden erfolgte. Dieser innovativen Motorentechnik war nicht nur ein sehr geringer Verbrauch, sondern durch die kleineren in Bewegung befindlichen Massen der vier vorhandenen Zylinder ein bis dahin unerreicht vibrationsarmer Lauf zu verdanken.

Den neuen Traktor gab es wahlweise mit Allrad- oder Hinterradantrieb. Beide Varianten erzielten auf Anhieb bemerkenswert gut Verkaufserfolge.

Nach Kriegsende galten die MAN-Werke als wichtigster Wegbereiter des Allradantriebs in Deutschland. Hier ein AS 325 A von 1950.

Der AS 330 A verkaufte sich insgesamt 3.411 Mal.

| MAN-Diesel-Allradschlepper AS 325 A | |
|---|---|
| Bauzeit | 1949–1950 |
| Motor | wassergekühlter Vierzylinder-Diesel |
| Leistung/Drehzahl | 25 PS bei 1.500 U/min |
| Hubraum | 2.676 cm³ |
| Getriebe | 5/1-Gang |
| Gewicht | 1.790 kg |
| Antrieb | Allradantrieb (zuschaltbar) |

| MAN-Diesel-Allradschlepper AS 330 A | |
|---|---|
| Bauzeit | 1950–1955 |
| Motor | wassergekühlter Vierzylinder-Diesel |
| Leistung/Drehzahl | 30 PS bei 1.500 U/min |
| Hubraum | 2.930 cm³ |
| Getriebe | 5/1- oder 6/1-Gang |
| Gewicht | 2.000 kg |
| Antrieb | Allradantrieb (zuschaltbar) |

## MAN-Diesel-Allradschlepper AS 330 A

Die neuen allrad- und hinterradgetriebenen MAN-Schleppermodelle AS 325 waren mit sehr zufriedenstellenden Verkaufszahlen gestartet. Obwohl sich die Fahrzeuge bestens bewährt hatten, wurde verschiedentlich, besonders aus dem Ausland, die Forderung nach höherer Leistung erhoben. Um diesen Wünschen nachzukommen, änderte man die Zylinderbohrung von 88 auf 92 mm und erhielt damit einen neuen Motor mit größerem Hubvolumen. Daher war es möglich, die Leistung

auf 30 PS zu steigern und gleichzeitig die bisherige Drehzahl beizubehalten. Das neue Antriebsaggregat wurde in der Folgezeit in zahlreichen Schleppern, so auch im neuen Modell AS 330, verwendet.

Dieser Traktor entsprach, abgesehen vom Motor, weitgehend dem Vorgänger. Beim ZF-A-15-Getriebe gab es insofern eine zusätzliche Verbesserung, da auf Wunsch ein voll belastbarer Kriechgang zur Verfügung stand. Die vom Getriebe über eine seitliche Gelenkwelle angetriebene ZF-Allradvorderachse war als Gabelachse ausgeführt.

## MAN-Diesel-Allradschlepper AS 542 A

Im Frühjahr 1953 wurde der leistungsstarke Allradschlepper AS 542 A vorgestellt. Durch Verwendung eines neuen Zylinderkopfes erzeugte der Vierzylinder-Diesel jetzt 42 PS. In Anbetracht der größeren Motorleistung wurde das verstärkte und damit belastungsfähigere ZF-Fünfganggetriebe A 17 verwendet, das es auf Wunsch auch mit einer Kriechgangstufe und damit mit sechs Gangstufen gab. Die ebenfalls erhältliche, bis maximal 27,1 km/h reichende schnelle Getriebevariante war besonders dann zu empfehlen, wenn das Fahrzeug häufig für Straßentransporte eingesetzt werden sollte. Für solche Fälle stand auch eine Druckluftbremsanlage für Anhängerbremsung zur Verfügung.

Häufig war der AS 542 A auch mit einer 3- oder 6-t-Forstseilwinde des Herstellers Schlang & Reichhardt anzutreffen. Mit 14.970 DM in der Grundausrüstung war das Fahrzeug gewiss kein Billigangebot.

| MAN-Diesel-Allradschlepper AS 542 A | |
|---|---|
| BAUZEIT | 1953–1955 |
| MOTOR | wassergekühlter Vierzylinder-Diesel |
| LEISTUNG/DREHZAHL | 42 PS bei 2.000 U/min |
| HUBRAUM | 2.925 cm³ |
| GETRIEBE | 5/1- oder 6/1-Gang |
| GEWICHT | 2.560 kg |
| ANTRIEB | Allradantrieb (zuschaltbar) |

Insgesamt 690 Einheiten entstanden vom Allradschlepper AS 542 A.

## Schlüter-Dieselschlepper DS 25

Die Freisinger Anton-Schlüter-Werke waren als langjähriger und erfolgreicher Motorenhersteller gegen Mitte der 1930er-Jahre ebenfalls in den Schlepperbau eingestiegen. 1947 lief dieser mit teilweise noch recht improvisiert wirkenden Traktormodellen wieder an. Im Mai 1948 wurde mit dem Bau des Modells DS 25 begonnen. Es war ein kantiger Schlepper, dessen Kotflügel durch Trittbretter verbunden waren. In diesem Blockbaufahrzeug kam ein selbst gefertigter, nach dem patentierten Schlüter-Schwenkkammerverfahren arbeitender wassergekühlter Dieselmotor zur Verwendung. Dieses Verbrennungsverfahren hatte den Vorteil, dass der Motor selbst bei kalter Witterung auch ohne Zündhilfsmittel gestartet werden konnte und nebenbei durch sparsamen Kraftstoffverbrauch hervortrat.

Für dieses Traktormodell standen unterschiedliche Getriebe zur Wahl, deren unterschiedliche Abmessungen zu veränderten Radständen, aber auch Endgeschwindigkeiten führten.

Der DS 25 war ein frühes Fahrzeug der mittleren Leistungsklasse und erreichte mit dem Renk-Siebenganggetriebe bis zu 30,6 km/h Endgeschwindigkeit.

| Schlüter-Dieselschlepper DS 25 | |
| --- | --- |
| BAUZEIT | 1948–1950 |
| MOTOR | wassergekühlter Zweizylinder-Diesel |
| LEISTUNG/DREHZAHL | 25–28 PS bei 1.500 U/min |
| HUBRAUM | 3.116 cm³ |
| GETRIEBE | 4/1-, 5/1- oder 7/2-Gang |
| GEWICHT | 1.900 kg |
| ANTRIEB | auf die Hinterräder |

## Schlüter-Dieselschlepper DS 25

Mit Nachdruck arbeiteten die Schlüter-Werke an einem Nachfolgemodell des DS 25, sodass noch während dessen Bauzeit ein gründlich überarbeiteter DS 25 vorgestellt werden konnte. Äußerlich unterschied sich dieser unter der gleichen Typenbezeichnung angebotene Traktor durch seine aufwendige Motorverkleidung in Verbindung mit den durch Trittbretter verbundenen Kotflügeln, die ihm ein automobil-

Hier ein vorbildlich restaurierter DS 25 aus dem Jahr 1952.

artiges Aussehen verliehen. Neben zahlreichen weiteren Details war vor allem die Vorderachsaufhängung verbessert worden. Das nicht mehr zeitgemäße Vierganggetriebe wurde nicht mehr angeboten, weiterhin aber das ZF-Fünfganggetriebe A 15 und das sehr schnelle Renk-Siebengang-Räderwerk SG 30-7.

Dieser formschöne Traktor fand bei der Kundschaft großen Anklang, was sich in den sehr zufriedenstellenden Verkaufszahlen von 3.196 Fahrzeugen niederschlug. Die Schlüter-Traktoren waren ausgezeichnet verarbeitet und konnten sich schon bald einen sehr guten Ruf erarbeiten.

### Schlüter-Dieselschlepper DS 25

| BAUZEIT | 1949–1954 |
|---|---|
| MOTOR | wassergekühlter Zweizylinder-Diesel |
| LEISTUNG/DREHZAHL | 25–28 PS bei 1.500 U/min |
| HUBRAUM | 3.116 cm³ |
| GETRIEBE | 5/1- oder 7/2-Gang |
| GEWICHT | 1.990 kg |
| ANTRIEB | auf die Hinterräder |

## Schlüter-Dieselschlepper AS 22

Der seit Juni 1953 in Serie gegangene Zweizylinder-Traktor AS 22 war dazu ausersehen, die Leistungslücke zwischen DS 15 und DS 25 zu schließen. Er besaß das Hurth-Fünfganggetriebe G 76, das mithilfe einer gut abgestuften Kriechganggruppe zu einer Verdopplung der Gänge aufgerüstet werden konnte. Ebenso stand auf Wunsch ein Schnellganggetriebe für 30 km/h Höchstgeschwindigkeit zur Verfügung. Sowohl das werksseitig vorhandene als auch das Sonderzubehör war sehr reichhaltig und vollständig. Häufig wurde für diese Schlepper eine Heckseilwinde geordert, um auch im Forst einsatzbereit zu sein. Für den landwirtschaftlichen Mittelbetrieb war diese Baugröße genau das Richtige.

### Schlüter-Dieselschlepper AS 22

| BAUZEIT | 1953–1956 |
|---|---|
| MOTOR | wassergekühlter Zweizylinder-Diesel |
| LEISTUNG/DREHZAHL | 22 PS bei 1.500 U/min |
| HUBRAUM | 2.356 oder 2.425 cm³ |
| GETRIEBE | 5/1- oder 10/2-Gang |
| GEWICHT | 1.620 kg |
| ANTRIEB | auf die Hinterräder |

Gegen Ende des Jahres 1954 war es Schlüter gelungen, der Kundschaft ein aus fünf Typen bestehendes Bauprogramm zwischen 15 und 45 PS zu offerieren.

Der AS 22 war ein zugstarker Schlepper für mittelgroße Höfe.

Der AS 18 von Schlüter war für anspruchsvollere Arbeiten auf kleineren Höfen die richtige Wahl.

## Schlüter-Dieselschlepper AS 18

Im Zuge einer geringfügigen Leistungssteigerung auf 18 PS wurde das 17-PS-Schleppermodell DS 15 zugleich dem neuen Typenbezeichnungssystem der Freisinger Schlüter-Werke als „AS 18" angeglichen. Dieses orientierte sich nun an der Schlepperleistung. Der AS 18 schloss damit eine noch bestehende Lücke im Angebotssortiment, sodass man nun in allen Leistungsbereichen von 15 bis 45 PS mit einem entsprechenden Fahrzeug aufwarten konnte.

Der in seiner Basisausführung für 6.025 DM in den Verkaufslisten verzeichnete AS 18 verfügte über das bewährte Schubradschaltgetriebe G 76 von Hurth, das auch in einer Schnellgangausführung geliefert werden konnte. Im Übrigen handelte es sich beim AS 18 um einen guten und robusten Schlepper für bäuerliche Kleinbetriebe oder kleinere Mittelbetriebe, der in Anbetracht der gebotenen Leistung und hervorragenden Verarbeitung sogar noch recht preiswert war. 1.600 Einheiten lautete das Verkaufsergebnis.

| Schlüter-Dieselschlepper AS 18 | |
|---|---|
| BAUZEIT | 1954–1956 |
| MOTOR | wassergekühlter Einzylinder-Diesel |
| LEISTUNG/DREHZAHL | 18 PS bei 1.500 U/min |
| HUBRAUM | 1.610 cm³ |
| GETRIEBE | 5/1-Gang |
| GEWICHT | 1.450 kg |
| ANTRIEB | auf die Hinterräder |

## Schlüter-Dieselschlepper AS 45

Mit dem Modell AS 45 stellten die Schlüter-Werke im August 1954 ihr damaliges Spitzenmodell vor. Der in nur 109 Exemplaren gebaute Traktor gehörte in Anbetracht seiner Baugröße eindeutig zu den Großschleppern. Es war ein grundsolider und sehr belast- und wenn es sein musste auch überlastbarer Traktor mit beachtlichen Blechstärken und konventionellen Konstruktionsmerkmalen. Nicht nur der von Schlüter stets recht üppig dimensionierte Motor, der bei niedriger Drehzahl jede Menge Leistungsreserven mobilisieren konnte, auch das ZF-A-26-Getriebe war für die Baugröße mehr als ausreichend. Dieses gab es auch in einer schnellen 30-km/h-Variante.

Verschiedentlich wurde der AS 45 auch – so wie hier – mit fester Kabine ausgerüstet.

Am wirtschaftlichsten war sein Einsatz dann, wenn er auf großen Flächen vor schweren zapfwellengetriebenen Vollerntemaschinen betrieben werden konnte. Der damals noch recht kleine Markt für derart schwere Boliden ist der Grund für seine kleine Stückzahl.

Zweizylinder-Schwenkkammer-Diesel. Bei diesem Verbrennungsverfahren wurde – ähnlich wie bei der Direkteinspritzung – beim Kaltstart der Kraftstoff ohne Verwirbelung direkt in den Verbrennungsraum gespritzt. Dadurch sprang der Motor, selbst bei

| Schlüter-Dieselschlepper AS 45 | |
|---|---|
| BAUZEIT | 1954–1958 |
| MOTOR | wassergekühlter Dreizylinder-Diesel |
| LEISTUNG/DREHZAHL | 45 PS bei 1.500 U/min |
| HUBRAUM | 4.830 cm³ |
| GETRIEBE | 5/1- oder 7/2-Gang |
| GEWICHT | 3.200 kg |
| ANTRIEB | auf die Hinterräder |

| Schlüter-Dieselschlepper AS 30 | |
|---|---|
| BAUZEIT | 1954–1957 |
| MOTOR | wassergekühlter Zweizylinder-Diesel |
| LEISTUNG/DREHZAHL | 30 PS bei 1.500 U/min |
| HUBRAUM | 3.114 cm³ |
| GETRIEBE | 5/1- oder 7/2-Gang |
| GEWICHT | 2.100 kg |
| ANTRIEB | auf die Hinterräder |

## Schlüter-Dieselschlepper AS 30

Der 1954 auf den Markt gebrachte Schlüter-Dieselschlepper AS 30 war der leistungsgesteigerte Nachfolger des noch im gleichen Jahr aus dem Programm genommenen DS 25. Auch bei diesem Modell wurde das sich an der Motorleistung orientierende neue Typenbezeichnungssystem angewandt. Der Antrieb erfolgte durch einen

starken Minusgraden, ohne Zündhilfsmittel sofort an. Im Betrieb hingegen wurde die Schwenkkammer zurückgeschwenkt und der Motor arbeitete nun nach dem Wirbelkammerprinzip weiter. Vom AS 30, auf den alle bereits genannten positiven Attribute der Schlüter-Dieselschlepper ebenfalls zutrafen, wurden 597 Fahrzeuge gebaut.

Der AS 30 zählte bereits zu den Fahrzeugen der oberen Mittelklasse.

Die viel zu geringen Traktorbestände in der Sowjetischen Besatzungszone und späteren DDR machten die baldmögliche Aufnahme einer eigenen Traktorproduktion unumgänglich. Nach Kriegsende war praktisch keine

funktionsfähige Produktionsstätte für Schlepper vorhanden, die sofort mit der Fertigung hätte beginnen können. Das wenige, was vorhanden war, zerstörten die Sowjets durch Demontage. Hinzu kam, dass sich nach der willkürlichen Grenzziehung auch fast alle Zulieferer in den

Ein offen ausgeführter Pionier von 1954.

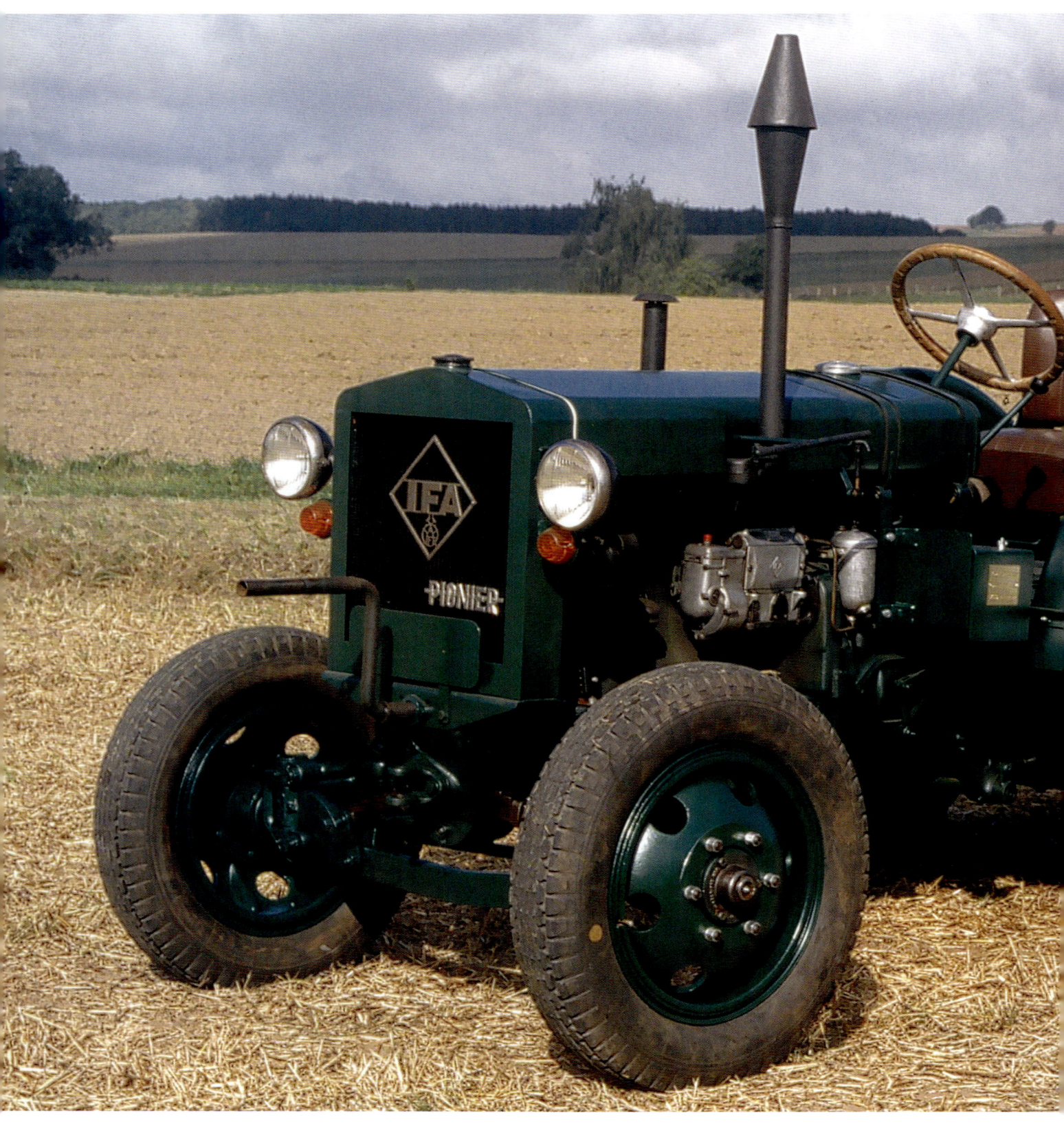

westlichen Besatzungszonen befanden. Trotzdem gelang es unter heute nicht mehr im Entferntesten vorstellbarer Mühe und Improvisation, eine Ackerschlepperproduktion in der DDR auf der Basis von Vorkriegsentwürfen aufzubauen und in Gang zu bringen.

Der schwere Traktor RS 01/40, die erste Radschlepperkonstruktion in der DDR, basierte auf dem seit 1938 bei den Breslauer FAMO-Werken gefertigten 45-PS-Ackerradschlepper XL. Nach Schönebeck/Elbe mit den Konstruktionsunterlagen übersiedelte Mitarbeiter des Werkes bereiteten alsbald den überarbeiteten Nachbau dieses Traktors vor. Heraus kam ein konventioneller, aber sehr robuster Traktor. Sein fast unverändert übernommener Vierzylinder-Vorkammer-Dieselmotor erreichte seine frühere Leistung allerdings nicht, da eine Kraftstoffförderpumpe aus DDR-Produktion installiert werden musste. Der „Pionier" musste sehr umständlich per Handkurbel mit Benzin gestartet werden, was besonders bei kalter Witterung zu Schwierigkeiten führte. Gelang dies nicht, blieb nur das Anschleppen übrig, was wiederum dem Motor abträglich war. Erst wenn der Motor rund lief, konnte auf Dieselantrieb umgeschaltet werden.

Auf der anderen Seite blieb der Pionier in Ermangelung eines geeigneten Nachfolgers über Jahre hinweg praktisch der einzige leistungsstarke Ackerschlepper, auf den die seit den frühen 1960er-Jahren zwangskollektivierten LPG-Betriebe zurückgreifen konnten. 22.726 Einheiten wurden insgesamt gefertigt.

Überwiegend wurde der Pionier mit fester Einheitskabine ausgeliefert, denn ein Wetterschutz war bei der oftmals im Schichtbetrieb vorgenommenen Feldarbeit unerlässlich.

| IFA-Radschlepper RS 01/40 „Pionier" | |
| --- | --- |
| Bauzeit | 1949–1956 |
| Motor | wassergekühlter Vierzylinder-Diesel |
| Leistung/Drehzahl | 42 PS bei 1.250 U/min |
| Hubraum | 5.020 cm³ |
| Getriebe | 5/1-Gang |
| Gewicht | 3.300 kg |
| Antrieb | auf die Hinterräder |

## IFA-Radschlepper RS 02/22 „Brockenhexe"

Das zweite in der DDR gefertigte Schleppermodell war die „Brockenhexe". Dieses Fahrzeug war im Prinzip nichts anderes als ein Einheits-Ackerschlepper aus der Zeit vor 1945. Da der Bau von Traktoren für die Volksernährung in der DDR überaus dringend war, blieb keine Zeit, um die einzelnen Baukomponenten zu überarbeiten, geschweige denn neu zu entwerfen. Man griff daher auf bereits erprobte und bewährte Bauteile zurück. Somit entstand ein solider Schlepper ohne technische Besonderheiten. Trotz der geringen Motorleistung war der RS 02/22 ein wendiges und zuverlässiges Arbeitsmittel. Insbesondere den vielen Kleinbauern, denen nach der Bodenreform Ackerland zur Bewirtschaftung zugeteilt wurde, war die Brockenhexe eine große Hilfe.

Bis 1952 entstanden 1.935 Einheiten der Brockenhexe im VEB Schlepperwerk Nordhausen.

umgearbeitet werden musste. Da alles sehr schnell gehen musste, blieb auch in diesem Fall keine Zeit, die Änderungen, die erforderlich gewesen wären, durchzuführen. Das betraf vor allem den viel zu kurzen Radstand, die ungewöhnliche Bauhöhe und die unausgewogene Achslastverteilung. Dies führte zu sehr unbefriedigenden Fahr- und Lenkeigenschaften und zu einem häufigen Aufbäumen bei schwerem Zug. Auch eine stärker belastete Vorderachse durch Zusatzgewichte und Verlängerung des Kühlervorbaus änderte daran nur wenig.

Der in V-Form ausgeführte Zweizylindermotor besaß eine querliegende Kurbelwelle und funktionierte mit einer Kombination aus Luftspeicherverfahren und direkter Kraftstoffeinspritzung.

| IFA-Radschlepper RS 02/22 „Brockenhexe" | |
| --- | --- |
| Bauzeit | 1949–1952 |
| Motor | wassergekühlter Zweizylinder-Diesel |
| Leistung/Drehzahl | 22 PS bei 1.500 U/min |
| Hubraum | 2.198 cm³ |
| Getriebe | 4/1-Gang |
| Gewicht | 1.775 kg |
| Antrieb | auf die Hinterräder |

## IFA-Radschlepper RS 03/30 „Aktivist"

Das dritte Traktormodell aus DDR-Produktion war das vom VEB Brandenburger Traktorenwerke hergestellte Modell „Aktivist". Es war ein zumindest optisch sehr eigenwilliges Fahrzeug, das auf der Grundlage eines misslungenen Generatorschleppers zu einem Dieselschlepper

Ein Aktivist mit Mähwerk in der überarbeiteten Ausführung von 1951. Häufige Klagen führten zu einer keineswegs beabsichtigten Baueinstellung nach 3.761 Einheiten.

## IFA-Radschlepper RS 03/30 „Aktivist"

| | |
|---|---|
| BAUZEIT | 1949–1952 |
| MOTOR | wassergekühlter Zweizylinder-Diesel |
| LEISTUNG/DREHZAHL | 30 PS bei 1.500 U/min |
| HUBRAUM | 3.325 cm³ |
| GETRIEBE | 4/1-Gang |
| GEWICHT | 2.250 kg |
| ANTRIEB | auf die Hinterräder |

## IFA-Radschlepper RS 04/30

Der 1953 in Serie gegangene 30-PS-Radschlepper RS 04/30 war das vierte Ackerschleppermodell in der DDR, gleichzeitig aber die erste völlig eigenständige Traktorentwicklung in diesem Land. Es war ein Vielzweckschlepper mit großen Hinterrädern, der sich besonders zum Einsatz in Reihenkulturen eignete. Was den Motor betraf, war er zwar nicht stärker als der misslungene Aktivist, diesem aber vor allem in der Gewichtsverteilung haushoch überlegen. Der RS 04/30 entsprach schon rein äußerlich viel eher den Vorstellungen eines modernen Traktors. Als Antriebseinheit wurde ein Zweizylinder aus der Einheitsmotorenreihen verwendet. Das mit dieser verblockte Fünfganggetriebe verfügte über eine Zusatzstufe, mit der die gleiche Anzahl an Kriechgängen eingelegt werden konnten. Technisch befand sich dieser mittelschwere Schlepper auf der Höhe seiner Zeit. In Anbetracht der beabsichtigten Landwirtschaftskollektivierung und der dadurch entstehenden großen Flächen war aber auch er kaum das richtige Arbeitsgerät.

### Luft- oder Wasserkühlung?

Seit den späten 1940er-Jahren gab es neben den herkömmlichen wassergekühlten Schleppermotoren auch solche mit Luftkühlung. Die neue Kühlungsart fand unerwartet schnell viele Befürworter, sodass nahezu alle Hersteller gezwungen waren, Motoren mit beiden Kühlungssystemen ins Programm zu nehmen. Der wichtigste Vorteil dieser neuen Kühlungsart war ihre Unempfindlichkeit gegenüber klimatischer Schwankung. Luft kann – im Gegensatz zu Wasser – nicht frieren, sodass bei Minusgraden für den Motor keine Gefahr bestand, Schaden zu nehmen. Ebenso wurden alle Einrichtungen des geschlossenen Wasserkühlsystems wie Wasserpumpe, Kühler und Schlauchleitungen entbehrlich. Andererseits war der konstruktive Aufwand größer, der Motor etwas teurer und sein Geräuschpegel durchweg lauter. Der Motor kam schneller auf Betriebstemperatur, während sein wassergekühltes Pendant die Wärme länger speicherte, was beim Wiederanlassen wichtig war.

### LPG-Betriebe in der DDR

Bis 1949 wurde in der Sowjetischen Besatzungszone und späteren DDR eine sogenannte Bodenreform durchgeführt, bei der alle größeren landwirtschaftlichen Betriebe enteignet wurden. Wegen der zu geringen Ackerflächengröße konnten die nun entstandenen kleinen Höfe nicht wirtschaftlich arbeiten. Mit an Sicherheit grenzender Wahrscheinlichkeit wurde diese seinerzeit zwar sehr populäre, ökonomisch aber völlig unsinnige Aufteilung des Landes vor allem deshalb vorgenommen, um handfeste Argumente für die Kollektivierung ins Feld führen zu können. Ab 1952 plante die SED die Bildung landwirtschaftlicher Produktionsgenossenschaften (LPG) nach dem sowjetischen Vorbild der Kolchosen. Bis 1960 war diese meist unter großem Druck erfolgte Maßnahme weitgehend abgeschlossen. Riesige zusammenhängende Ackerflächen waren entstanden, die mit den vorhandenen, viel zu schwachen Traktoren kaum bewältigt werden konnten. Viel bedeutsamer aber war, dass aus eigenverantwortlichen Landwirten unselbstständige Beschäftigte mit geringerer Produktivität geworden waren.

## IFA-Radschlepper RS 04/30

| | |
|---|---|
| BAUZEIT | 1953–1956 |
| MOTOR | wassergekühlter Zweizylinder-Diesel |
| LEISTUNG/DREHZAHL | 30 PS bei 1.500 U/min |
| HUBRAUM | 3.012 cm³ |
| GETRIEBE | 10/2-Gang |
| GEWICHT | 2.600 kg |
| ANTRIEB | auf die Hinterräder |

Ein restaurierter RS 04/30 mit Windschutzscheibe und Dach. Von diesem Modell entstanden 7.574 Fahrzeuge.

# Zunehmender Konkurrenzdruck und Marktsättigung

Die westdeutsche Traktorbranche konnte 1955 mit einer Gesamtproduktion von über 150.000 Einheiten mehr als zufrieden sein. Der anhaltende Traktorboom hatte viele Landmaschinen- und Motorenhersteller ermuntert, den Bau von Schleppern ins Programm zu nehmen, denn man versprach sich von dem scheinbar uneingeschränkt aufnahmefähigen Markt gute Gewinnaussichten.

Ab Mitte der 1950er-Jahre zeichnete sich jedoch ein Wandel ab. Die dringlichste Nachfrage war gedeckt, die meisten Landwirte besaßen einen Traktor. Einfache, mechanische Ackerschlepper hatten immer weniger Chancen. Die Käufer wurden kritischer und erwarteten mehr Leistung, um die Anbau- und Zapfwellengeräte nutzen zu können. Zu einem Schlepper musste auch ein entsprechendes Zubehör- und Geräteprogramm zur Verfügung stehen. Die Schlepper waren nicht nur stärker motorisiert – die durchschnittliche Leistung lag in den frühen 1960er-Jahren bei etwa 35 PS –, sondern auch technisch anspruchsvoller geworden. Gruppenschaltgetriebe mit Kriechganggruppe, der genormte Dreipunktkraftheber, Motorzapfwelle mit Doppelkupplung, Achsdruckverstärkung, Einrichtungen zur Fernbedienung des Traktors, die Möglichkeit der Einmannbedienung bis hin zur Regel- und Lenkhydraulik wurden spätestens seit den frühen 1960er-Jahren zur Selbstverständlichkeit. Als Sonderbauform hatte zeitweise der Tragschlepper, der den Geräteanbau auch zwischen den Achsen ermöglichte, einige Bedeutung gewonnen.

Von dieser Entwicklung besonders hart betroffen waren die Hersteller von Kleinschleppern, die teilweise dramatische Umsatzeinbußen hinnehmen mussten. Es folgte eine Auslese innerhalb der Branche, als sich immer mehr Hersteller aus dem unprofitablen Schleppergeschäft zurückziehen mussten. Hinzu kamen die ständig steigenden Entwicklungskosten für die immer komplexer werdenden Technologien, die von kleineren Herstellern nicht mehr aufgebracht werden konnten. Anfangs waren nur kleinere Firmen von der heraufziehenden Krise betroffen. Später traf es auch die größeren.

Oben: Der Eicher-Dieselschlepper Tiger war ein sehr wichtiges Modell in dieser Epoche, das rund zehn Jahre mit großem Erfolg verkauft wurde.

Unten, von links nach rechts: Porsche-Kleinschlepper Junior V, Deutz-Dieselschlepper D 15, Güldner G 30

## Deutz-Dieselschlepper D 40 S

Im Jahr 1958 wurde das Deutz-Schleppermodell D 40 vorgestellt, das erstmals mit einem modernen Dreizylindermotor aus der neuen Typenreihe FL 712 ausgerüstet war. Als Triebwerk wurde das aus dem Zweizylindertyp F 2 L 514/6 stammende siebengängige Räderwerk verwendet. Mit 38 PS Motorleistung zählte dieses Fahrzeug damals zur gehobenen Mittelklasse. Mit diesem Traktor entsprachen die Kölner Deutz-Werke den Wünschen vieler Landwirte nach leistungsstärkeren Ackerschleppern. So bildeten die Hauptzielgruppe vor allem mittlere, aber auch kleinere Großbetriebe in der Flächenordnung zwischen 15 und 25 Hektar. In diesen Einsatzbereichen war der robuste Traktor in der Lage, als Allein- und Universalschlepper alle anfallenden Arbeiten zu verrichten. Die Bauvariante D 40 S war mit Motorzapfwelle und Doppelkupplung ausgerüstet.

## Deutz-Dieselschlepper D 40 N

Im Gegensatz zu der Variante D 40 S war der Dreizylinderschlepper D 40 N lediglich mit einer Getriebezapfwelle ausgerüstet. Dieses Modell gab es in zahlreichen Bereifungsausführungen, so auch in einer Allzweck- und Hochradversion, die sich nicht zuletzt durch die große Bodenfreiheit besonders für den Einsatz für Bestell- und Pflegearbeiten in Reihenkulturen eignete. Insgesamt war der D 40 – ganz gleich in welcher Ausführung – ein wahrer Renner, wies er doch ein zu seiner Zeit geradezu ideales Verhältnis zwischen Preis, Gewicht und Motorleistung auf. Daher konnten diese Schlepper zu den meistverkauften Maschinen ihrer Klasse aufsteigen. Sie waren überaus zuverlässig, galten auch unter ungünstigen Bedingungen als sehr startfreudig und hatten große Kraftreserven. Der verhältnismäßig lange Radstand in Verbindung mit einer niedrigen Bauweise verhalf ihnen zu einer tiefen Schwerpunktlage.

| Deutz-Dieselschlepper D 40 S | |
|---|---|
| BAUZEIT | 1958–1960 |
| MOTOR | luftgekühlter Dreizylinder-Diesel |
| LEISTUNG/DREHZAHL | 38 PS bei 2.300 U/min |
| HUBRAUM | 2.550 cm$^3$ |
| GETRIEBE | 7/3-Gang |
| GEWICHT | 1.750 kg |
| ANTRIEB | auf die Hinterräder |

| Deutz-Dieselschlepper D 40 N | |
|---|---|
| BAUZEIT | 1958–1960 |
| MOTOR | luftgekühlter Dreizylinder-Diesel |
| LEISTUNG/DREHZAHL | 38 PS bei 2.300 U/min |
| HUBRAUM | 2.550 cm$^3$ |
| GETRIEBE | 7/3-Gang |
| GEWICHT | 1.750 kg |
| ANTRIEB | auf die Hinterräder |

Der D 40 S kostete in der Grundausrüstung 11.815 DM.

## Deutz-Dieselschlepper D 40 L

Mit dem Typ D 40 L boten die Deutz-Werke ab 1962 eine gewichtsmäßig abgespeckte Variante des D 40 an. Ein möglichst hohes Gewicht
war zwar für die Zugkraft eines Schleppers förderlich, andererseits
drohte bei zu großer Fahrzeugmasse eine zu starke Bodenverdich-
tung. Beim D 40 L konnte das Gewicht um 300 auf 1.450 kg reduziert
werden. Neu war auch das 8/2-Gang-Schaltgetriebe Deutz T 35, das
in zwei Arbeitsgruppen unterteilt und auch als schnelle Variante
erhältlich war. Ein wichtiger Schritt in Richtung Synchronisation war
die dabei teilweise verwendete Bolzenschaltung. Das Erscheinungsbild des Schleppers war dem der neuen D-Reihe angeglichen worden,
wobei die relativ lange Bauweise in Verbindung mit der Reitsitzposition genügend Platz vor der Hinterachse für den seitlichen Aufstieg
des Schlepperfahrers zuließ. Motorzapfwelle und Doppelkupplung
waren serienmäßig vorhanden.

Dieser Dreizylinderschlepper D 40 N entstand im Jahr 1958.

| Deutz-Dieselschlepper D 40 L | |
| --- | --- |
| Bauzeit | 1962–1964 |
| Motor | luftgekühlter Dreizylinder-Diesel |
| Leistung/Drehzahl | 35 PS bei 2.150 U/min |
| Hubraum | 2.550 cm³ |
| Getriebe | 8/2-Gang |
| Gewicht | 1.450 kg |
| Antrieb | auf die Hinterräder |

Ein 1963 gebauter D 40 L mit nachgerüstetem Umsturzbügel.

## Deutz-Diesel-Kleinschlepper D 15

Mit dem neuen Kleinschleppermodell D 15, dem Einstiegsmodell der neuen D-Serie, versuchten die Deutz-Werke, den rückläufigen Absatz in diesem Leistungssegment wieder neu zu beleben. Weil die erwarteten Stückzahlen eine eigene Getriebefabrikation für dieses Modell nicht mehr rentabel genug erscheinen ließen, wurde das A-4-Triebwerk von ZF mit Portalhinterachse dazugekauft. Vom gleichen Hersteller kam eine Dreipunkt-Kraftheberanlage mit 620 kg Hubkraft an der Ackerschiene hinzu. Eine Besonderheit war die erste Gangstufe, die gleichzeitig als voll belastbarer Kriechgang für den Geschwindigkeitsbereich von 0,4 bis 1,5 km/h ausgelegt war. Weitere Verbesserungen betrafen die Kupplung von Fichtel & Sachs sowie die pendelnd aufgehängte Teleskop-Vorderachse mit Einzelradfederung. Von 1962 bis zum Auslaufen der Fertigung im Jahr 1964 wurde dieses Modell bei der mittlerweile zum Konzern gehörenden Firma Fahr gebaut. Es blieb der letzte Deutz-Schlepper mit Einzylindermotor.

Ein Deutz-Kleinschlepper D 15 mit Seitenmähwerk von 1959.

## Deutz-Dieselschlepper D 30 S

1960 wurden das mit dem Zweizylinder-Diesel F 2 L 712 bestückte Schleppermodell D 30 von Deutz vorgestellt. Dabei unterschied man die Varianten D 30 mit Getriebe- und D 30 S mit Motorzapfwelle und Doppelkupplung. Letzterer konnte zum Ziehen nicht allzu schwerer Mähdrescher, Feldhäcksler und anderer Vollerntemaschinen verwendet werden. Auf Wunsch konnten beide D-30-Ausführungen mit der neuen Deutz-Transfermatic-Hydraulik ausgerüstet werden. Diese Kraftheberanlage übertrug das Gerätegewicht und einen Teil des Zugwiderstandes selbstregelnd auf die Hinterachse. Der Baas-Frontlader mit 450, später 625 kg Hubkraft war mittlerweile für die Hofarbeit zu einem unentbehrlichen Bestandteil geworden. Als Triebwerk fungierte das Gruppenschaltwerk T 25, das es in den Ausführungen N bis 20 km/h und S bis 29 km/h Höchstgeschwindigkeit gab.

| Deutz-Diesel-Kleinschlepper D 15 | |
|---|---|
| BAUZEIT | 1959–1964 |
| MOTOR | luftgekühlter Einzylinder-Diesel |
| LEISTUNG/DREHZAHL | 14 PS bei 2.400 U/min |
| HUBRAUM | 850 cm³ |
| GETRIEBE | 6/2-Gang |
| GEWICHT | 920 kg |
| ANTRIEB | auf die Hinterräder |

| Deutz-Dieselschlepper D 30 S | |
|---|---|
| BAUZEIT | 1960–1963 |
| MOTOR | luftgekühlter Zweizylinder-Diesel |
| LEISTUNG/DREHZAHL | 28 PS bei 2.300 U/min |
| HUBRAUM | 1.700 cm³ |
| GETRIEBE | 8/2-Gang |
| GEWICHT | 1.280 kg |
| ANTRIEB | auf die Hinterräder |

Ein Deutz D 30 S Baujahr 1962 mit Seitenmähwerk und Fritzmeier-Allwetterverdeck.

## Deutz-Dieselschlepper D 50.1 S

Im Jahr 1962 entschloss sich Deutz, das seit 1960 im Modell D 50 zum Einbau gekommene Siebenganggetriebe, welches sich in der Praxis als zu schwach erwiesen hatte, durch ein zeitgemäßes, hochmodernes ZF-Gruppenschaltgetriebe aus der Bauserie A 200 zu ersetzen. Es handelte sich um das Leichtschaltgetriebe A 216, das bereits über Stiftschaltung verfügte und den manuellen Gangwechsel für den Schlepperfahrer sehr viel einfacher machte. Darüber hinaus wurde auch die jetzt nach dem Deutz-Transfermatic-System funktionierende Regelhydraulikanlage auf eine Mindesthubkraft von 1.650 kg verstärkt. Mit dieser konnte der Schlepperfahrer nicht nur zusätzliche Kräfte auf die Hinterachse des Fahrzeugs übertragen, sondern auch Arbeitstiefe und Arbeitshöhe der Geräte vorwählen, die automatisch eingehalten wurden. In Anbetracht des immer größer werdenden Arbeitskräftemangels in der Agrarwirtschaft bedeutete die Regelhydraulik eine große Arbeitserleichterung für den Landwirt.

| Deutz-Dieselschlepper D 50.1 S | |
|---|---|
| BAUZEIT | 1962–1964 |
| MOTOR | luftgekühlter Vierzylinder-Diesel |
| LEISTUNG/DREHZAHL | 52 PS bei 2.300 U/min |
| HUBRAUM | 3.400 cm³ |
| GETRIEBE | 8/4-Gang |
| GEWICHT | 2.230 kg |
| ANTRIEB | auf die Hinterräder |

Der Deutz D 50.1 S war ein leistungsstarkes Fahrzeug für große Höfe. Hier ein Exemplar mit Fritzmeier-Allwetterverdeck von 1964.

## Eicher-Dieselschlepper ED 50

Bereits 1954 hatten die Eicher-Traktorenwerke den mit einem luftgekühlten Vierzylinder-Deutz-Diesel bestückten Großtraktor L 60
herausgebracht. Ihm folgte das Modell ED 60 mit einem hauseigenen
Dreizylindermotor. 1957 folgte der Typ ED 50, der als zweiter Eicher-
Schlepper mit Dreizylinder-Diesel dieses Antriebsaggregat in gedrosselter Ausführung erhalten hatte. Daneben unterschied sich dieser
starke Schlepper vom ED 60 durch das etwas kleinere ZF-Getriebe
A 23, das für Baugröße und Motoreingangsleistung völlig ausreichend war. Mit diesem Modell war es Eicher mittlerweile gelungen,
alle angebotenen Traktoren ausnahmslos und einheitlich mit hauseigenen Motoren zu bestücken. Die Motorenpalette reichte nun von
13 bis 60 PS. Der nur in 46 Stück gebaute ED 50 war für schwerste
Arbeiten in Feld und Forst uneingeschränkt geeignet und gehörte
damals zu den größten in Deutschland erhältlichen Traktoren.

| Eicher-Dieselschlepper ED 50 | |
|---|---|
| Bauzeit | 1957–1959 |
| Motor | luftgekühlter Dreizylinder-Diesel |
| Leistung/Drehzahl | 50 PS bei 1.450 U/min |
| Hubraum | 4.671 cm³ |
| Getriebe | 7/2-Gang |
| Gewicht | 3.075 kg |
| Antrieb | auf die Hinterräder |

## Eicher-Dieselschlepper Panther

Neben dem Modell Tiger war der Panther das zweite Traktormodell
der neuen Raubtier-Schlepperreihe, das 1958 an den Start ging.
Dieses in Blockbauweise konstruierte Fahrzeug gehörte zur unteren
Mittelklasse und stand grundausgerüstet mit 7.985 DM in den Listen.
Als Antriebseinheit diente das Eicher-Aggregat EDK 2 a aus der neu
entwickelten EDK-Motorenreihe. Das A 5/6-Getriebe bezog man von
der Zahnradfabrik (ZF) in Friedrichshafen. Der Panther besaß mit
390 mm eine verhältnismäßig große Bodenfreiheit und trotz der

Ein 19 PS starker Panther mit Fritzmeier-Verdeck von 1959.

Ein mit Windschutzscheibe ausgerüsteter ED 50 von 1957.

**Eicher-Dieselschlepper Panther**

| | |
|---|---|
| BAUZEIT | 1958–1968 |
| MOTOR | luftgekühlter Zweizylinder-Diesel |
| LEISTUNG/DREHZAHL | 19 PS bei 2.000 U/min (ab 1962: 22 PS) |
| HUBRAUM | 1.700 cm³ |
| GETRIEBE | 6/1-Gang |
| GEWICHT | 1.294 kg (ab 1962: 1.400 kg) |
| ANTRIEB | auf die Hinterräder |

Portalhinterachse eine tiefe Schwerpunktlage. Dank seiner beachtlichen Baufreiheit bot er auch die Möglichkeit des Zwischenachs-Geräteanbaus. Vorne war die für die Eicher-Modelle jener Jahre typische doppelquerblattgefederte Vorderachse installiert. 1962 wurde der Panther überarbeitet. Er erhielt mehr Leistung und ein stärkeres Getriebe. Innerhalb seiner Bauzeit verließen 10.139 Traktoren die Werkstore.

## Eicher-Dieselschlepper Tiger

Der unter der technischen Bezeichnung EM 200 eingeordnete Dieselschlepper Tiger war das stärkere Modell aus der neuen Raubtier-Schlepperreihe. Mit 25, später 28 PS war auch er in dem stark nachgefragten mittleren Leistungsbereich angesiedelt. Im Gegensatz

zum Panther verfügte der Tiger über ein modernes ZF-Gruppenschalttriebwerk A 208, das anstelle der bislang üblichen Schubrad-bereits mit Stiftschaltung konstruiert war. Bezüglich Schaltbarkeit und Abstufung setzten die in Acker-, Straßen- und Rückwärtsgruppe gegliederten Mitglieder dieser Triebwerksreihe neue Maßstäbe. 1962 wurde auch der Tiger einer gründlichen Überarbeitung unterzogen. Äußerlich war dieser leistungsgesteigerte Tiger nun an den an der Motorhaube befestigten Scheinwerfern zu identifizieren. Die neue Regelhydraulik mit 1.000 kg Hubkraft an der Ackerschiene machte den Tiger weiterhin konkurrenzfähig. Mit 15.292 Fahrzeugen erreichte dieser handliche Schlepper sehr gute Verkaufserfolge.

**Eicher-Dieselschlepper Tiger**

| | |
|---|---|
| BAUZEIT | 1958–1968 |
| MOTOR | luftgekühlter Zweizylinder-Diesel |
| LEISTUNG/DREHZAHL | 25 PS bei 2.000 U/min (ab 1962: 28 PS) |
| HUBRAUM | 1.963 cm³ |
| GETRIEBE | 8/4-Gang |
| GEWICHT | 1.460 kg (ab 1962: 1.600 kg) |
| ANTRIEB | auf die Hinterräder |

Dieser 1963 entstandene Königstiger besitzt bereits den auf 38 PS angehobenen Dreizylindermotor.

## Eicher-Dieselschlepper Königstiger

Ein noch größerer Markterfolg als dem Tiger war dem seit 1959 angebotenen Eicher-Modell Königstiger (EM 300) vergönnt. Dieses aus dem Eicher-Raubtiergehege auf die Landwirte losgelassene Fahrzeug war Eichers wichtigste Neuvorstellung des Jahres 1959. Der Königstiger besaß die Dreizylinderausführung des EDK-Direkteinspritz-Diesels und im Gegensatz zum Tiger das stärker belastbare Gruppenschalttriebwerk A 210 von ZF. Dieses erreichte in der Standardausführung 19,8 oder als Schnellganggetriebe bis zu 28 km/h Endgeschwindigkeit. Es war in jeweils vier Acker-, Straßen- und Rückwärtsgänge unterteilt, wobei der erste Ackergang auch gleichzeitig als voll belastbarer Kriechgang ab 0,5 km/h ausgelegt war. Serienmäßig war der im Laufe der Zeit bis auf 40 PS angehobene Königstiger mit Motorzapfwelle und Doppelkupplung bestückt. Mit insgesamt 19.422 verkauften Traktoreinheiten war der EM 300 das erfolgreichste Raubtier-Modell aller Zeiten.

## Eicher-Diesel-Allradschlepper Königstiger

Seit 1963 gab es unter der technischen Bezeichnung EA 400 eine Allradausführung des Eicher-Erfolgsmodells Königstiger. Die angetriebene ZF-Allradvorderachse GLA 2550 wurde über eine seitliche Gelenkwelle vom Getriebe aktiviert und war während des Fahrens und unter Last jederzeit ein- und ausschaltbar. Im Übrigen bildete diese von ZF entwickelte Fronttriebachse erst die Grundlage für die von verschiedenen Herstellern auf den Markt gebrachte erste Allradschleppergeneration. Den mit einem verstärkten Vorderachsbock ausgeführten EA 400 gab es im Vergleich zur Hinterradmaschine von Anfang an mit dem 40 PS starken Eicher-Dreizylinder-Diesel EDK 3. Auch als Triebwerk gelangte ein stärkeres ZF-Baumuster, und zwar das A 210 II mit 8/4-Gängen, zur Verwendung. Der Königstiger mit Allradantrieb war ein kompakter und leistungsstarker, wenn auch im Vergleich zum Standardtraktor mit 21.460 DM recht teurer Schlepper, der sich mit 1.050 Einheiten trotzdem recht gut verkaufte.

| Eicher-Dieselschlepper Königstiger | |
|---|---|
| Bauzeit | 1959–1968 |
| Motor | luftgekühlter Dreizylinder-Diesel |
| Leistung/Drehzahl | 35/38/40 PS bei 2.000 U/min |
| Hubraum | 2.944 cm³ |
| Getriebe | 8/4-Gang |
| Gewicht | 1.720 kg (ab 1962: 1.850 kg) |
| Antrieb | auf die Hinterräder |

| Eicher-Diesel-Allradschlepper Königstiger | |
|---|---|
| Bauzeit | 1963–1968 |
| Motor | luftgekühlter Dreizylinder-Diesel |
| Leistung/Drehzahl | 40 PS bei 2.000 U/min |
| Hubraum | 2.944 cm³ |
| Getriebe | 8/4-Gang |
| Gewicht | 2.150 kg |
| Antrieb | Allradantrieb (zuschaltbar) |

Ein Allradschlepper Königstiger EA 400 mit Sicherheitsumsturzbügel von 1964.

Zusammen mit dem Allradschlepper Königstiger bedeutete dieses Modell einen erneuten Einstieg des Unternehmens in das Marktsegment der Allradtraktoren. Auch für diesen Großschlepper wurde die angetrieben ZF-Vorderachse GLA 2550 verwendet. Auf Wunsch stand eine ZF-Hydroblocklenkung zur Verfügung, mit der die schwere Arbeitsmaschine sozusagen mit dem kleinen Finger dirigiert werden konnte. Die sehr tiefe Schwerpunktlage ließ das formschöne Fahrzeug besonders kräftig und bullig erscheinen. Neben schwierigsten Geländebedingungen war der Schlepper auch für den Forsteinsatz bestens geeignet. Für diesen Zweck standen verschiedene Seilwinden und weitere Ausrüstungsgegenstände zur Verfügung.

### Eicher-Diesel-Allradschlepper Mammut II

1963 überraschten die Eicher-Werke die Fachwelt mit der Vorstellung des neuen schweren Allradschleppers Mammut II. Dieser kraftstrotzende Bolide gehörte zu den zugstärksten Traktoren, die man Mitte der 1960er-Jahre in der Bundesrepublik käuflich erwerben konnte.

| Eicher-Diesel-Allradschlepper Mammut II | |
|---|---|
| BAUZEIT | 1963–1969 |
| MOTOR | luftgekühlter Vierzylinder-Diesel |
| LEISTUNG/DREHZAHL | 60 PS bei 2.000 U/min (ab 1967: 62 PS) |
| HUBRAUM | 3.927 cm³ |
| GETRIEBE | 8/4-Gang |
| GEWICHT | 2.980 kg |
| ANTRIEB | Allradantrieb (zuschaltbar) |

Ein Allradschlepper Mammut II mit Frontlader und Umsturzbügel. Von diesem schweren Fahrzeug wurden immerhin 643 Einheiten gebaut.

## Fahr-Dieselschlepper D 400 A

Bereits 1952 hatten die Fahr-Werke einen 45 PS starken Groß-schlepper vorgestellt, der ab 1955 unter dem neuen, nach dem Hub-volumen der Motoren ausgerichteten Bezeichnungssystem als D 400 geführt wurde. Das Modell wurde hauptsächlich für den Export gebaut. Für den Inlandsmarkt bot Fahr die Version D 400 A an, die sich durch das stärkere Triebwerk ZF 23 von der Exportvariante unterschied. Hinzu kam, dass die vom Gesetzgeber verbotenen Spurveränderungs-möglichkeiten über die Steckachse nicht vorhanden waren. Zwei unab-hängig voneinander wirkende Bremsen waren außerdem die Voraus-setzung dafür, um auf deutschen Straßen fahren zu dürfen. Im Übrigen entsprach der D 400 mit seinem Dreizylinder-Einbaumotor von Deutz technisch weitgehend seinem Pendant F 3 L 514 des Kölner Herstellers.

| Fahr-Dieselschlepper D 400 A | |
| --- | --- |
| Bauzeit | 1955–1960 |
| Motor | luftgekühlter Dreizylinder-Diesel |
| Leistung/Drehzahl | 45 PS bei 1.650 U/min |
| | (ab 1958: 50 PS bei 1.800 U/min) |
| Hubraum | 3.990 cm³ |
| Getriebe | 5/1-Gang |
| Gewicht | 2.820 kg |
| Antrieb | auf die Hinterräder |

## Fahr-Dieselschlepper D 130

Bereits seit 1954 gab es bei Fahr ein unter dieser Bezeichnung geführtes Traktormodell. Es war ein kräftiger und übersichtlicher Kleinschlepper, der mit seiner Motorleistung von 17 PS auf kleinen Höfen auch mit etwas anspruchsvolleren Aufgaben betraut werden konnte. Der Antrieb dieses Blockbauschleppers erfolgte durch ein luftgekühltes Zweizylinderaggregat von Güldner, das mit dem ZF-Getriebe A 5/5 zu einer selbsttragenden Einheit verbunden war. 1957 kam eine verbesserte Ausführung auf den Markt, bei der das ZF-Getriebe durch das im eigenen Hause gefertigte Schaltwerk F 5 mit 10/2-Gängen ersetzt wurde. Leider setzten sich die Verkäufe nicht im gleichen Maße fort, wie man es erwartet hatte. So waren es gerade einmal 1.073 Traktoren, die bis 1959 die Werkstore verließen.

Ein Fahr D 130, Baujahr 1959.

Ein mit Verdeckkabine ausgerüsteter D 400 A von 1957.

Ein Fahr D 177 S mit Seitenmähwerk.

| Fahr-Dieselschlepper D 130 | |
|---|---|
| BAUZEIT | 1957–1959 |
| MOTOR | luftgekühlter Zweizylinder-Diesel |
| LEISTUNG/DREHZAHL | 17 PS bei 2.000 U/min |
| HUBRAUM | 1.305 cm³ |
| GETRIEBE | 10/2-Gang |
| GEWICHT | 1.230 kg |
| ANTRIEB | auf die Hinterräder |

## Fahr-Dieselschlepper D 177 S

Im Jahr 1958 stellten die Fahr-Werke das Modell D 177 vor. Der Traktor bestach durch seine lange, tiefe Bauform mit der nach hinten abfallenden Haube. Da sich im Güldner-Motorenprogramm kein für diese Baugröße geeignetes Aggregat befand, fiel die Wahl auf den auch im Unimog verwendeten Vierzylinder-Vorkammer-Diesel OM 636, der für die Verwendung in einem Ackerschlepper allerdings den Nachteil einer sehr hohen Drehzahl aufwies. Als Getriebe wurde das Leicht-

schalt-Gruppengetriebe A 208 von ZF verwendet. Im darauffolgenden Jahr kam die mit einem Schnellganggetriebe ausgerüstete Variante D 177 S auf den Markt, die sich – abgesehen vom Getriebe mit 27,3 km/h Maximalgeschwindigkeit – kaum von der Standardausführung unterschied. Der Typ 177 S verkaufte sich in dem kurzen Zeitraum bis zur Baueinstellung mit 5.826 Einheiten ganz ausgezeichnet.

| Fahr-Dieselschlepper D 177 S | |
|---|---|
| BAUZEIT | 1959–1961 |
| MOTOR | wassergekühlter Vierzylinder-Diesel |
| LEISTUNG/DREHZAHL | 34 PS bei 3.000 U/min |
| HUBRAUM | 1.767 cm³ |
| GETRIEBE | 8/4-Gang |
| GEWICHT | 1.765 kg |
| ANTRIEB | auf die Hinterräder |

## Fendt-Diesel-Kleinschlepper F 12 HL

Ein Jahr vor Erscheinen der luftgekühlten Kleinschlepper-Variante
F 12 HL war Fendt bereits mit dem wassergekühlten Pendant am
Markt erschienen. Mit dem Dieselross-Modell F 12 HL stellte Fendt
1953 dem Zeittrend folgend seinen ersten mit einem luftgekühlten
Antriebsaggregat ausgerüsteten Schlepper vor. Wie nicht anders zu
erwarten, verkaufte sich auch diese Variante ausgesprochen gut. Beide
Fahrzeuge waren, abgesehen vom unterschiedlichen Kühlsystem,
praktisch identisch. Fendt installierte ein sechsgängiges Gruppenschaltgetriebe, dessen erster Gang für den Kriechgeschwindigkeits-
bereich von 0,9 bis 1,8 km/h ausgelegt war. Beide Schlepper kosteten
mit 5.250 DM in der Grundausrüstung exakt das Gleiche. Es waren
einfache und handliche Fahrzeuge, die Klein- und Nebenerwerbsbetrieben die Vollmotorisierung ermöglichten.

Der luftgekühlte Fendt F 12 HL verkaufte sich genau 7.196 Mal.

## Fendt-Dieselschlepper F 17 W

Zwecks Komplettierung des Verkaufsangebots wurde 1956 ein
17-PS-Dieselross-Schlepper von den Fendt-Werken vorgestellt. Wiederum gab es diese Baugröße sowohl in einer luft- als auch in einer
wassergekühlten Ausführung. Die F-17-Schlepper ersetzten das
noch aus dem Jahr 1949 stammende und mittlerweile überalterte
Modell F 15. Neben der gestiegenen Motorleistung bestand eine
wichtige Neuerung in der als Pendelschwingachse ausgebildeten
Vorderachse, die eine verstärkte Zusatzfederung erhalten hatte.
Für den notwendigen Vortrieb sorgten MWM-Antriebsaggregate,
wobei der wassergekühlte KD-211-Z-Motor nach dem Wirbelkammerprinzip, die luftgekühlte Einheit hingegen mit Direkteinsprit-

| Fendt-Diesel-Kleinschlepper F 12 HL | |
|---|---|
| Bauzeit | 1953–1958 |
| Motor | luftgekühlter Einzylinder-Diesel |
| Leistung/Drehzahl | 12 PS bei 2.000 U/min |
| Hubraum | 905 cm³ |
| Getriebe | 6/2-Gang |
| Gewicht | 1.150 kg |
| Antrieb | auf die Hinterräder |

| Fendt-Dieselschlepper F 17 W | |
|---|---|
| Bauzeit | 1956–1959 |
| Motor | wassergekühlter Zweizylinder-Diesel |
| Leistung/Drehzahl | 17 PS bei 1.980 U/min |
| Hubraum | 1.250 cm³ |
| Getriebe | 6/2-Gang |
| Gewicht | 1.280 kg |
| Antrieb | auf die Hinterräder |

Vom wassergekühlten Fendt-Modell F 17 W fanden genau 2.883 Fahrzeuge einen Besitzer.

zung arbeitete. Das hauseigene Sechsgang-Gruppenschaltgetriebe verfügte über einen Kriechgang für 0,9 km/h, zwei Ackergänge mit 3,05 und 4,95 km/h, einen Mähgang mit 7,85 km/h und zwei Transportgänge mit 12,3 und 19,95 km/h. Hinzu kamen zwei Rückwärtsgänge.

## Fendt-Dieselschlepper F 20 G

Das Fendt-Modell F 20 wurde erstmals zur Mitte des Jahres 1950 vorgestellt. Anfangs wurde in dieses Fahrzeug noch das 4/1-Gang-Schubradschaltgetriebe verbaut. 1953 erhielt dieser Schlepper das Fendt-eigene 6/2-Gang-Gruppengetriebe, das eine weitaus bessere Abstufung besaß. Auf Wunsch konnte hiervon auch eine Schnellgangausführung mit 25,2 km/h Maximalgeschwindigkeit installiert werden. Das Modell F 20 war in der Variante G als Standardschlepper mit kleiner Hinterradbereifung und in der Variante H als Hackfrucht- und Pflegeschlepper mit größeren Allzweck-Hinterrädern erhältlich. Der Einzylinder-Diesel war wassergekühlt und funktionierte noch nach dem Vorkammer-Verbrennungsverfahren, das in den frühen 1950er-Jahren noch fast überall üblich war. Der F 20 war ein solider und zuverlässiger Schlepper für größere Kleinbetriebe oder für solche mit ungünstiger Bodenbeschaffenheit. Insgesamt liefen 6.345 Einheiten von den Fertigungsbändern.

| Fendt-Dieselschlepper F 20 G | |
|---|---|
| BAUZEIT | 1951–1956 |
| MOTOR | wassergekühlter Einzylinder-Diesel |
| LEISTUNG/DREHZAHL | 20 PS bei 1.600 U/min |
| HUBRAUM | 1.480 cm³ |
| GETRIEBE | 4/1-Gang (ab 1953: 6/2-Gang) |
| GEWICHT | 1.355 kg |
| ANTRIEB | auf die Hinterräder |

Ein Allzweckschlepper F 20 H aus dem Jahr 1956.

Ein Fendt Fix 2 mit Seitenmähwerk.

| Fendt-Dieselschlepper Fix 2 | |
|---|---|
| BAUZEIT | 1959–1962 |
| MOTOR | luftgekühlter Zweizylinder-Diesel |
| LEISTUNG/DREHZAHL | 19 PS bei 2.000 U/min (ab 1961: 20 PS) |
| HUBRAUM | 1.400 cm³ |
| GETRIEBE | 9/3-Gang |
| GEWICHT | 1.365 kg |
| ANTRIEB | auf die Hinterräder |

## Fendt-Dieselschlepper Fix 2

1958 brachte Fendt die ersten neuen Schlepper der sogenannten „ff"-Modellreihe auf den Markt. Es waren formschöne, leistungsstarke Maschinen, die schließlich in allen Klassen vertreten waren. Mit ihnen trat der bisherige traditionsreiche Name „Dieselross" in den Hintergrund, da er Geschäftsleitung und Vertrieb mittlerweile als nicht mehr zeitgemäß erschien. Das Modell Fix 2 ging als Erweiterungsmodell 1959 in Serie. Nach dem bereits seit dem Vorjahr lieferbaren Fix 1 war es der kleinste Schlepper im Bauprogramm. Neben dem luftgekühlten Direkteinspritz-Antriebsaggregat gab es auch wieder einen Motor mit konventioneller Wasserkühlung, die beide von dem Motoren-Werken Mannheim (MWM) bezogen wurden. Das neue Gruppengetriebe war jetzt auf 9/3-Gangstufen erweitert worden.

## Fendt-Dieselschlepper Farmer 2

Der Fendt-Mittelklasseschlepper Farmer 2 wurde 1960 auf der DLG-Messe in Köln vorgestellt. Anfangs leistete sein wassergekühlter Dreizylinder-Dieselmotor KD 10.5 von MWM 34 PS. Im Laufe der Zeit wurde seine Leistung beständig angehoben und noch in seinem letzten Produktionsjahr auf 38 PS gesteigert. Das Aggregat arbeitete nach einem neuen Gleichdruck-Vorkammer-Verbrennungsverfahren, welches neben einem besonders ruhigen Lauf auch sehr günstige Verbrauchswerte zeigte. Als Gruppentriebwerk wurde das stiftgeschaltete Baumuster A 210 von ZF dazugekauft. Serienmäßig war dieser in genau 20.002 Einheiten entstandene Schlepper mit Motorzapfwelle und Zweifachkupplung ausgerüstet. Ein Farmer 2 war es auch, der im Mai 1961 als 100.000ster Fendt-Traktor vom Band rollte.

Ein Fendt Farmer 2 mit Baas-Frontlader und Sicherheitsumsturzbügel.

Dieser 1961 gebaute Favorit 1 ist mit einem Umsturzbügel nachgerüstet worden.

| Fendt-Dieselschlepper Farmer 2 | |
|---|---|
| BAUZEIT | 1960–1967 |
| MOTOR | wassergekühlter Dreizylinder-Diesel |
| LEISTUNG/DREHZAHL | 34/35/38 PS bei 2.600 U/min |
| HUBRAUM | 2.010 cm³ |
| GETRIEBE | 8/4-Gang |
| GEWICHT | 1.805 kg |
| ANTRIEB | auf die Hinterräder |

| Fendt-Dieselschlepper Favorit 1 | |
|---|---|
| BAUZEIT | 1958–1962 |
| MOTOR | wassergekühlter Dreizylinder-Diesel |
| LEISTUNG/DREHZAHL | 40 PS bei 2.000 U/min |
| HUBRAUM | 3.120 cm³ |
| GETRIEBE | 10/2-Gang |
| GEWICHT | 2.330 kg |
| ANTRIEB | auf die Hinterräder |

## Fendt-Dieselschlepper Favorit 1

Das mit 40 PS Motorleistung schon fast zu den Großschleppern zählende Fendt-Modell Favorit 1 war das erste gegen Mitte des Jahres 1958 vorgestellte Fahrzeug der neuen „ff"-Traktorenfamilie. Der traditionell von MWM bezogene Dreizylinder-Dieselmotor war ein Vorkammer-Gleichdruckaggregat mit Zweikreis-Thermostatüberwachung, die eine Überhitzung verhinderte. Der serienmäßig mit Motorzapfwelle und Doppelkupplung ausgerüstete Traktor verfügte über

das seiner Eingangsleistung angepasste ZF-Gruppentriebwerk A 16, das mit Stiftschaltung funktionierte. In der Schnellgangausführung erreichte der Schlepper 27,6 km/h Höchstgeschwindigkeit. Mit dem Fendt-Hydro-Drucksystem konnte bei angebautem Arbeitsgerät die Hinterachse mit dessen Gewicht zusätzlich belastet werden. Dieses wurde durch ein neben dem Fahrersitz angebrachtes Steuergerät betätigt. Die Verkäufe von 2.759 Einheiten waren in Anbetracht der Schleppergröße durchaus beachtlich.

## Güldner-Dieselschlepper ADN

Im Jahr 1953 löste der Güldner-Traktor ADN das seit 1950 angebotene Erfolgsmodell AF 15 ab. Sein Zweizylinder-Wirbelkammer-
Diesel stellte anfangs 16 PS zur Verfügung. Ab 1955 waren es 18 PS
bei gesteigerter Drehzahl. Der ADN war ein kräftiger, solider und
technisch ausgereifter Schlepper für kleinere Betriebe, aber auch
für nicht allzu große Mittelbetriebe geeignet. Mit 7.827 verkauften
Exemplaren konnte er den ausgezeichneten Erfolg seines Vorgängers fortsetzten. Er gehörte im Jahr 1959 zu den letzten Modellen
im Güldner-Verkaufsprogramm, die mit dem für diesen Hersteller
charakteristischen, einem offenen Haifischmaul nachempfundenen
Kühlerlüftungsgitter angeboten wurde. Zu dieser Zeit hatte sich das
Design aber überlebt, sodass die nachfolgenden Modelle in ihrem
Erscheinungsbild aktualisiert wurden.

Dieser Güldner ADN entstand 1959, dem letzten Fertigungsjahr dieses Typs.

| Güldner-Dieselschlepper Tessin | |
|---|---|
| Bauzeit | 1959–1962 |
| Motor | wassergekühlter Zweizylinder-Diesel |
| Leistung/Drehzahl | 20 PS bei 2.200 U/min |
| Hubraum | 1.304 cm³ |
| Getriebe | 8/2-Gang |
| Gewicht | 1.340 kg |
| Antrieb | auf die Hinterräder |

| Güldner-Dieselschlepper ADN | |
|---|---|
| Bauzeit | 1953–1959 |
| Motor | wassergekühlter Zweizylinder-Diesel |
| Leistung/Drehzahl | 16 PS bei 1.800 U/min (ab 1955: 18 PS bei 2.000 U/min) |
| Hubraum | 1.305 cm³ |
| Getriebe | 6/1-Gang |
| Gewicht | 1.100 kg |
| Antrieb | auf die Hinterräder |

## Güldner-Dieselschlepper Tessin

Zur Mitte des Jahres 1958 hatten die beiden schon immer in einem
guten Geschäftskontakt stehenden Hersteller Fahr und Güldner
ihre zukünftige Zusammenarbeit durch einen Kooperationsvertrag
besiegelt. Hieraus entstand die Europa-Reihe mit untereinander
aufgeteilten Fahrzeugentwicklungen, die von beiden Herstellern
getrennt vertrieben wurden. Die nahezu völlig baugleichen
Fahrzeuge unterschieden sich nur in der Lackierung, in der Form
der Motorhaube und natürlich durch die Typenbezeichnung. So
entsprach das hier vorgestellte Güldner-Modell Tessin technisch
dem Fahr-Traktor D 132. Es waren moderne Fahrzeuge, bei denen
die tiefe Reitsitzposition des Fahrers vor der Hinterachse mit
gleichzeitiger Seitenaufstiegsmöglichkeit verwirklicht wurde. Das

Der Güldner-Dieselschlepper Tessin war ein Traktor der unteren Mittelklasse.

Gruppenschalttriebwerk A 205 stammte von ZF in Friedrichshafen. Trotz aller Vorzüge blieben die Verkäufe mit 768 Stück recht bescheiden.

## Güldner-Diesel-Tragschlepper AK

Auf der 1956 in Hannover stattfindenden DLG-Ausstellung waren die ersten Ergebnisse einer verstärkten Zusammenarbeit zwischen Fahr und Güldner zu sehen. Güldner stellte die Tragschlepper AX und AK vor, die ein entsprechendes technisches und fast identisches Pendant auch im Fahr-Programm hatten. Während der AX mit 11 PS den meisten Kunden zu schwach war und daher recht schnell aus den Listen verschwand, konnte der AK – obwohl nur unwesentlich stärker – mit 7.120 gefertigten Einheiten sehr gute Verkaufserfolge einfahren. Denn zwei zusätzliche Pferdestärken konnten gerade für einen Kleinbetrieb schon eine entscheidende Steigerung bedeuten. Das in drei Schaltgruppen aufgeteilte A-4-Getriebe von ZF konnte mit einer zusätzlichen Kriechgruppe aufgerüstet werden.

| Güldner-Diesel-Tragschlepper AK | |
|---|---|
| BAUZEIT | 1956–1960 |
| MOTOR | luftgekühlter Zweizylinder-Diesel |
| LEISTUNG/DREHZAHL | 13 PS bei 2.300 U/min (ab 1959: 15 PS bei 2.500 U/min) |
| HUBRAUM | 885 cm³ |
| GETRIEBE | 6/2-Gang |
| GEWICHT | 860 kg |
| ANTRIEB | auf die Hinterräder |

Das sehr zweckmäßige Tragschleppermodell AK von Güldner war bei den Kleinbauern sehr beliebt.

## Güldner-Diesel-Allradschlepper G 50 A

Nachdem Deutz 1962 eine Beteiligung an den Fahr-Werken übernommen hatte, musste die Zusammenarbeit mit Güldner beendet werden. Nahezu zeitgleich war bei Güldner eine neue, als L 79 bezeichnete luftgekühlte Motorenreihe serienreif, die nun zum Einbau in eine neue Schleppergeneration bereitstand. Die roten, sehr erfolgreichen Schlepper der G-Reihe sind in die Traktorengeschichte eingegangen. 1968 umfasste die G-Reihe insgesamt neun Modelle im Bereich von 15 bis 75 PS. Ab 35 PS gab es die Fahrzeuge auch mit Allradantrieb. Obwohl es diese Reihe auf insgesamt mehr als 33.000 Traktoren brachte, kam Güldner aus verschiedenen Gründen letztendlich auf keine profitablen Zahlen. Ein modernes Fahrzeug der Oberklasse war der mit Motorzapfwelle und Regelhydraulik ausgerüstete Allradtraktor G 50 A.

Ein mit Frontlader und Umsturzrahmen ausgerüsteter G 40 A, von dem insgesamt 1.147 Fahrzeuge gebaut wurden.

| Güldner-Diesel-Allradschlepper G 50 A | |
|---|---|
| Bauzeit | 1963–1969 |
| Motor | luftgekühlter Vierzylinder-Diesel |
| Leistung/Drehzahl | 50 PS bei 2.300 U/min |
| Hubraum | 3.140 cm³ |
| Getriebe | 8/4-Gang |
| Gewicht | 2.865 kg |
| Antrieb | Allradantrieb (zuschaltbar) |

## Güldner-Diesel-Allradschlepper G 40 A

Zeitgleich mit dem Hinterradschlepper G 40 kam auch die vierradgetriebene Ausführung G 40 A auf den Markt. Im Gegensatz zur schraubengefederten Pendelvorderachse der Standardversion war beim Allradfahrzeug eine Fronttriebachse des bekannten ZF-Baumusters GLA 2550 eingebaut. Die Kraft auf die Vorderachse wurde durch eine seitlich angebrachte Gelenkwelle mit Friktionskupplung vom Fahrgetriebe übertragen. Sie war unter Last ein- und ausschaltbar. Der Dreizylinder-L-79-Motor war zusammen mit dem ZF-Leichtschalt-

Dieser Güldner G 50 AS ist mit einem bis 29,6 km/h reichenden Schnellganggetriebe ausgerüstet.

| Güldner-Diesel-Allradschlepper G 40 A | |
|---|---|
| BAUZEIT | 1963–1969 |
| MOTOR | luftgekühlter Dreizylinder-Diesel |
| LEISTUNG/DREHZAHL | 38 PS bei 2.300 U/min |
| HUBRAUM | 2.356 cm³ |
| GETRIEBE | 8/4-Gang |
| GEWICHT | 2.345 kg |
| ANTRIEB | Allradantrieb (zuschaltbar) |

getriebe A 216 zu einer selbsttragenden Einheit verblockt. Durch den Allradantrieb ergab sich für den Schlepper eine wesentlich bessere Traktion, die sich vor allem auf nassen Böden, im Bergland, bei Schnee- und Eisglätte und beim Bremsen im Gefälle sehr positiv auswirkte. Diese Vorteile hatten natürlich ihren Preis.

## Güldner-Diesel-Allradschlepper G 75 A

Das Spitzenmodell der roten G-Traktoren der Güldner-Werke war der schwere Allradschlepper G 75 A. Seinen Antrieb besorgte ein Sechszylinder-Reihen-Diesel aus der nach dem Baukastensystem konstruierten L-79-Motorenfamilie. Aufgrund von Baugröße und Preis blieb sein Markt sehr eingeschränkt. Vom Allradmodell entstanden 201 Einhei-

Der große Allradschlepper G 75 A gilt mit Fug und Recht als die Krönung des Güldner-Schlepperbaus.

ten, während vom parallel angebotenen Hinterradschlepper G 75 nur 149 Stück produziert wurden. Entsprechend selten und teuer sind diese serienmäßig mit Motorzapfwelle und Regelhydraulik bestückten Fahrzeuge heutzutage. Insbesondere der Allradtraktor war eine ungemein starke Maschine, die vor keinen noch so schweren Arbeiten in Feld und Forst zu kapitulieren brauchte. Zum Einbau gelangte eine stärkere Fronttriebachse (GLA 2554 oder AL 1550). Ab 1967 wurde das 17/6-Gang-ZF-Feinstufengetriebe T 318 II verwendet, das für jede Arbeit die richtige Geschwindigkeit zur Verfügung stellte.

| Güldner-Diesel-Allradschlepper G 75 A | |
|---|---|
| BAUZEIT | 1965–1969 |
| MOTOR | luftgekühlter Sechszylinder-Diesel |
| LEISTUNG/DREHZAHL | 70 PS bei 2.000 U/min (ab 1967: 75 PS bei 2.200 U/min) |
| HUBRAUM | 4.712 cm³ |
| GETRIEBE | 8/4-Gang (ab 1967: 17/6-Gang) |
| GEWICHT | 3.380 kg |
| ANTRIEB | Allradantrieb (zuschaltbar) |

## Hanomag-Diesel-Tragschlepper C 112

Im Jahr 1957 führten die Hanomag-Werke für das Schlepperprogramm ein neues Typenbezeichnungssystem ein, das aus einem
Buchstaben und drei nachfolgenden Ziffern bestand. Dabei bedeutete die erste Ziffer die Zylinderzahl, während die beiden hinteren
für die Motorleistung in PS standen. So wurde aus dem 12-PS-Zwei-
taktschlepper R 12 der Typ C 112. Auch jetzt war es noch immer
nicht gelungen, die vielschichtigen Probleme, die das hochgezüch-
tete ventillose und gebläsegespülte Dieselaggregat bereitete, zu
beseitigen. Vorgenommene Detailverbesserungen änderten am
Grundproblem nur wenig. Immerhin wurde 1958 eine optimierte
Auspuffanlage eingeführt, die den hohen Lärmpegel des Klein-
schleppers deutlich verringerte. Die schlechten Erfahrungen mit
diesen noch ungenügend ausgereiften Motoren ließen Hanomags
hochtrabende Pläne, das gesamte Motorenprogramm, also auch die
großen Vierzylinder, auf Zweitakt-Diesel umzustellen, schnell in der
Schublade verschwinden.

Der Hanomag-Tragschlepper C 112 war mit 800 kg ein Leichtgewicht und daher
besonders für Pflegearbeiten bestens geeignet.

## Hanomag-Dieselschlepper R 324

Das Hanomag-Modell R 324 gelangte 1957 als Nachfolger des Typs
R 22 in den Verkauf. Abgesehen von der aktualisierten, rundlichen
Motorverkleidung und der geringfügig gestiegenen Leistung, waren
die wirklichen Neuerungen bei diesem Halbrahmenschlepper eher
unbedeutend. Die Motorentechnik verharrte immer noch im Vor-
kammer-Verbrennungssystem, denn nach dem kolossalen Misser-
folg der Zweitaktmotoren mussten die weitreichenden Zukunftspläne
begraben werden und die alten Aggregate – andere Motoren standen
damals nicht zur Verfügung – unter einer neuen Verpackung nochmals in die Bresche springen. Die so entstandenen Schlepper waren
zwar solide und dauerhaft, konnten aber bei genauem Hinsehen
nicht darüber hinwegtäuschen, dass sie am Rande der Überalterung
standen. 1959 trat der R 324 S an seine Stelle.

| Hanomag-Diesel-Tragschlepper C 112 | |
|---|---|
| BAUZEIT | 1957–1960 |
| MOTOR | wassergekühlter Einzylinder-Diesel |
| LEISTUNG/DREHZAHL | 12 PS bei 2.200 U/min |
| HUBRAUM | 511 cm$^3$ |
| GETRIEBE | 6/2-Gang |
| GEWICHT | 800 kg |
| ANTRIEB | auf die Hinterräder |

| Hanomag-Dieselschlepper R 324 | |
|---|---|
| BAUZEIT | 1957–1962 |
| MOTOR | wassergekühlter Dreizylinder-Diesel |
| LEISTUNG/DREHZAHL | 27 PS bei 1.900 U/min |
| HUBRAUM | 2.099 cm$^3$ |
| GETRIEBE | 5/1- oder 10/2-Gang |
| GEWICHT | 1.855 kg |
| ANTRIEB | auf die Hinterräder |

Ein mit Fritzmeier-Allwetterverdeck ausgerüsteter R 324 S von 1961.

## Hanomag-Dieselschlepper R 217

Ab 1957 mussten sich die Hanomag-Werke notgedrungen wieder stärker den bis dato gefertigten Viertaktmodellen widmen. Das so unglücklich verlaufene Experiment mit den Zweitakt-Dieselaggregaten war Anlass genug, das Steuer wieder herumzuwerfen, um nicht noch mehr Imageverlust bei den Kunden zu hinterlassen. Da neue Motoren nicht aus dem Hut zu zaubern waren, musste man sich mit den alten, aus den frühen 1950er-Jahren stammenden Vorkammer-Aggregaten behelfen. Als Sofortmaßnahme wurde eine optische Aufwertung der bestehenden Modelle beschlossen. Hier traf es den alten R 16, der als R 217 ein neues Blechkleid verpasst bekam. Immerhin unterschied er sich von seinem Vorgänger durch eine geringfügig höhere Leistung. Bei den Ausrüstungs- und Zubehörteilen änderte sich hingegen nur wenig.

| Hanomag-Dieselschlepper R 217 | |
| --- | --- |
| BAUZEIT | 1957–1959 |
| MOTOR | wassergekühlter Zweizylinder-Diesel |
| LEISTUNG/DREHZAHL | 17 PS bei 1.710 U/min |
| HUBRAUM | 1.399 cm$^3$ |
| GETRIEBE | 5/1- oder 8/2-Gang |
| GEWICHT | 1.170 kg |
| ANTRIEB | auf die Hinterräder |

Klein und handlich, aber technisch nicht mehr voll auf der Höhe der Zeit war der R 217, von dem 2.049 Maschinen verkauft wurden.

## Hanomag-Dieselschlepper R 455 ATK

Seit den frühen 1950er-Jahren befanden sich bei der Hanomag die ATK-Schwerlastschlepper im Bauprogramm. Das Besondere an diesen Spezialfahrzeugen bestand in der zusätzlich zur Fahrkupplung installierten ölhydraulischen Voith-Strömungs- oder Turbokupplung, mit der auch schwere Lasten in jedem Gang völlig ruckfrei angefahren und beschleunigt werden konnten. Diese schweren Radschlepper wurden überall dort eingesetzt, wo es galt, schwere und empfindliche Lasten möglichst schonend zu transportieren. Das war vor allem bei Verkehrsflugzeugen auf Flughäfen, aber auch im Werksverkehr beim Verfahren von Waggons auf Anschlussgleisen mithilfe der Spilleinrichtung oder vielen anderen Gelegenheiten der Fall. Die häufig mit einem geschlossenen Benze-Fahrerhaus ausgestatteten Zugmaschinen waren ungemein stark und konnten bis zu 75 t in Bewegung setzen.

| Hanomag-Dieselschlepper R 455 ATK | |
|---|---|
| Bauzeit | 1957–1962 |
| Motor | wassergekühlter Vierzylinder-Diesel |
| Leistung/Drehzahl | 55 PS bei 1.300 U/min (ab 1960: 60 PS bei 1.350 U/min) |
| Hubraum | 5.702 cm$^3$ |
| Getriebe | 5/1-Gang |
| Gewicht | 4.420–5.200 kg |
| Antrieb | auf die Hinterräder |

Unten: Eine 60 PS starke ATK-455-Zugmaschine mit Benze-Fahrerhaus von 1962.

## Hanomag-Dieselschlepper Robust 800

Wie bereits angedeutet, waren die Hanomag-Werke zum Ende der 1950er-Jahre technisch gegenüber den Mitbewerbern ein wenig in Rückstand gekommen. Das betraf sogar den Bereich der schweren Radschlepper, der schon seit jeher zu den besonderen Schwerpunkten des Unternehmens gezählt hatte. 1964 stellte das Werk den gewaltigen Radschlepper Robust 800 vor. Dieser Bolide machte zwar seinem Namen alle Ehre und hielt in der Praxis auch, was dieser versprach. Technisch aber wirkte er nicht mehr jung und frisch, denn sein Gesamtkonzept basierte immer noch auf dem vor mehr als 20 Jahren entwickelten Typ R 40. So wurde auch noch der alte Vorkammer-Motor verwendet. Es war ein reiner Zugschlepper für schwerste Aufgaben, wobei er auch durchaus überlastbar war. Auch wenn kein Allradantrieb vorhanden war, bedeutete dies im Gelände kein wirkliches Hindernis.

Oben: Der Robust 800 entwickelte im ersten Gang eine Zugkraft von 3.800 kg an der Ackerschiene.

| Hanomag-Dieselschlepper Robust 800 | |
|---|---|
| BAUZEIT | 1964–1969 |
| MOTOR | wassergekühlter Vierzylinder-Diesel |
| LEISTUNG/DREHZAHL | 75 PS bei 1.500 U/min |
| HUBRAUM | 6.786 cm$^3$ |
| GETRIEBE | 5/1- oder 10/2-Gang |
| GEWICHT | 3.420 kg |
| ANTRIEB | auf die Hinterräder |

## Hanomag-Dieselschlepper Brillant 600

Im Oktober 1962 wurde der Hanomag-Halbrahmenschlepper Brillant 600 als damals größter Ackerschlepper des Hauses vorgestellt. Ausgerüstet mit einem auf das Wirbelkammer-Verfahren umgestellten 50 PS starken Wirbelkammer-Dieselmotor, trat er die Nachfolge der bisherigen Brillant- und Robust-Typen an. Mit seinem Erscheinen entfiel auch die 42/50-PS-Aufladevariante R 442/50, weil der neue Motor nun die gleiche Leistung wie der alte Ladermotor erzeugen

Der mit einem beachtlichen Ausrüstungsangebot erhältliche Brillant 600 war ein Traktor der oberen Klasse.

konnte. Die Summe aller am Motor vorgenommenen Maßnahmen ergab ein technisch durchaus aktuelles Antriebsaggregat, das mit einem verringerten Kraftstoffverbrauch und ruhigem, elastischem Lauf aufwarten konnte. Es war ein einfacher und robuster Traktor für den Großbetrieb, der daneben nur geringe Wartungsansprüche stellte, andererseits enormen Belastungen gewachsen war.

| Hanomag-Dieselschlepper Brillant 600 | |
|---|---|
| BAUZEIT | 1962–1967 |
| MOTOR | wassergekühlter Vierzylinder-Diesel |
| LEISTUNG/DREHZAHL | 50 PS bei 2.300 U/min |
| HUBRAUM | 2.799 cm$^3$ |
| GETRIEBE | 10/2-Gang |
| GEWICHT | 2.585 kg |
| ANTRIEB | auf die Hinterräder |

## Farmall-Dieselschlepper D 320

Anfang des Jahres 1956 löste die zunächst aus fünf Modellen bestehende D-Schlepperreihe die bisher angebotenen Fahrzeuge ab. Dabei stand der Buchstabe „D" in der Typenbezeichnung für das Herkunftsland Deutschland. Während das Wort „Farmall" zu Deutsch „Allzweckschlepper" bedeutete, gab die erste Ziffer in der Modellbezeichnung die Zylinderzahl, die beiden weiteren die Motorleistung in PS an. Äußerlich unterschieden sich die neuen Schlepper von den bisherigen Modellen durch eine markant-eckige Motorhaube und das neue Kühlerlüftungsgitter. Der 20-PS-Ackerschlepper D 320 zählte zur mittelschweren Leistungsklasse und war zum Einsatz auf entsprechenden Hofgrößen bestimmt. Der Fahrersitz war als sogenannter Reitsitz vor die Hinterachse verlegt, sodass der Fahrer beidseitig bequem vor den Hinterrädern aufsteigen konnte. Neben dem Standard-Sechsganggetriebe stand auf Wunsch auch das besser abgestufte 8/2-Gang-Agriomatic-Schaltwerk zur Verfügung.

Die mit 13.298 Einheiten guten Verkaufsergebnisse des D 320 sprachen für die Beliebtheit dieses Modells.

## McCormick-Dieselschlepper D 214

Anlässlich des 50-jährigen Firmenjubiläums zu Beginn des Jahres 1958 verabschiedete sich International Harvester von dem traditionsreichen, für den deutschen Markt aber etwas gewöhnungsbedürftigen Namen „Farmall". Die neue, seitlich angebrachte Aufschrift lautete nun „McCormick International". Als Ergänzung zu dem kleinen, nur ziemlich gering nachgefragten 12-PS-Tragschleppermodell D 212 stellte das Werk den leichten Standardschlepper D 214 vor, bei dem der Zwischenachsgeräteanbau nicht vorgesehen war. Die Rückkehr zur konventionellen Bauweise zeigte deutlich, dass die Akzeptanz des Tragschleppers in der deutschen Landwirtschaft viel geringer als ursprünglich erwartet war. Die Verkaufszahlen waren mit 8.046 Einheiten zwar beachtlich, im Vergleich zu den 20–30 PS starken Typen des Verkaufsprogramms aber rückläufig. Das war ein untrügliches Zeichen dafür, dass sich die Zeit der Kleinschlepper langsam aber sicher dem Ende zuneigte.

| Farmall-Dieselschlepper D 320 | |
| --- | --- |
| Bauzeit | 1956–1962 |
| Motor | wassergekühlter Dreizylinder-Diesel |
| Leistung/Drehzahl | 20 PS bei 1.900 U/min |
| Hubraum | 1.631 cm³ |
| Getriebe | 6/1- oder 8/2-Gang |
| Gewicht | 1.308 kg |
| Antrieb | auf die Hinterräder |

| McCormick-Dieselschlepper D 214 | |
| --- | --- |
| Bauzeit | 1958–1962 |
| Motor | wassergekühlter Zweizylinder-Diesel |
| Leistung/Drehzahl | 14 PS bei 1.800 U/min |
| Hubraum | 1.088 cm³ |
| Getriebe | 6/1-Gang |
| Gewicht | 1.063 kg |
| Antrieb | auf die Hinterräder |

Der D 214 war ein leichter Standardtraktor für den landwirtschaftlichen Kleinbetrieb.

## McCormick-Dieselschlepper D 324

Der mittelschwere 24-PS-Traktor D 324 gehörte unter den 1956 vorgestellten Fahrzeugen der neuen D-Reihe zu den Modellen der ersten Stunde. Er verfügte über einen Dreizylinder-Wirbelkammer-Diesel-motor, dessen Hubvolumen infolge seiner abweichenden Zylinderbohrung größer ausfiel als der im D 320 installierte Dreizylindermotor. Abgesehen von seiner höheren Motorleistung gab es bei Ausrüstung und Zubehör zum schwächeren D 320 kaum Unterschiede. Auch dieser formschöne und funktionale Traktor konnte ab 1957 wahlweise mit dem neuen 8/2-Gang-Agriomatic-Getriebe ausgerüstet werden. Das innerhalb von knapp sieben Jahren erzielte Verkaufsergebnis von genau 24.490 Einheiten war als gut anzusehen. Es bestätigte den beginnenden Trend zu höherer Motorleistung im Schlepperbau.

| McCormick-Dieselschlepper D 324 | |
| --- | --- |
| BAUZEIT | 1956–1962 |
| MOTOR | wassergekühlter Dreizylinder-Diesel |
| LEISTUNG/DREHZAHL | 24 PS bei 1.900 U/min |
| HUBRAUM | 1.825 cm³ |
| GETRIEBE | 6/1- oder 8/2-Gang |
| GEWICHT | 1.348 kg |
| ANTRIEB | auf die Hinterräder |

Der D 324 war der meistverkaufte Ackerschlepper innerhalb der D-Reihe.

## Farmall-Diesel-Tragschlepper D 212

Das 1956 von International Harvester vorgestellte Farmall-Modell D 212 war das kleinste Fahrzeug innerhalb der neuen D-Schlepperreihe. Dieses Fahrzeug war im Hinblick auf den stetig zunehmenden Arbeitskräftemangel in der Landwirtschaft als Tragschlepper ausgebildet. Durch den gegenüber dem Standardschlepper etwas längeren Radstand war es möglich, zusätzlich zum Heckanbauraum auch zwischen den Achsen Arbeitsgeräte anzubringen, mit denen mehrere Arbeitsgänge bei der Feldarbeit kombiniert werden konnten. Der Rumpf des Tragschleppers zwischen Kupplungs- und Getriebegehäuse wurde dabei möglichst schmal gehalten, damit ausreichend Raum für das Heben und Senken der Geräte und gute Sichtmöglichkeiten für den Fahrer vorhanden waren. Diese seit Mitte der 1950er-Jahre propagierte Bauform konnte sich aber auf Dauer nicht durchsetzen. Das war auch beim D 212 der Fall, dessen Bau nach 3.752 Exemplaren vorzeitig eingestellt wurde.

Der Bau des Tragschleppers D 217 wurde bereits 1960 vorzeitig eingestellt.

| Farmall-Diesel-Tragschlepper D 212 | |
|---|---|
| BAUZEIT | 1956–1959 |
| MOTOR | wassergekühlter Zweizylinder-Diesel |
| LEISTUNG/DREHZAHL | 12 PS bei 1.750 U/min |
| HUBRAUM | 1.088 cm³ |
| GETRIEBE | 6/1-Gang |
| GEWICHT | 1.033 kg |
| ANTRIEB | auf die Hinterräder |

## Farmall-Dieselschlepper D 217

Das Schleppermodell D 217 wurde ebenfalls im Jahr 1956 von International Harvester vorgestellt. Da auch dieses Fahrzeug für den Zwischenachsgeräteanbau ausgelegt war, verfügte dieser von einem Zweizylinder-Wirbelkammer-Diesel angetriebene Traktor über einen längeren Radstand und war in der damals in Mode gekommenen, sogenannten schmalen Wespentaillenbauweise ausgeführt. Bei diesem Fahrzeug konnten durch einen in der Schleppermitte montierten Hydraulikzylinder die zwischen den Achsen angebrachten Geräte gehoben und gesenkt werden. Als Getriebe gelangte das Sechsgang-Räderwerk des ZF-Baumusters A 5/6 zur Verwendung, dessen erster

Das Tragschleppermodell D 212 war vor allem für Hackfrucht- und Pflegearbeiten geeignet.

| Farmall-Dieselschlepper D 217 | |
| --- | --- |
| BAUZEIT | 1956–1962 |
| MOTOR | wassergekühlter Zweizylinder-Diesel |
| LEISTUNG/DREHZAHL | 17 PS bei 1.900 U/min |
| HUBRAUM | 1.217 cm³ |
| GETRIEBE | 6/1-Gang |
| GEWICHT | 1.085 kg |
| ANTRIEB | auf die Hinterräder |

Gang gleichzeitig als Kriechgang diente. Ab 1958 kam mit der Variante D 217 S diese Baugröße auch als Standardschlepper ins Programm, sodass der Landwirt zwischen den beiden unterschiedlichen Konzepten wählen konnte. Der D 217 S blieb bis 1962 im Programm.

## McCormick-Dieselschlepper D 326

Seit 1962 wurde die Motorleistung aller McCormick-Traktoren, wie in den Vereinigten Staaten üblich, nach der SAE-PS-Norm (SAE = Society of Automotive Engineers = Vereinigung der fahrzeugtechnischen Ingenieure) und nicht mehr nach DIN-PS klassifiziert. Diese Maßnahme war im Interesse einer einheitlichen Bezeichnungsweise durch die zunehmende Globalisierung der Exportmächte notwendig

Mit dem D 326 konnte International Harvester an den großen Erfolg in dieser Leistungsklasse anknüpfen.

geworden. Gleichzeitig wurde die D-Schlepperreihe um sechs weitere Modelle aufgestockt. Der Typ D 326 war dabei der nach SAE-PS eingeordnete Nachfolger des D 324, dem er bis auf wenige verbesserte Details entsprach. Wie schon sein Vorgänger war er ein überaus vielseitiger Allzwecktraktor für den mittelgroßen Betrieb. Auf Kundenwunsch konnte er sogar mit einer Motorzapfwelle ausgerüstet werden, wobei aber bei deren Einsatz in Anbetracht der relativ geringen Motorleistung die Anhängegeräte nicht zu schwer sein durften. Bis 1965 verließen 15.476 Fahrzeuge dieses Typs die Werkstore.

| McCormick-Dieselschlepper D 326 | |
| --- | --- |
| BAUZEIT | 1962–1965 |
| MOTOR | wassergekühlter Dreizylinder-Diesel |
| LEISTUNG/DREHZAHL | 24 PS bei 1.900 U/min |
| HUBRAUM | 1.825 cm³ |
| GETRIEBE | 6/1- oder 8/2-Gang |
| GEWICHT | 1.318 kg |
| ANTRIEB | auf die Hinterräder |

Der Kramer KB 250 war ein moderner, hochwertiger Schlepper der mittleren Klasse.

## Kramer-Dieselschlepper KB 250

In der zweiten Hälfte der 1950er-Jahre hatten die Kramer-Werke ein weit gefächertes Typenprogramm von fast einem Dutzend unterschiedlicher Schleppermodelle anzubieten. Das war für einen mittelständischen Hersteller wie Kramer eine beachtliche Breitengliederung, die aufgrund verhältnismäßig kleiner Bauserien zu Kostennachteilen führen musste. Die überwiegend leichten bis mittelschweren Traktormodelle wurden mit bewährten wasser- und luftgekühlten Güldner-Motoren und ausgereifter Kramer-Triebwerkstechnik ausgerüstet. Im Falle des seit April 1957 lieferbaren KB 250 handelte es sich um das Kramer-Fünfganggetriebe der Baugruppe II, das auf Wunsch mit einer Kriechgang-Untersetzergruppe im Geschwindigkeitsbereich von 0,57–3,10 km/h zu einem Zehnganggetriebe erweitert werden konnte. Serienmäßig war auch die Steuerrad-Lenkbremse, mit der man fast auf der Stelle wenden konnte.

## Kramer-Dieselschlepper KL 300

Mit den im Dezember 1960 in Serie gegangenen Schleppermodellen KL 300 und KL 400 hatten die Kramer-Werke die ersten beiden Typen einer neu konstruierten Schleppergeneration auf den Markt gebracht. Beides waren kraftvolle und in ihren Leistungsklassen überdurchschnittlich leistungsstarke, in ihrem Erscheinungsbild ziemlich identische Schlepper. Der Typ KL 300 als das kleinere Fahrzeug von beiden war mit dem 28 PS starken Deutz-Diesel F 2 L 712 aus der FL-712-Motorenreihe ausgerüstet. Ab 1965 gelangte das verbesserte F-2-L-812-Antriebsaggregat zur Verwendung, das über ein Massenausgleichsgetriebe verfügte. Das Besondere an diesem Traktor war das Getriebe, das neben den Hauptgängen noch zusätzliche Zwischengänge zur Verfügung stellte, die durch einen rechts seitlich am Getriebetunnel angebrachten Fußhebel eingelegt werden konnten. Daneben konnte der Kunde zwischen einem Normalgetriebe oder einer schnellen Variante wählen.

| Kramer-Dieselschlepper KB 250 | |
| --- | --- |
| BAUZEIT | 1957–1959 |
| MOTOR | wassergekühlter Zweizylinder-Diesel |
| LEISTUNG/DREHZAHL | 25 PS bei 1.800 U/min |
| HUBRAUM | 1.840 cm³ |
| GETRIEBE | 5/1- oder 10/2-Gang |
| GEWICHT | 1.500 kg |
| ANTRIEB | auf die Hinterräder |

| Kramer-Dieselschlepper KL 300 | |
| --- | --- |
| BAUZEIT | 1960–1968 |
| MOTOR | luftgekühlter Zweizylinder-Diesel |
| LEISTUNG/DREHZAHL | 28 PS bei 2.400 U/min |
| HUBRAUM | 1.700 cm³ |
| GETRIEBE | 10/2-Gang |
| GEWICHT | 1.570 kg |
| ANTRIEB | auf die Hinterräder |

Mit 5.005 gebauten Einheiten wurde der KL 300 für die Kramer-Werke zu einem sehr befriedigenden Markterfolg.

## Kramer-Dieselschlepper KL 400

Das stärkere Pendant der beiden Ende 1960 neu vorgestellten Kramer-Traktoren war der Typ KL 400. Ebenso wie sein kleinerer Bruder besaß dieses zeitlos schöne Modell eine Durelastik-Kunststoffhaube, die durch ihre Glasfaserverstärkung sehr elastisch und

ziemlich resistent gegen Schläge oder Stöße war. Daneben war das Material rostfrei, geräuscharm, unempfindlich gegen Wasser und chemische Stoffe und behielt dauerhaft ihren ursprünglichen Farbglanz. Der zunächst mit einem Dreizylinder-Deutz-Aggregat aus der Motorenreihe FL 712 und ab Frühjahr 1964 mit dem verbesserten F-3-L-812-Motor ausgerüstete Traktor konnte zunächst 38 PS, zum Ende seiner Bauzeit sogar 42 PS zur Verfügung stellen. Es war eine sehr solide, technisch ausgereifte und serienmäßig mit Motorzapfwelle ausgerüstete Maschine, die auch auf größeren Höfen eingesetzt werden konnte.

| Kramer-Dieselschlepper KL 400 | |
| --- | --- |
| BAUZEIT | 1960–1967 |
| MOTOR | luftgekühlter Dreizylinder-Diesel |
| LEISTUNG/DREHZAHL | 38/40/42 PS bei 2.300 U/min |
| HUBRAUM | 2.550 cm³ |
| GETRIEBE | 10/2-Gang |
| GEWICHT | 1.790 kg |
| ANTRIEB | auf die Hinterräder |

Hier ein mit Umsturzbügel ausgerüsteter KL 400. Die Gesamtfertigung betrug 1.466 Stück.

## Lanz-Dieselschlepper D 1616

1955 stellten die wegen ihres viel zu langen Festhaltens am Einzylinder-Glühkopfmotor bereits technisch ins Hintertreffen geratenen Mannheimer Lanz-Werke eine neue Modellreihe vor. Die vier Schlepper mit 16, 20, 24 und 28 PS Motorleistung waren mit Dieselmotoren ausgerüstet und nach dem Baukastensystem konstruiert. Bis auf den großvolumigen liegenden Einzylindermotor, von dem sich die Unternehmensleitung immer noch nicht hatte trennen können, waren

es durchaus moderne Schlepper, die mit der Konkurrenz in jeder Beziehung mithalten konnten. Im Vergleich zu den alten Glühkopfmaschinen wussten sie durch ihre einfache und bedienerfreundliche Auslegung zu überzeugen. Das Einstiegsmodell war der D 1616, das den Halbdieselschlepper D 1706 ersetzte. Er war eine verhältnismäßig starke Maschine mit 1.578 kg Zugkraft am Haken, die ab 1957 serienmäßig mit dem bisher optional erhältlichen 9/2-Gang-Kriechganggetriebe geliefert wurde.

| Lanz-Dieselschlepper D 1616 | |
| --- | --- |
| BAUZEIT | 1955–1960 |
| MOTOR | wassergekühlter Einzylinder-Diesel |
| LEISTUNG/DREHZAHL | 16 PS bei 1.100 U/min |
| HUBRAUM | 2.256 cm³ |
| GETRIEBE | 6/2-Gang (ab 1957: 9/2-Gang) |
| GEWICHT | 1.260 kg |
| ANTRIEB | auf die Hinterräder |

## Lanz-Dieselschlepper D 4016

Der erst 1957 vorgestellte Lanz-Dieselschlepper D 4016 war die letzte Neukonstruktion des bereits im Jahr zuvor von dem amerikanischen Landmaschinenkonzern Deere & Company übernommenen Mannheimer Unternehmens. Dieser Schlepper hatte im Programm keinen Vorgänger, sondern er sollte die recht große Lücke zwischen dem 36 PS starken Halbdieseltyp D 3606 und der 50-PS-Klasse schließen. Darüber hinaus sollte der D 4016 sozusagen als Musterfahrzeug für die in den folgenden zwei Jahren geplante Umarbeitung aller damals noch als Halbdiesel gebauten schweren Typen dienen. Aufgrund der geänderten Besitzverhältnisse blieb diese fortschrittliche Maschine leider ein Einzelgänger. Der starke,

Dieser D 1616 ist mit einem Fritzmeier-Allwetterverdeck ausgerüstet.

serienmäßig mit einer Motorzapfwelle bestückte Dieselschlepper war für schwere Zug- und Zapfwellenarbeiten vorgesehen. Nur etwa 1.000 Stück wurden gebaut.

Ein D 4016 in der klassischen blauen Lanz-Lackierung. Ab September 1958 gelangten die Lanz-Produkte in den John-Deere-Farben Grün und Gelb zur Auslieferung.

Hier ein grün-gelb ausgeführter Halbdiesel-Schlepper D 6006 mit Fritzmeier-Allwetterverdeck.

## Lanz-Bulldog 60 PS, Typ HR, D 6006

Der Halbdiesel-Bulldog D 6006 war zusammen mit dem bis auf das Getriebe identischen, mit einem zusätzlichen Kriechganggetriebe bestückten D 6016 das stärkste und schwerste Modell der Mannheimer Heinrich-Lanz-Werke. Nach Übernahme der Aktienmehrheit an den Lanz-Werken durch Deere & Company im Oktober 1956 lief das Fertigungsprogramm zunächst nahezu unverändert weiter. Auch die Fahrzeuge liefen weiterhin in ihrer traditionellen blauen Lackierung vom Band. Erst nach den Werksferien im September 1958 wurde die erste Änderung nach außen hin wirksam, indem die Traktoren in der John-Deere-grünen Lackierung mit gelben Felgen von den Produktionsbändern rollten. Beworben wurden sie seither nicht mehr als Bulldog, sondern als Lanz-Diesel, denn der Begriff „Bulldog" schien nicht mehr in das Unternehmenskonzept zu passen.

| Lanz-Dieselschlepper D 4016 | |
|---|---|
| BAUZEIT | 1957–1960 |
| MOTOR | wassergekühlter Einzylinder-Diesel |
| LEISTUNG/DREHZAHL | 40 PS bei 1.000 U/min |
| HUBRAUM | 4.222 cm³ |
| GETRIEBE | 6/2-Gang |
| GEWICHT | 2.650 kg |
| ANTRIEB | auf die Hinterräder |

| Lanz-Bulldog 60 PS, Typ HR, D 6006 | |
|---|---|
| BAUZEIT | 1955–1958 |
| MOTOR | wassergekühlter Einzylinder-Diesel |
| LEISTUNG/DREHZAHL | 60 PS bei 800 U/min |
| HUBRAUM | 7.372 cm³ |
| GETRIEBE | 6/2-Gang |
| GEWICHT | 3.840 kg |
| ANTRIEB | auf die Hinterräder |

## John Deere-Lanz-Dieselschlepper Typ 300

Wie bereits geschildert, hatte der US-amerikanische Landmaschinen-konzern Deere & Company zum 1. Oktober 1956 die Aktienmehrheit an der Heinrich Lanz AG übernommen. Dieser Schachzug rettete einerseits den angeschlagenen deutschen Hersteller vor dem sicheren Untergang, andererseits gab er dem amerikanischen Unternehmen die Möglichkeit, auf dem europäischen Markt Fuß zu fassen. Die bisherigen Lanz-Traktoren wurden nun zu Auslaufmodellen und sollten alsbald durch moderne Dieselschlepper ersetzt werden. An ihnen wurde fieberhaft und in aller Stille gearbeitet. Im April 1960 gingen schließlich die ersten neuen John Deere-Lanz-Modelle der Typen 300 und 500 in Serie. Es waren moderne, nach dem Baukastensystem konstruierte Fahrzeuge. Trotzdem taten sich die neuen, ungewohnten Schlepper am Markt weitaus schwerer als erwartet, was vor allem auf die überwiegend konservativ eingestellte bäuerliche Zielgruppe zurückzuführen war.

Der John Deere-Lanz Typ 300 war ein moderner Halbrahmenschlepper mit Motorzapfwelle.

## John Deere-Lanz-Dieselschlepper Typ 500

Der stärkere der beiden 1960 vorgestellten neuen John Deere-Lanz-Dieseltraktoren war der Typ 500. Mit seiner Motorleistung von 36 PS gesellte er sich zu der damals in der Bundesrepublik meistverkauften mittleren Leistungsklasse. Es handelte sich um einen Halbrahmenschlepper, der mit einem Vierzylinder-Diesel-Kurzhubmotor, einem in vier Gruppen unterteilten Klauenschaltgetriebe, zwei Getriebe- bzw. Motorzapfwellen hinten, einer Frontzapfwelle sowie einem Dreipunkt-Blockkraftheber mit Regelhydraulik und Mischregelung ausgerüstet war. Das waren Ausrüstungsmerkmale, von denen die noch bis vor Kurzem gefertigten alten Lanz-Traktoren nicht einmal zu träumen gewagt hätten. Der neue Vierzylinder-

| John Deere-Lanz-Dieselschlepper Typ 300 | |
|---|---|
| Bauzeit | 1960–1964 |
| Motor | wassergekühlter Vierzylinder-Diesel |
| Leistung/Drehzahl | 28 PS bei 2.000 U/min (ab 1963: 30 PS) |
| Hubraum | 2.367 cm³ |
| Getriebe | 10/3-Gang |
| Gewicht | 1.760 kg |
| Antrieb | auf die Hinterräder |

| John Deere-Lanz-Dieselschlepper Typ 500 | |
|---|---|
| Bauzeit | 1960–1964 |
| Motor | wassergekühlter Vierzylinder-Diesel |
| Leistung/Drehzahl | 36 PS bei 2.400 U/min (ab 1963: 38 PS) |
| Hubraum | 2.367 cm³ |
| Getriebe | 10/3-Gang |
| Gewicht | 1.830 kg |
| Antrieb | auf die Hinterräder |

Ein John Deere-Lanz Typ 500: Zwischen ihm und den alten Lanz-Bulldogs lagen Welten!

Schlepper war in Anbetracht des steigenden Arbeitskräftemangels für Einmannbedienung ausgelegt. Diese vielen Vorzüge konnten die meisten Bauern anfangs allerdings noch nicht von diesen gänzlich neuen Schleppern überzeugen.

## John Deere-Lanz-Dieselschlepper Typ 700

Das unter dem Begriff „100er-Serie" in die Geschichte eingegangene erste John Deere-Lanz-Dieselschlepper-Programm wurde in der Folgezeit zügig ausgebaut. 1962 kamen der Typ 100 als 18 PS starkes Einstiegsmodell und das Modell 700, das mit 50 PS die obere Leistungsklasse repräsentierte, hinzu. Dieses Fahrzeug war für größere Betriebe und Lohnunternehmen vorgesehen. Der installierte Vierzylinder-Diesel hatte gegenüber dem Modell 500 eine größere Zylinderbohrung und daher auch einen größeren Hubraum. Neu war an dem zum Grundpreis von 16.165 DM angebotenen Schlepper die serienmäßig ausziehbare Vorderachse, die in ihrer Spurweite von 1.250 bis 1.750 mm verändert werden konnte. Darüber hinaus war eine hydraulische Lenkung vorhanden, die gegenüber der bisherigen mechanischen leichter zu handhaben war. Die Motorzapfwelle war serienmäßig.

| John Deere-Lanz-Dieselschlepper Typ 700 | |
|---|---|
| Bauzeit | 1962–1964 |
| Motor | wassergekühlter Vierzylinder-Diesel |
| Leistung/Drehzahl | 50 PS bei 2.400 U/min |
| Hubraum | 2.705 cm³ |
| Getriebe | 10/3-Gang |
| Gewicht | 2.300 kg |
| Antrieb | auf die Hinterräder |

Der Typ 700 war ein kompakter Schlepper der oberen Leistungsklasse.

## MAN-Diesel-Allradschlepper B 18 A/I

Mitte der 1950er-Jahre hatte MAN das Schleppersortiment beständig ausgebaut. Es umfasste jetzt den Leistungsbereich von 18 bis 45 PS, und die Schlepper wurden sowohl mit Hinterrad- als auch mit Allradantrieb gebaut. Gleichwohl arbeitete das Unternehmen sehr konsequent am Ausbau der allradgetriebenen Schleppersparte. Das ging so weit, dass Hinterradmaschinen im Programm schon fast die Ausnahme darstellten. So wurde das kleinste Modell, der Typ B 18 A/I ausschließlich mit Vierradantrieb angeboten, obwohl sich zu der Zeit für einen Hinterradschlepper in dieser Klasse beste Verkaufsaussichten geboten hätten. Obwohl bei MAN als Kleinschlepper geführt, war dieser ansehnliche Traktor alles anderes als das. Vielmehr war es ein von Leistung und Größe eher als Mittelklassetraktor einzuordnendes Fahrzeug, das mit 8.800 DM natürlich seinen Preis hatte.

| MAN-Diesel-Allradschlepper B 18 A/I | |
|---|---|
| Bauzeit | 1955–1958 |
| Motor | wassergekühlter Zweizylinder-Diesel |
| Leistung/Drehzahl | 18 PS bei 1.800 U/min |
| Hubraum | 1.300 cm³ |
| Getriebe | 6/1-Gang |
| Gewicht | 1.540 kg |
| Antrieb | Allradantrieb (zuschaltbar) |

## MAN-Diesel-Allradschlepper C 40 A

Der seit 1955 mit Hinterrad- und Allradantrieb angebotene MAN-Dieselschlepper C 40 rangierte im Verkaufsprogramm dieses Herstellers als mittelschwerer Traktor. Das war allerdings leicht untertrieben, denn mit 40 PS gehörte er bereits eindeutig zur gehobenen Leistungsklasse. Seit 1955 waren auch die zwei Jahre zuvor entwickelte, nach dem M-Mittenkugel-Verbrennungsverfahren funktionierenden Motoren für den Schlepperbau verfügbar. Ein solches Antriebsaggregat wurde auch in das neue Modell C 40 eingebaut. Als Getriebe wurde das ZF-Baumuster A 15v, also die Variante mit verstärkter Bremsanlage, eingebaut. Hiervon gab es üblicherweise auch eine schnelle Getriebeausführung. Die serienmäßige Getriebezapfwelle konnte durch eine gegen Mehrpreis erhältliche Motorzapfwelle ausgetauscht werden.

Der MAN C 40 A war bereits auf den Leistungsbedarf größerer Betriebe ausgerichtet.

Obwohl kein Billigangebot, verkaufte sich der MAN B 18 A/I immerhin 3.387 Mal.

**MAN-Diesel-Allradschlepper C 40 A**

| | |
|---|---|
| BAUZEIT | 1955–1956 |
| MOTOR | wassergekühlter Vierzylinder-Diesel |
| LEISTUNG/DREHZAHL | 40 PS bei 1.800 U/min |
| HUBRAUM | 3.180 cm³ |
| GETRIEBE | 6/1-Gang |
| GEWICHT | 2.260 kg |
| ANTRIEB | Allradantrieb (zuschaltbar) |

## MAN-Diesel-Tragschlepper 2 F 1

Mit dem Modell 2 F 1 brachten die MAN-Werke erstmals einen vollwertigen Kleinschlepper auf den Markt, der diesen Namen auch verdiente. Das war reichlich fünf Jahre zu spät, denn jetzt war die Nachfrage in dieser Leistungsklasse bereits rückläufig. Das mit 6.091 verkauften Fahrzeugen trotzdem ausgezeichnete Verkaufsergebnis dieses wenig MAN-typischen Schleppers verdeutlicht, welches Potenzial bei seinem früheren Erscheinen möglich gewesen wäre. Der kleine 2 F 1 war ein Fahrzeug mit geringem Eigengewicht, das

Der MAN 2 F 1 war ein ausgezeichneter Kleintraktor, der leider viel zu spät am Markt erschien.

in erster Linie auf die Mechanisierung kleinbäuerlicher Betriebe oder als Zweit- und Pflegeschlepper auf größeren Höfen ausgelegt war. Durch die zusätzliche Möglichkeit des Zwischenachsanbaus von Arbeitsgeräten konnten über den Heckanbau hinaus verschiedene Gerätekombinationen angeschlossen und in einem Arbeitsgang zum Einsatz gebracht werden.

**MAN-Diesel-Tragschlepper 2 F 1**

| | |
|---|---|
| BAUZEIT | 1958–1961 |
| MOTOR | luftgekühlter Zweizylinder-Diesel |
| LEISTUNG/DREHZAHL | 13 PS bei 2.000 U/min (ab 1959: 14 PS bei 2.300 U/min) |
| HUBRAUM | 885 cm³ |
| GETRIEBE | 6/2-Gang |
| GEWICHT | 840 kg |
| ANTRIEB | auf die Hinterräder |

## MAN-Diesel-Allradschlepper 4 S 2

Der MAN-Allradschlepper 4 S 2 war ein sehr starkes Traktormodell, das in der zweiten Hälfte der 1950er-Jahre eindeutig der obersten Leistungsklasse zugeordnet werden kann. Das Einsatzgebiet des mit einem volumenstarken Vierzylinder-M-Motor bestückten Großfahrzeugs war nicht primär in der Landwirtschaft zu finden, sondern es erstreckte sich mindestens im gleichen Umfang auch auf Forstbetriebe sowie Bau- und Transportunternehmen. Mit einer gewissen Einschränkung konnte die MAN-Werbung darauf verweisen, dass der schwere Traktor mit Vierradantrieb die Vorteile eines Kettenschleppers mit denen des luftbereiften Ackerschleppers in sich vereinen würde. Nicht nur die Antriebstechnik, sondern auch das

Der schwere Allradschlepper 4 S 2 gilt noch heute als das Synonym, wenn man von MAN-Traktoren spricht.

mit Klauenschaltung ausgestattete ZF-Siebengang-Getriebe A 20/18 entsprach technisch dem allerneuesten Stand. Dieses neuentwickelte Leichtschaltgetriebe wurde von MAN als erstem Hersteller auch im Traktorenbau verwandt.

## MAN-Diesel-Allradschlepper 4 K 1

Seit 1958 wurden die neuen MAN-Traktormodelle mit optisch modernisierten, wesentlich gefälligeren Motorhauben ausgestattet. Gleichzeitig erschienen mehrere neue Modelle, die überwiegend zur

| MAN-Diesel-Allradschlepper 4 S 2 | |
|---|---|
| BAUZEIT | 1957–1960 |
| MOTOR | wassergekühlter Vierzylinder-Diesel |
| LEISTUNG/DREHZAHL | 50 PS bei 1.900 U/min |
| HUBRAUM | 3.927 cm³ |
| GETRIEBE | 7/1- oder 9/2-Gang |
| GEWICHT | 3.260 kg |
| ANTRIEB | Allradantrieb (zuschaltbar) |

| MAN-Diesel-Allradschlepper 4 K 1 | |
|---|---|
| BAUZEIT | 1959–1960 |
| MOTOR | wassergekühlter Zweizylinder-Diesel |
| LEISTUNG/DREHZAHL | 18 PS bei 1.800 U/min |
| HUBRAUM | 1.305 cm³ |
| GETRIEBE | 6/1-Gang |
| GEWICHT | 1.500 kg |
| ANTRIEB | Allradantrieb (zuschaltbar) |

Ein MAN 4 K 1 von 1960 mit Baas-Frontlader.

## MAN-Dieselschlepper 2 P 1

Gegen Ende der 1950er-Jahre waren die MAN-Werke gezwungen, das bis dato immer noch sehr unübersichtliche Bauprogramm einer Typenbereinigung zu unterziehen. Im Zuge dieser Rationalisierung kam es endlich zum Bau weniger, aber einheitlicher Schleppermodelle, den Fahrzeugen der sogenannten „neuen Linie". Dabei beschränkte man sich auf Fahrzeuge mit 28, 35 und 45 PS Motorleistung, die wiederum als Hinterrad- und Allradschlepper angeboten wurden. Das in der mittleren Klasse angesiedelte 35-PS-Modell trug als Hinterradschlepper die Baubezeichnung 2 P 1. Neben einem Dreizylinder-MAN-M-Aggregat war das Fahrzeug mit dem ZF-Gruppenschalt-Getriebe A 210 mit acht Vorwärts- und vier Rückwärtsgängen ausgerüstet. Die für diese Baugröße angemessene Motorzapfwelle gab es zwar nur als Sonderwunsch, der im Regelfall aber immer in Anspruch genommen wurde.

leichten und mittleren Leistungsklasse zählten, teilweise aber auch als Tragschlepper ausgebildet waren. Diese 18 und 25 PS starken Fahrzeuge gab es sowohl mit Hinterrad- als auch mit Allradantrieb. Der hier als Allradschlepper gezeigte Typ 4 K 1 war ein kleiner 18-PS-Schlepper, der in die Fußstapfen des gleich starken und mittlerweile ausgelaufenen Typs B 18 A/I trat. Die sehr niedrigen Verkaufszahlen von gerade einmal 350 Einheiten zeigten eindeutig, dass mit einer solchen Allradmaschine am Markt nicht mehr viel zu bestellen war. Bei dieser Baugröße stand der Vierradantrieb in keinem rechten Verhältnis zur geringen Leistung, was die Kunden ähnlich sahen.

| MAN-Dieselschlepper 2 P 1 | |
| --- | --- |
| BAUZEIT | 1960–1963 |
| MOTOR | wassergekühlter Dreizylinder-Diesel |
| LEISTUNG/DREHZAHL | 35 PS bei 2.400 U/min |
| HUBRAUM | 1.915 cm³ |
| GETRIEBE | 8/4-Gang |
| GEWICHT | 1.775 kg |
| ANTRIEB | auf die Hinterräder |

Das Modell 2 P 1 von MAN gehörte zu der damals sehr stark nachgefragten Mittelklasse.

## Porsche-Diesel-Kleinschlepper Junior V

Die Geschichte der Porsche-Traktoren war geprägt von einem kometenhaften Aufstieg und einem ähnlichen Niedergang, der sich innerhalb von nur acht Jahren vollzog. Dem 1956 als Nachfolger von Allgaier eingestiegenen Branchenneuling gelang es innerhalb kürzester Zeit den zweiten Rang in der Zulassungsstatistik und damit 12 % Marktanteil zu erarbeiten. Aber schon 1963 kam das Ende. Das Kleinschleppermodell Junior war für beide Höhepunkte einer der wichtigsten Auslöser, denn das Unternehmen wurde von den großen Zulassungseinbrüchen in dieser Leistungsklasse besonders hart betroffen. Der Typ Junior V war eine für 4.980 DM angebotene abgespeckte Sonderausführung des normalen Junior-Traktors. Aufgrund von Abmessungen und Gewicht war es ein idealer Traktor sowohl für kleine Betriebe als auch als Zweitschlepper für Hackfrucht- und Pflegearbeiten.

## Porsche-Diesel-Tragschlepper Standard Star 219

Mit dem Modell Standard Star 219 bot Porsche-Diesel dem Landwirt einen sehr leistungsstarken und vielseitig ausgerüsteten Schlepper mit der Möglichkeit, die Arbeitsgeräte nicht nur am Heck, sondern auch vorn und zwischen den Achsen anbringen zu können. Der mit einem luftgekühlten Zweizylinder-Wirbelkammer-Diesel und dem neu entwickelten T-25-Gruppenschaltgetriebe von Deutz ausgerüstete Traktor wurde im September 1960 erstmals vorgestellt. Um das Fahrzeug bei dem zunehmenden Konkurrenzdruck zu einem möglichst geringen Preis anbieten zu können, war man genötigt, dieses mit minimalstem Konstruktionsaufwand auf die Räder zu stellen und zugleich die Gewinnspanne zu reduzieren. So ist es zu erklären, dass der serienmäßig mit ölhydraulischer Turbokupplung und Motorzapfwelle ausgerüstete Traktor anfangs für nur 9.725 DM angeboten wurde. Dieser kaum die Kosten deckende Preis konnte auf Dauer nicht gehalten werden und stieg auf 12.055 DM.

| Porsche-Diesel-Kleinschlepper Junior V | |
| --- | --- |
| BAUZEIT | 1958–1959 |
| MOTOR | luftgekühlter Einzylinder-Diesel |
| LEISTUNG/DREHZAHL | 14 PS bei 2.250 U/min |
| HUBRAUM | 822 cm³ |
| GETRIEBE | 6/2-Gang |
| GEWICHT | 875 kg |
| ANTRIEB | auf die Hinterräder |

Unten: Dieser Porsche Junior V aus dem Jahr 1959 befindet sich noch heute im Einsatz.

Oben: Der Tragschlepper Standard Star 219 wurde in 3.400 Einheiten gebaut.

## Porsche-Diesel-Tragschlepper Standard Star 219

| | |
|---|---|
| BAUZEIT | 1960–1963 |
| MOTOR | luftgekühlter Zweizylinder-Diesel |
| LEISTUNG/DREHZAHL | 30 PS bei 2.300 U/min |
| HUBRAUM | 1.750 cm³ |
| GETRIEBE | 8/2-Gang |
| GEWICHT | 1.510 kg |
| ANTRIEB | auf die Hinterräder |

## Porsche-Dieselschlepper Standard 218

Der Porsche-Dieselschlepper Standard gehörte zu den erfolgreichsten Bauernschleppern auf dem deutschen Markt. Er war für die universelle Verwendung in mittelgroßen Landwirtschaftsbetrieben konzipiert. Angesichts des in der Landwirtschaft fortschreitenden Arbeitskräftemangels war er für weitgehende Einmannbedienung ausgelegt. Sehr hilfreich bei Be- und Entladearbeiten auf dem Feld war die Hydrostop-Einrichtung, mit der man den Schlepper – ohne zu kuppeln, zu schalten und aufzusteigen – durch ein kleines seitliches Rad von außerhalb

Vom Porsche-Modell Standard 218 wurden innerhalb von vier Jahren etwa 11.500 Stück gebaut.

bedienen konnte. Dadurch konnte ein zweiter Mann eingespart werden. Das Fünfganggetriebe war eine Eigenkonstruktion und zusätzlich mit einem Kriechgang ausgerüstet. Eine weitere Besonderheit des Schleppers war die der Fahrkupplung vorgeschaltete ölhydraulische Voith-Strömungskupplung, die ein ruckfreies Anfahren und Beschleunigen in jeder Gangstufe auch unter Volllast zuließ.

## Porsche-Dieselschlepper Standard 218

| | |
|---|---|
| BAUZEIT | 1957–1960 |
| MOTOR | luftgekühlter Zweizylinder-Diesel |
| LEISTUNG/DREHZAHL | 25 PS bei 2.000 U/min |
| HUBRAUM | 1.644 cm³ |
| GETRIEBE | 5/1- oder 6/1-Gang |
| GEWICHT | 1.625 kg |
| ANTRIEB | auf die Hinterräder |

## Porsche-Dieselschlepper Master N 419

Das Spitzenmodell im Verkaufsprogramm von Porsche-Diesel war das Großschleppermodell Master, dessen erste Variante bereits 1958 vorgestellt wurde. 1961 kam die Ausführung N 419 auf den Markt, die im Gegensatz zum Vorgänger einen verbesserten, volumenstärkeren Motor bei gleicher Leistung erhalten hatte. Als Triebwerk fungierte das neue stiftgeschaltete ZF-Gruppengetriebe des Baumusters A 216. Dieses Getriebe aus der ZF-Serie A 200 gehörte zum Modernsten, was es auf dem deutschen Markt zu kaufen gab. Dieses stand auch in einer schnellen, bis 27,4 km/h Maximalgeschwindigkeit reichenden Bauvariante zur Verfügung. Serienmäßig war der Master mit Motorzapfwelle und Doppelkupplung ausgerüstet, während der Dreipunkt-Regelhydraulik-Kraftheber auf Wunsch gegen Aufpreis erworben werden konnte. Verschiedentlich aber wurde der fehlende Allradantrieb als negativ empfunden.

Der Porsche N 419 war ein zugstarkes Fahrzeug für den Großbetrieb.

## Porsche-Dieselschlepper Super 308

Durch Änderung und Verbesserung des Verbrennungsverfahrens beim Motor des Porsche-Schleppers P 133 ergab sich die erhebliche Leistungssteigerung von fünf Pferdestärken bei gleichbleibendem Kraftstoffverbrauch, ohne dass dazu der Hubraum vergrößert oder die Drehzahl erhöht werden musste. So entstand das Modell Super mit 38 PS, das unter der Baumusterbezeichnung 308 vertrieben wurde. Wie beim Vorgänger war ein selbst gefertigtes, wahlweise mit einem Kriechgang ausgestattetes Fünfganggetriebe eingebaut. Zum Schutz des Motors gegen Überhitzung war ein automatisches Thermostat installiert, das sich in solchen Fällen mit einem Warnsignal bemerkbar machte. Der wahlweise mit Getriebe- oder Motorzapfwelle ausgerüstete Traktor war eine bewährte und ausgereifte Maschine für den hohen Leistungsbedarf in mittleren und größeren Betrieben.

| Porsche-Dieselschlepper Master N 419 | |
|---|---|
| Bauzeit | 1961–1962 |
| Motor | luftgekühlter Vierzylinder-Diesel |
| Leistung/Drehzahl | 50 PS bei 2.100 U/min |
| Hubraum | 3.500 cm³ |
| Getriebe | 8/4-Gang |
| Gewicht | 2.100 kg |
| Antrieb | auf die Hinterräder |

| Porsche-Dieselschlepper Super 308 | |
|---|---|
| Bauzeit | 1957–1960 |
| Motor | luftgekühlter Dreizylinder-Diesel |
| Leistung/Drehzahl | 38 PS bei 2.000 U/min |
| Hubraum | 2.467 cm³ |
| Getriebe | 5/1- oder 6/1-Gang |
| Gewicht | 1.657 kg |
| Antrieb | auf die Hinterräder |

Der meist mit einer Motorzapfwelle ausgerüstete Porsche Super 308 war für seine hohe Zapfwellenleistung bekannt.

## Porsche-Diesel-Tragschlepper Standard Star 238

Mit dem Modell Standard Star 238 kam 1961 ein weiterer gänzlich neuer Porsche-Tragschlepper auf den Markt. Aus Kostengründen griff man auf ein bereits Anfang der 1950er-Jahre konstruiertes Antriebsaggregat mit geteiltem Kurbelgehäuse zurück, welches nach

Umbau durch Hubraumsteigerung und Drehzahlerhöhung jetzt 26 PS abgab. Das waren im Vergleich zur Ursprungsausführung immerhin rund 70 % mehr. Diese beeindruckende Leistungssteigerung brachte allerdings auch technische Probleme wie den schmalen Sitz der Zylinder auf dem Motorgehäuse und die dünne Wandstärke zwischen Zylinder und Motorblock mit sich. Als Getriebe verwendete man das Baumuster T 25 mit Gruppenschaltung von Deutz. Der Typ 238 bot ebenso wie sein stärkeres Pendant 219 die serienmäßige Ölreinigungszentrifuge, Motorzapfwelle, Doppelkupplung und ölhydraulische Turbokupplung, im Vergleich zu diesem aber keine Frontzapfwelle.

| Porsche-Diesel-Tragschlepper Standard Star 238 | |
| --- | --- |
| Bauzeit | 1961–1962 |
| Motor | luftgekühlter Zweizylinder-Diesel |
| Leistung/Drehzahl | 26 PS bei 2.300 U/min |
| Hubraum | 1.629 cm³ |
| Getriebe | 8/2-Gang |
| Gewicht | 1.340 kg |
| Antrieb | auf die Hinterräder |

Der Standard Star 238 bot für mittelgroße Betriebe zahlreiche Verwendungsperspektiven.

## Schlüter-Dieselschlepper SL 15

In den 1950er-Jahren hatten sich die Freisinger Schlüter-Werke am Markt einen guten Ruf erworben. Alle Traktoren zeichneten sich durch verhältnismäßig großvolumige Motoren, hohe Zugkraft, Robustheit und eine ausgezeichnete Verarbeitungsqualität aus. Während die Motoren aus dem eigenen Hause kamen, bezog man die Getriebetechnik von verschiedenen Lieferanten. 1959 führte der Hersteller ein neues Bezeichnungssystem ein. Das kleinste Modell dieser zwischen 15 und 45 PS angesiedelten Traktoren war der luftgekühlte Einzylinder-Schlepper SL 15. Im Laufe seiner Produktionszeit stieg seine Motorleistung von 15 auf 16 und schließlich auf 17 PS bei gleicher Drehzahl. Ebenso gelangten Getriebe unterschiedlicher Herkunft, aber mit nahezu identischer Abstufung zum Einbau. Insgesamt 560 Einheiten wurden von diesem Modell gebaut.

| Schlüter-Dieselschlepper SL 15 | |
| --- | --- |
| BAUZEIT | 1959–1962 |
| MOTOR | luftgekühlter Einzylinder-Diesel |
| LEISTUNG/DREHZAHL | 15/16/17 PS bei 1.500 U/min |
| HUBRAUM | 1.506 cm³ |
| GETRIEBE | 6/1-Gang |
| GEWICHT | 1.285 kg |
| ANTRIEB | auf die Hinterräder |

Der Schlüter-Traktor SL 15 war ein verhältnismäßig zugstarkes Fahrzeug für kleine Höfe.

Der AS 302 war ein kräftiger Schlepper für den mittelgroßen Betrieb.

## Schlüter-Dieselschlepper AS 302

In der ersten Hälfte der 1950er-Jahre war die Modellpolitik der Firma Schlüter in ruhigen, sehr geordneten Bahnen verlaufen. Ab 1957 folgte eine jahrelange Phase der hektischen Betriebsamkeit, verbunden mit zahlreichen Modellwechseln und Änderungen der Bezeichnungssysteme. Diese hatte ihre hauptsächliche Ursache in der schnellen Fortentwicklung von Motoren und Getriebe, die dann aus Wettbewerbsgründen, um die Marktposition halten zu können, umgehend in das Schlepperprogramm integriert wurden, wodurch wieder neue Modelle entstanden. Das führte zu einer großen Modellvielfalt, die

**Schlüter-Dieselschlepper AS 302**

| | |
|---|---|
| BAUZEIT | 1958–1960 |
| MOTOR | wassergekühlter Zweizylinder-Diesel |
| LEISTUNG/DREHZAHL | 30 PS bei 1.500 U/min |
| HUBRAUM | 3.012 cm³ |
| GETRIEBE | 6/1-Gang |
| GEWICHT | 1.735 kg |
| ANTRIEB | auf die Hinterräder |

selbst für Kenner kaum noch zu überblicken war. Ein solches Produkt war auch der 30-PS-Schlepper AS 302, der gerade einmal in 150 Einheiten vom Band lief, da er durch ein mit 32 PS kaum stärkeres Fahrzeug aus dem eigenen Hause Konkurrenz bekam.

## Schlüter-Dieselschlepper S 60

Ein sehr starker Schlepper war das Schlüter-Modell S 60, mit dem man – trotz der in der Vergangenheit gesammelten schlechten Erfahrungen – nochmals einen Versuch in dieser Leistungsklasse startete. Mit 60 PS war dieser Großschlepper zur damaligen Zeit ein gewaltiges Fahrzeug, dessen Zielgruppe entsprechend klein war.

Für das schwere Schlüter-Modell S 60 bestand kaum Nachfrage, sodass es bereits nach zehn Monaten wieder aus dem Programm verschwand.

Der volumenstarke Dreizylinder-Dieselmotor war mittlerweile vom Schwenkkammer- auf das effizientere Direkteinspritzverfahren umgestellt worden. Das mit dem Motor zu einem selbsttragenden Block verbaute ZF-Getriebe A 23 war in zwei Geschwindigkeitsausführungen – schnell und langsam – erhältlich. Dieses Getriebe konnte auf Wunsch durch eine zusätzliche Kriechganggruppe ergänzt werden. Die serienmäßige Ausrüstung mit Motorzapfwelle und hydraulischem Dreipunkt-Kraftheber mit 1.450 kg Hubkraft an der Ackerschiene war für diese Schleppergröße unerlässlich.

**Schlüter-Dieselschlepper S 60**

| | |
|---|---|
| BAUZEIT | 1962–1963 |
| MOTOR | wassergekühlter Dreizylinder-Diesel |
| LEISTUNG/DREHZAHL | 60 PS bei 1.800 U/min |
| HUBRAUM | 4.830 cm³ |
| GETRIEBE | 5/2- oder 7/2-Gang |
| GEWICHT | 3.380 kg |
| ANTRIEB | auf die Hinterräder |

## Schlüter-Dieselschlepper S 35

Im Jahr 1961 wurde das gesamte Schlüter-Bauprogramm auf ZF-Getriebetechnik umgestellt. Der Grund für diese Maßnahme lag darin, dass die bisherigen Hurth-Komponenten trotz laufender Verbesserungen bei den drehmomentstarken Schlüter-Motoren an der Grenze ihrer Belastbarkeit angelangt waren. Da außerdem die Einstellung der Getriebefertigung der Hurth-Werke in München beschlossene Sache war, musste sich Schlüter nach einem anderen Lieferanten umsehen. Eine große Auswahl bestand nicht mehr, denn Prometheus, Getrag und auch die Zahnradfabrik Augsburg (Renk) stellten schon seit längerer Zeit keine Schleppertriebwerke mehr her. So blieb letztendlich nur der Marktführer, die Zahnradfabrik Friedrichshafen (ZF), die stets gleichbleibende und auf dem technischen Höchststand befindliche Getriebe liefern konnte. Der 38-PS-Schlepper S 35 erhielt daher das Leichtschaltgetriebe A 210, das mit dem hauseigenen Direkteinspritz-Aggregat selbsttragend verbunden war.

Der Schlüter-Diesel S 35 war ein kompaktes Fahrzeug der oberen Mittelklasse.

## Schlüter-Dieselschlepper S 450

Mit dem Typ S 450 erschien im August 1962 der erste Schlüter-Traktor einer völlig neuen, auf dem aktuellen technischen Stand befindlichen Fahrzeuggeneration. Gleichzeitig stellte dieser Traktor bei Schlüter den eigentlichen Beginn der „bärenstarken" Epoche dar, unter der die zukünftigen Erzeugnisse dieses Herstellers einen überdurchschnittlich hohen Bekanntheitsgrad erreichen sollten. Für diese Fahrzeuge hatte Schlüter eine neue Motorenreihe entwickelt, die über kleinere Zylindereinheiten verfügten. Diese Änderung kam in erster Linie der Laufruhe zugute, zumal die Nenndrehzahl nicht erhöht zu werden brauchte. Die Getriebetechnik stützte sich weiterhin auf die modernen Leichtschalttriebwerke der ZF-Bauserie A 200. Die seither verwendete Halbrahmenbauweise hatte den Vorteil, dass der Motor leichter ein- und ausgebaut werden konnte und dabei der Schlepper nicht in zwei Teile getrennt werden musste, die obendrein einzeln abgestützt werden mussten.

| Schlüter-Dieselschlepper S 35 | |
|---|---|
| Bauzeit | 1961–1962 |
| Motor | wassergekühlter Zweizylinder-Diesel |
| Leistung/Drehzahl | 38 PS bei 1.800 U/min |
| Hubraum | 3.012 cm³ |
| Getriebe | 8/4-Gang |
| Gewicht | 1.765 kg |
| Antrieb | auf die Hinterräder |

| Schlüter-Dieselschlepper S 450 | |
|---|---|
| Bauzeit | 1962–1966 |
| Motor | wassergekühlter Dreizylinder-Diesel |
| Leistung/Drehzahl | 42 PS bei 1.800 U/min |
| Hubraum | 3.247 cm³ |
| Getriebe | 8/4-Gang |
| Gewicht | 2.250 kg |
| Antrieb | auf die Hinterräder |

Der S 450 war ein starker Schlepper der gehobenen Mittelklasse. Hier ein Fahrzeug mit Frontlader und Umsturzbügel.

## Schlüter-Dieselschlepper S 650

Im Dezember 1963 ergänzte der 56-PS-Schlepper S 650 das Schlüter-Bauprogramm. Im Gegensatz zu seinem Vorgänger S 50 mit seinem Dreizylindermotor verfügte der Direkteinspritzer des S 650 über einen Zylinder mehr − und das bei verringertem Hubvolumen. Auch

dieses Fahrzeug war in Halbrahmenbauweise ausgeführt, was den Vorteil hatte, dass es bei einem Motorenausbau nicht mehr getrennt werden musste. Beim Getriebe vertraute man weiterhin auf die bewährte Gruppentechnik aus der ZF-Reihe A 200, in diesem Fall war es das verbesserte Stiftschaltgetriebe A 216 II, das über einen Lenkradschalthebel betätigt wurde. Die lange und gedrungene Bauweise dieses Schleppers verhieß nicht nur Kraft, diese war auch tatsächlich vorhanden. Mit dieser neuen Fahrzeuggeneration verabschiedete sich Schlüter endgültig von kleineren Modellen und stieg in den Bereich der Großschlepper ein.

| Schlüter-Dieselschlepper S 650 | |
| --- | --- |
| Bauzeit | 1963–1966 |
| Motor | wassergekühlter Vierzylinder-Diesel |
| Leistung/Drehzahl | 56 PS bei 1.800 U/min |
| Hubraum | 4.330 cm³ |
| Getriebe | 8/4-Gang |
| Gewicht | 2.800 kg |
| Antrieb | auf die Hinterräder |

Ein Hinterradschlepper S 650 von Schlüter. Hiervon war auch ein Allradpendant erhältlich.

Ein luftgekühlter IFA-Schlepper Famulus 36 mit Fahrerkabine.

## IFA-Radschlepper RS 14/36 L Famulus 36

In der DDR fehlte für die Großfelderwirtschaft der Landwirtschafts-
kollektive ein geeigneter starker Zugschlepper. Mit den ab 1956
angebotenen Famulus-Dieselschleppern wurde versucht, besser auf
die DDR-Landwirtschaft zugeschnittene Traktoren zur Verfügung zu
stellen. Das gelang nur zu einem geringen Teil, denn die Leistung war
mangels Verfügbarkeit eines stärkeren Motors weiterhin unzurei-
chend. In den LPG-Betrieben sehr verbreitet waren die 36 PS starken
Famulus-36-Radschlepper mit luftgekühltem Zweizylindermotor.
Dieses Fahrzeug entstand durch Erhöhung der Motordrehzahl aus
dem 33-PS-Modell Famulus. Diese Leistungskur war auch dringend
nötig, denn in Anbetracht der immer schwerer werdenden zapfwellengetriebenen Vollerntemaschinen, aber auch der in der Landwirtschaft vielfältig anfallenden Transportaufgaben stand eigentlich
immer noch viel zu wenig Leistung zur Verfügung. 13.176 Einheiten
wurden insgesamt gefertigt.

### IFA-Radschlepper RS 14/36 L Famulus 36

| | |
|---|---|
| BAUZEIT | 1960–1964 |
| MOTOR | luftgekühlter Zweizylinder-Diesel |
| LEISTUNG/DREHZAHL | 36 PS bei 1.650 U/min |
| HUBRAUM | 3.280 cm³ |
| GETRIEBE | 10/2-Gang |
| GEWICHT | 2.135 kg |
| ANTRIEB | auf die Hinterräder |

## IFA-Radtraktor RT 325/Famulus 40

Nach Auslaufen der Produktion des luftgekühlten 36-PS-Radschlep-
pers RS 14/36 im VEB Schlepperwerk Nordhausen wurde die wassergekühlte Bauvariante mit einem auf 49 PS leistungsgesteigerten
Motor ausgerüstet und als Famulus 40 ab 1964 gefertigt. Von diesem
Fahrzeug entstanden in kurzer Zeit nochmals 4.582 Einheiten, die in
der Landwirtschaft, aber auch im devisenbringenden Export dringend benötigt wurden. Seine Ausstattung entsprach im Wesentlichen
der des luftgekühlten RS 14/36. Kleinere technische Verbesserungen
an Bremsen, Hydraulik und Lenkung sowie an dem bequemeren, mit
individueller Federung ausgestatteten Fahrersitz waren bereits in

### IFA-Radtraktor RT 325/Famulus 40

| | |
|---|---|
| BAUZEIT | 1964–1965 |
| MOTOR | wassergekühlter Zweizylinder-Diesel |
| LEISTUNG/DREHZAHL | 40 PS bei 1.800 U/min |
| HUBRAUM | 3.280 cm³ |
| GETRIEBE | 10/2-Gang |
| GEWICHT | 2.100 kg |
| ANTRIEB | auf die Hinterräder |

die laufende Serie eingeflossen. Mit der serienmäßig vorhandenen
Motorzapfwelle konnte der Traktor vor gezogenen Mähdreschern und
anderen Vollerntemaschinen eingesetzt werden. Trotz aller Verbesserungen hatte sich die Konstruktion überlebt und auch im Export
allmählich ihre Bedeutung verloren.

Ein Famulus 40 mit Kabine.

## IFA-Radschlepper RS 01/40 II Harz

Mitte der 1950er-Jahre war der alte RS 01/40 Pionier, dessen
Grundkonzept ja noch auf das Jahr 1938 zurückging, zunehmend
in die Jahre gekommen. Leider suchte man vergeblich nach einem
moderneren, stärkeren Nachfolger, denn Ersatz war nirgendwo
in Sicht. Also versuchten die DDR-Ingenieure, das Beste aus der

### Problem Landflucht

Schon in den frühen 1950er-Jahren
zeichnete sich ein unter dem Begriff
„Landflucht" bekannt gewordener
beginnender Strukturwandel in der
westdeutschen Landwirtschaft ab.
Allein zwischen 1950 und 1960 wan-
derten etwa 1,3 Millionen Arbeitskräfte
(rund 35 %) aus der Landwirtschaft
in gewerbliche Berufe ab. Höherer
Lohn, geregelte Arbeitszeiten, freie
Wochenenden und ein besserer
Lebensstandard lockten immer mehr

Menschen in die Städte. Der dadurch
bedingte Arbeitskräftemangel in der
Landwirtschaft konnte nur durch
vermehrten Einsatz von Maschinen
ausgeglichen werden. Der Begriff
„Einmannbedienung" wurde immer
häufiger zu einem verkaufsfördernden
Argument für einen Ackerschlepper.
Daneben kam dem „Allein- und
Universalschlepper", der auf einem
Bauernhof Zug- und Pflegeschlepper
zugleich sein musste, eine stetig
wachsende Bedeutung zu.

## IFA-Radschlepper RS 01/40 II Harz

| | |
|---|---|
| Bauzeit | 1956–1958 |
| Motor | wassergekühlter Vierzylinder-Diesel |
| Leistung/Drehzahl | 40–42 PS bei 1.250 U/min |
| Hubraum | 5.022 cm³ |
| Getriebe | 5/1-Gang |
| Gewicht | 3.200 kg |
| Antrieb | auf die Hinterräder |

### Verschärfter Wettbewerb

Seit dem Zulassungsrekord des Jahres 1955 mit knapp 90.000 Traktoren war der deutsche Schleppermarkt von einem ständigen Schrumpfungsprozess geprägt. Diese Entwicklung verursachte eine immer weitere Konzentration auf eine immer geringere Zahl an Mitbewerbern, wobei nur die Großen überleben konnten. Zudem konnten die ersten ausländischen Traktoran- bieter auf dem deutschen Markt Fuß fassen und in der Folge zunehmenden Einfluss gewinnen, da sie durch Massenfabrikation ihre Produkte zu unschlagbar niedrigen Preisen anbieten konnten. Diese Firmen, allen voran Massey Ferguson, drängten in die aufgrund des Schrumpfungsprozesses frei gewordenen Absatzmärkte und machten den verbleibenden deutschen Herstellern das Leben zusätzlich schwer.

unabänderlichen Situation zu machen, und konzentrierten sich auf die Möglichkeiten, den alten Pionier etwas aufzufrischen. Nachdem dieser zunächst eine elektrische Startanlage erhalten hatte, führte man die einzelradgefederte Vorderachse ein, wodurch sich eine um 200 mm höhere Bodenfreiheit ergab. Das ergab die Möglichkeit, den Schlepper viel besser in Reihenkulturen einsetzen zu können. Hinzu kam ein hydraulischer Dreipunkt-Kraftheber. In Verbindung mit einer neuen, den Famulus-Modellen angeglichenen Frontgestaltung ergab das Ganze das Modell Harz, dessen Fertigung den Schlepperbestand um immerhin 2.175 Einheiten erhöhte.

Den nur über einen kurzen Zeitraum gefertigten Radschlepper Harz gab es auch in einer offenen Ausführung.

# Die Schlepperbranche in der Krise

Die folgenden Jahre hielten neue Herausforderungen für die deutsche Traktorindustrie bereit. Das Ende des Schlepperbooms war erreicht. Besonders Kleinschlepper wurden immer schwerer verkäuflich. Mitte der 1960er-Jahre wurde die Branche von einer massiven Absatzkrise erfasst. So gingen die Schlepper-Neuzulassungen, die 1965 noch 84.361 Fahrzeuge betragen hatten, im Jahr 1970 auf 66.064 zurück.

Immer mehr deutsche Hersteller mussten sich aus dem unprofitablen Schleppermarkt zurückziehen. 1969 gab Güldner und 1971 Hanomag den Traktorenbau auf. Andere Anbieter kränkelten zunehmend. Eine Wende war nicht in Sicht und der Zeitpunkt der Aufgabe ließ sich allenfalls herauszögern. Die Firma Eicher, die dank der Raubtier-Reihe die erste Hälfte der 1960er-Jahre noch recht gut überstanden hatte, konnte mit der nachfolgenden Schleppergeneration diesen Erfolg nicht wiederholen. Auch für Schlüter bedeutete die Beschränkung auf starke Traktoren nur einen Aufschub des Niedergangs.

In den Spitzengruppierungen änderte sich indes nur wenig. Deutz konnte im Wechsel mit International Harvester die Position halten und ausbauen. Fendt und als erster ausländischer Anbieter Massey Ferguson belegten die folgenden Ränge. John Deere-Lanz hatte in diesen Jahren genug mit sich selbst zu tun, um seine neuen Dieselschlepper am Markt zu profilieren. Erst in den 1970er-Jahren gelang die Konsolidierung.

In die frei werdenden Felder drängten ausländische Anbieter mit ihren durch Massenfabrikation niedrigen Preisen. Außer Massey Ferguson befanden sich Fiat, Ford und Renault im Jahr 1975 unter den ersten Zehn. Eine zunehmende Globalisierung zeichnete sich ab.

Mit einem Bestand von fast 1,4 Millionen Traktoren im Jahr 1970 war die westdeutsche Agrarwirtschaft nun fast voll motorisiert. Der Schleppermarkt war gesättigt. Ersatzkäufe für vorhandene, überalterte Modelle waren die Regel. Der Markt für Gebrauchttraktoren gewann zunehmend an Bedeutung.

Oben: Das gut verkäufliche Fendt-Modell Farmer 3 S war eine wirtschaftliche Investition für den größeren Betrieb.

Unten, von links nach rechts: International Harvester 624, Deutz D 4506, Schlüter-Allradschlepper 950 V

## Deutz-Dieselschlepper D 10006

Im Jahr 1968 hatten die Kölner Deutz-Werke die ersten Mitglieder der D-06-Reihe als völlig neuer Schleppergeneration vorgestellt. Mit dieser Reihe, die in einer sehr kritischen, absatzschwachen Zeit erschien, war dem Hersteller ein ganz großer Wurf gelungen. Die neuen Traktoren wurden nun ausschließlich durch direkteinspritzende Dieselaggregate angetrieben, waren optisch sehr vorteilhaft gestaltet, technisch auf dem neuesten Stand und von einer guten Verarbeitungsqualität. 1970 wurde die Serie durch vier weitere Modelle ausgebaut, wozu auch der Typ D 10006 gehörte. Dieser Großschlepper besaß einem 100 PS starken Sechszylinder-Diesel aus der neuen L-912-Motorenreihe. Das Fahrzeug kam aufgrund von Leistung und Abmessungen ausschließlich für Großbetriebe und Lohnunternehmen infrage.

Ein mit Fritzmeier-Verdeckkabine Typ FK 9200 ausgerüsteter D 10006 mit Hinterradantrieb.

## Deutz-Diesel-Allradschlepper D 10006 A

Bei dem auch als vierradgetriebene Bauvariante D 10006 A angebotenen Deutz-Traktor griff man auf das bewährte ZF-Gruppenschalttriebwerk T 335 zurück. Dieses konnte bei sechs Grundgängen mit insgesamt 16/7 Gangstufen aufwarten. Bis auf die noch schubradgeschalteten Kriechgänge waren alle Gruppen und Gänge vollsynchronisiert. Identisch war auch die Hubkraft des ZF-Bosch-Regelhydraulik-Krafthebers von wahlweise 2.100 oder 3.000 kg an der Ackerschiene. Bis 1972 wurde der Allradschlepper mit der als Außenplanetenachse konstruierten ZF-Fronttriebachse APL 3050 ausgerüstet. Später kam eine solche des Herstellers Sige zur Ver-

| Deutz-Dieselschlepper D 10006 | |
|---|---|
| BAUZEIT | 1970–1978 |
| MOTOR | luftgekühlter Sechszylinder-Diesel |
| LEISTUNG/DREHZAHL | 100 PS bei 2.300 U/min |
| HUBRAUM | 5.652 cm³ |
| GETRIEBE | 16/7-Gang |
| GEWICHT | 3.655 kg |
| ANTRIEB | auf die Hinterräder |

| Deutz-Diesel-Allradschlepper D 10006 A | |
|---|---|
| BAUZEIT | 1970–1972 |
| MOTOR | luftgekühlter Sechszylinder-Diesel |
| LEISTUNG/DREHZAHL | 100 PS bei 2.300 U/min |
| HUBRAUM | 5.652 cm³ |
| GETRIEBE | 16/7-Gang |
| GEWICHT | 4.015 kg |
| ANTRIEB | Allradantrieb |

Ein Diesel-Allradschlepper D 10006 A mit Deutz-Kabine.

wendung. Die Lackierung änderte sich in Hellgrün mit silbernen Felgen. Auch bei der Kabinenbestückung gab es unterschiedliche Varianten, denn neben der Deutz-Kabine konnte eine sehr komfortable Fritzmeier-Spezialkabine installiert werden. Darüber hinaus stand das ebenfalls gegen Mehrpreis erhältliche Allwetterverdeck des gleichen Herstellers zur Verfügung.

## Deutz-Dieselschlepper D 5506

Das Deutz-Modell D 5506 gehörte innerhalb der neuen Traktorenbaureihe D 06 zu den ersten vorgestellten Fahrzeugen. Mit seinem 52 PS starken Vierzylinder-Direkteinspritz-Diesel aus der Motorenreihe FL 912 repräsentierte er die damalige obere Mittelklasse, die sich im Zuge des allgemein steigenden Leistungsbedarfs bei den Traktoren einer ziemlich großen Nachfrage erfreute. Das moderne Deutz-Gruppentriebwerk TW 50.1 konnte durch eine im Rahmen der Sonderausrüstung erhältliche Kriechganggruppe auf 12/4-Gangstufen erweitert werden. Neben der Motorzapfwelle und der Doppelkupplung gehörte eine Dreipunkt-Regelhydraulik mit 1.700 kg Hubvermögen zum werksseitig vorhandenen Mindestlieferumfang. Darüber hinaus stand weiteres Zubehör wie Frontlader, Mähwerk, Seilwinde, Druckluftbremsanlage und Verdeck zur Verfügung, das für Einsatz und Betrieb auf größeren Höfen sowie auch kleineren Großbetrieben notwendig war.

| Deutz-Dieselschlepper D 5506 | |
|---|---|
| Bauzeit | 1968–1974 |
| Motor | luftgekühlter Vierzylinder-Diesel |
| Leistung/Drehzahl | 52 PS bei 2.300 U/min |
| Hubraum | 3.768 cm³ |
| Getriebe | 8/4- oder 12/4-Gang |
| Gewicht | 2.445 kg |
| Antrieb | auf die Hinterräder |

Ein gut restaurierter D 5506 mit Frontlader und Fritzmeier-Verdeck.

## Deutz-Dieselschlepper D 6006

Der 1968 vorgestellte Typ D 6006 war innerhalb der neuen D-06-Reihe der zunächst größte Vierzylinderschlepper. Das wahlweise als Hinterrad- oder Allradschlepper erhältliche Modell besaß zunächst das seit 1967 lieferbare Deutz-Triebwerk TW 55. Dieses war jetzt auch für die Hinterradausführung mit Synchronschaltung der Gangstufen 2 und 3 erhältlich. Auch bei diesem Fahrzeug wurde die bisher im Deutz-Programm verwendete FL-812-Motorenreihe durch ein neues FL-912-Antriebsaggregat ersetzt. Zeitgleich mit dem Einbau des fortentwickelten Klauenschaltgetriebes TW 55.2 erhielt ab 1970 die Fahrerplattform einen ebenen Untergrund. Seit 1972 wurde das auf Viergang-Gruppenschaltung erweiterte 12/4-Gang-Getriebe TW 55.4 verwendet. Eine mittels Zweistufenpedal zu betätigende Motorzapfwelle und die Deutz-Regelhydraulik mit wahlweise 1.900 oder 2.300 kg Hubvermögen gehörten zur Serienausstattung.

| Deutz-Dieselschlepper D 6006 | |
|---|---|
| Bauzeit | 1968–1974 |
| Motor | luftgekühlter Vierzylinder-Diesel |
| Leistung/Drehzahl | 62 PS bei 2.300 U/min |
| Hubraum | 3.768 cm³ |
| Getriebe | 9/3-Gang (ab 1972: 12/4-Gang) |
| Gewicht | 2.585 kg |
| Antrieb | auf die Hinterräder |

Unten: Ein noch in Gebrauch befindlicher D-6006-Hinterradschlepper mit Fritzmeier-Verdeck.

## Deutz-Diesel-Allradschlepper D 6806 A

Im Jahr 1974 löste das neue Modell D 6806 den bisherigen Typ D 6006 ab. Bis auf die weiter auf 68 PS angehobene Motorleistung entsprach der neue Traktor weitgehend der letzten Bauausführung seines Vorgängers, der bereits seit 1972 durch Hinzufügung einer dritten Getriebewelle das moderne 12/4-Gang-Getriebe TW 55.4 erhalten hatte. Dieser über einen relativ langen Zeitraum angebotene, zur gehobenen Mittelklasse zählende Schlepper war als Hinterrad- oder Allradausführung lieferbar. Bei Letzterer wurde zunächst die in Außenplanetenbauweise konstruierte ZF-Treibachse APL 1550 eingebaut, die später durch eine Sige-Allradvorderachse ersetzt wurde. Ab 1976 konnte der Traktor auf Wunsch mit einer allseits geschlossenen, gut isolierten festen Komfortkabine eines dänischen Herstellers bezogen werden. Nach wie vor gab es aber die nachrüstbare Fritzmeier-Verdeckkabine FK 9200.

Oben: Hier ein allradgetriebener Deutz D 6806 A mit Fritzmeier-Kabine.

Ein Deutz D 8006 A mit Fritzmeier-Verdeckkabine.

| Deutz-Diesel-Allradschlepper D 6806 A | |
|---|---|
| BAUZEIT | 1974–1980 |
| MOTOR | luftgekühlter Vierzylinder-Diesel |
| LEISTUNG/DREHZAHL | 68 PS bei 2.300 U/min |
| HUBRAUM | 3.768 cm³ |
| GETRIEBE | 12/4-Gang |
| GEWICHT | 3.180 kg |
| ANTRIEB | Allradantrieb |

## Deutz-Diesel-Allradschlepper D 8006 A

Im Jahr 1972 wurde der seit 1968 angebotene Sechszylinder-Traktor D 8006 durch eine technisch grundlegend überarbeitete Ausführung abgelöst. Beim Allradtraktor betrafen die Änderungen in erster Linie die Allradvorderachse, bei der anstelle des ZF-Fabrikats nun eine Sige-Fronttriebachse verwendet wurde. Die neue Achse hatte 24er- anstelle der bisherigen 20er-Bereifung und konnte damit die Motorleistung erheblich besser auf den Boden bringen. Darüber hinaus ersetzte man bei Hinterrad- und Allradschlepper die ZF-Bosch-

Kraftheberanlage durch die mit 3.600 kg Hubvermögen erheblich leistungsfähigere werkseigene, nach dem Transfermatic-System arbeitende Hydraulik. Das Schaltgetriebe gab es jetzt nur noch synchronisiert, was alle Gruppen und Gänge betraf. Wie auch bei den übrigen Modellen der D-06-Serie konnte ab 1976 die Spezialkabine und das Optitrac-Selbstsperrdifferenzial für die Allradvorderachse geliefert werden.

| Deutz-Diesel-Allradschlepper D 8006 A | |
|---|---|
| BAUZEIT | 1972–1978 |
| MOTOR | luftgekühlter Sechszylinder-Diesel |
| LEISTUNG/DREHZAHL | 80 PS bei 2.100 U/min |
| HUBRAUM | 5.652 cm³ |
| GETRIEBE | 16/7-Gang |
| GEWICHT | 3.625 kg |
| ANTRIEB | Allradantrieb |

## Eicher-Dieselschlepper Tiger II

Als ab 1968 bei Eicher die neue 3000er-Schlepperreihe zur
Ablösung antrat, hatten innerhalb von zehn Jahren rund 66.000
Traktoren der Raubtier-Reihe die Werkstore verlassen. Die neuen
Modelle zeichneten sich durch eine aktualisierte, kantigere
Haubengestaltung aus, wobei das Werk erstmals die Hilfe eines
Industriedesigners in Anspruch genommen hatte. Infolge des
beständig schrumpfenden Marktvolumens und des zunehmen-
den Wettbewerbsdrucks gelang es allerdings bei Weitem nicht,
an die Erfolge ihrer Vorgänger anzuknüpfen. Das zweitstärkste
Modell dieser Reihe war der Typ Tiger II, ein 35-PS-Fahrzeug der
unteren Mittelklasse. Die Ausstattung mit einem luftgekühlten
EDK-Direkteinspritz-Diesel und einem ZF-Leichtschaltgetriebe aus
der erfolgreichen Reihe A 200 entsprach den früheren Raubtier-
Modellen und war immer noch technisch auf der Höhe. Die
Motorzapfwelle mit Zweifachkupplung und eine leistungsstarke
Regelhydraulik gehörten zum serienmäßig vorhandenen Ausrüs-
tungsrepertoire.

Ein Eicher Tiger II mit Umsturzrahmen von 1969. Von diesem kompakten Modell
konnten nur noch 3.002 Einheiten verkauft werden.

## Eicher-Diesel-Allradschlepper Mammut

Mit 220 Einheiten erreichte das zwischen 1969 und 1970 angebotene
Eicher-Modell Mammut mit Allradantrieb nur geringe Verkaufszah-
len. Auch die Hinterradausführung verkaufte sich nur wenig besser.
Der Allradschlepper, der die Nachfolge des erfolgreichen Raubtier-
Modells EA 600 antrat, erhielt die ZF-Fronttriebachse GLA 2556.
Während unter der schlichten, lang gestreckten Motorhaube der
Vierzylinder-Direkteinspritz-Diesel EDK 4 seine Arbeit verrichtete,
wurde als Triebwerk das bewährte ZF-Leichtschaltgetriebe A 216 II,
das bereits in den Schleppern der ersten Raubtier-Serie installiert
worden war, verwendet. Der serienmäßig montierte Blockhydraulik-
Dreipunkt-Kraftheber mit Einhebel-Regelsteuergerät konnte bis zu
1.720 kg an der Ackerschiene heben und senken. Weiterhin gehörte
eine Motorzapfwelle mit zwei Geschwindigkeiten zum Ausrüstungs-
standard dieser Klasse. Die Baueinstellung der gesamten Getriebeserie A 200 durch ZF erzwang das frühzeitige Fertigungsende.

| Eicher-Dieselschlepper Tiger II | |
|---|---|
| BAUZEIT | 1968–1971 |
| MOTOR | luftgekühlter Dreizylinder-Diesel |
| LEISTUNG/DREHZAHL | 35 PS bei 2.000 U/min |
| HUBRAUM | 2.944 cm$^3$ |
| GETRIEBE | 8/4-Gang |
| GEWICHT | 1.875 kg |
| ANTRIEB | auf die Hinterräder |

| Eicher-Diesel-Allradschlepper Mammut | |
|---|---|
| BAUZEIT | 1969–1970 |
| MOTOR | luftgekühlter Vierzylinder-Diesel |
| LEISTUNG/DREHZAHL | 62 PS bei 2.000 U/min |
| HUBRAUM | 3.927 cm$^3$ |
| GETRIEBE | 8/4-Gang |
| GEWICHT | 2.980 kg |
| ANTRIEB | Allradantrieb (zuschaltbar) |

Ein toprestaurierter Eicher-Allradschlepper Mammut aus dem Jahr 1970.

traktoren. Während sich das erste, schon bald eingestellte Fahrzeug mit einem 80-PS-Motor begnügen musste, konnte der Wotan II zunächst über 95, später über 100 Pferdestärken verfügen. Dieser große Schlepper wurde mit 2.697 verkauften Einheiten zu Eichers spätem Erfolgsmodell. Das stark belastbare ZF-Triebwerk T 335 II und die schließlich auf 3.200 kg Hubvermögen gesteigerte Regelhydraulik waren auf die Baugröße des Fahrzeugs zugeschnitten. Die Getriebeserie 300 war damals das Neueste, was es am Markt zu kaufen gab. Von den sechs Triebwerksgängen waren die oberen vier synchronisiert.

| Eicher-Diesel-Allradschlepper Wotan II | |
| --- | --- |
| BAUZEIT | 1968–1976 |
| MOTOR | luftgekühlter Sechszylinder-Diesel |
| LEISTUNG/DREHZAHL | 95 PS bei 2.000 U/min (ab 1973: 100 PS) |
| HUBRAUM | 5.890 cm³ |
| GETRIEBE | 16/7-Gang |
| GEWICHT | 4.200 kg |
| ANTRIEB | Allradantrieb (zuschaltbar) |

## Eicher-Diesel-Allradschlepper Wotan II

Die neue Eicher-Baureihe 3000 wurde ab 1968 etappenweise eingeführt. Da der Bedarf an größeren und stärkeren Schlepper nicht zu ignorieren war, gehörten bereits zu den ersten Modellen zwei unter den Typenbezeichnungen Wotan I und II geführte Sechszylinder-

Ein noch mit 95-PS-Motor ausgerüsteter Allradschlepper Wotan II mit Fritzmeier-Verdeck.

## Fendt-Dieselschlepper Farmer 3 S

Auf der DLG-Ausstellung 1966 in Frankfurt zeigte Fendt als modernsten Schlepper den Farmer 3 S, der die Produktpalette in der gehobenen Mittelklasse mit einem deutlichen Zuwachs an Technik, Sicherheit und Fahrkomfort nach oben hin abrundete. Dieser auf dem technischen Höchststand befindliche Schlepper vertrat damals die viel gefragte Leistungsklasse, die sich an die Zielgruppe der mittleren und größeren Bauernhöfe richtete. Für den Antrieb sorgte ein gedrosselter Vierzylinder-MWM-Diesel mit direkter Strahleinspritzung, der sich bereits im stärkeren Typ Favorit 3 bewährt hatte. Das Fendt-Feinstufen-Gruppengetriebe mit 13/4-Gängen war günstig abgestuft und konnte auch in einer schnellen Ausführung geordert werden. Auf Wunsch stand gegen Aufpreis ein Wendegetriebe zur Verfügung. Das optional lieferbare Kriechganggetriebe bot drei weitere Vorwärtsgänge ab 0,33 km/h und einen Rückwärtsgang.

| Fendt-Dieselschlepper Farmer 3 S | |
|---|---|
| BAUZEIT | 1966–1967 |
| MOTOR | wassergekühlter Vierzylinder-Diesel |
| LEISTUNG/DREHZAHL | 45 PS bei 2.000 U/min |
| HUBRAUM | 2.976 cm³ |
| GETRIEBE | 13/4-Gang |
| GEWICHT | 2.420 kg |
| ANTRIEB | auf die Hinterräder |

## Fendt-Dieselschlepper Favorit 3

Mit dem 40-PS-Großschlepper Favorit 1 hatten die Fendt-Werke im Jahr 1958 die erfolgreiche „ff"-Traktorenreihe eröffnet. Ein Jahr später folgte der stärkere Favorit 2 und 1964 der Typ Favorit 3, bei dem erstmals in der Geschichte des Hauses ein Vierzylindermotor in einem Schlepper verwendet wurde. Der durch gründliche Überarbeitung der bisherigen Typen entstandene neue 52-PS-Traktor ersetzte diese Modelle. Der Grund für diese Entscheidung lag nicht allein an der Forderung der Landwirtschaft nach stärkeren Fahrzeugen, sondern auch in dem Rationalisierungseffekt, der durch den Fortfall zweier Modelle gegeben war. Beinahe stufenlos arbeitete das in Zusammenarbeit mit ZF konstruierte Halbsynchrongetriebe, dessen 16/4-Gangstufen − davon vier Superkriechgänge ab 0,25 km/h − den gesamten Geschwindigkeitsbereich abdeckten. Obligatorisch für diese Klasse war die Ausrüstung mit Motorzapfwelle und Regelhydraulik, die in dem Listenpreis von 19.240 DM bereits enthalten war.

| Fendt-Dieselschlepper Favorit 3 | |
|---|---|
| BAUZEIT | 1964–1967 |
| MOTOR | wassergekühlter Vierzylinder-Diesel |
| LEISTUNG/DREHZAHL | 52 PS bei 2.000 U/min (ab 1955: 55 PS) |
| HUBRAUM | 2.976 cm³ |
| GETRIEBE | 16/4-Gang |
| GEWICHT | 2.580 kg |
| ANTRIEB | auf die Hinterräder |

Mit 4.812 innerhalb von nur zwei Jahren verkauften Fahrzeugen war der Farmer 3 S ein ausgesprochenes Erfolgsmodell.

## Fendt-Diesel-Allradschlepper Farmer 3 SA

Der auch in einer Allradausführung erhältliche 45-PS-Fendt-Traktor Farmer 3 S war ein zugkräftiges Fahrzeug für mittlere bis größere landwirtschaftliche Betriebe. Ein Allradschlepper war vor allem bei ungünstigen Geländeverhältnissen und im Bergland immer von Vorteil. Das neue 17/5-Gang-Feinstufen-Gruppengetriebe war in den wichtigsten Geschwindigkeiten vollsynchronisiert, günstig abgestuft und serienmäßig mit einem Schnellgang bis maximal 28,7 km/h ausgerüstet. Auf Wunsch konnte dieses Getriebe durch weitere vier

Der Favorit 3 – hier als Hinterradschlepper – war für größere Betriebe geeignet.

Superkriechgänge auf insgesamt 21 Gangstufen erweitert werden. Ein Drehmomentwandler veränderte durch Hebeldruck alle Gänge (mit Ausnahme des Schnellgangs) um etwa 30 % wahlweise in Zugkraft oder Geschwindigkeit. An Steigungen diente diese Einrichtung zur Zugkrafterhöhung, bergab wurde sie als zusätzliche Motor- bzw. Getriebebremse eingesetzt. Der 23.750 DM teure Allradschlepper verkaufte sich immerhin 403 Mal.

| Fendt-Diesel-Allradschlepper Farmer 3 SA | |
|---|---|
| Bauzeit | 1966–1967 |
| Motor | wassergekühlter Vierzylinder-Diesel |
| Leistung/Drehzahl | 45 PS bei 2.000 U/min |
| Hubraum | 2.976 cm³ |
| Getriebe | 17/5-Gang |
| Gewicht | 2.655 kg |
| Antrieb | Allradantrieb |

Ein Allradschlepper Farmer 3 SA aus dem Jahr 1966.

## Fendt-Diesel-Allradschlepper Favorit 12 A

Bereits im Oktober 1966 hatte Fendt das erste Schleppermodell mit einer neuen, kantig gehaltenen Haubenform vorgestellt. Diese betont sachlich karossierte Reihe ging unter der Bezeichnung „moderne Serie" in die Werksgeschichte ein. Nach zehnjähriger Bauzeit war bis Mitte 1968 die bisherige „ff"-Schlepperreihe durch die neuen Modelle komplett abgelöst. Um auf dem Sektor der ausgesprochenen Groß-schlepper gegenüber den immer stärker werdenden Fahrzeugen der Mitbewerber nicht ins Hintertreffen zu geraten, bot Fendt ab 1970 das 110 PS leistende Traktormodell Favorit 12 A an. Damit überschritt Fendt erstmals die magische 100-PS-Marke. Das nur mit Vierradan-trieb angebotene Modell bot alle technischen Neuerung, die Fendt zu bieten hatte. Dazu gehörte das ZF-Feinstufengetriebe T 330 II mit Drehmomentwandler, ein Regelkraftheber mit 4.450 kg Hubvermö-gen, Motorzapfwelle und Voith-Strömungskupplung. Mit 43.890 DM hatte dies alles natürlich seinen Preis.

| Fendt-Diesel-Allradschlepper Favorit 12 A | |
| --- | --- |
| Bauzeit | 1970–1971 |
| Motor | wassergekühlter Sechszylinder-Diesel |
| Leistung/Drehzahl | 110 PS bei 2.300 U/min |
| Hubraum | 6.240 cm³ |
| Getriebe | 16/8- oder 20/10-Gang |
| Gewicht | 4.590 kg |
| Antrieb | Allradantrieb |

Ein gewaltiges Fahrzeug ist der mit Umsturzrahmen ausgerüstete Favorit 12 A, der nur 195 Mal gebaut wurde.

## Fendt-Diesel-Allradschlepper Favorit 611 SA

Mit der Schlepperbaureihe Favorit 600 brachten die Fendt-Werke zu Beginn der 1970er-Jahre eine neue Großschlepperfamilie auf den Markt. Da der Trend zu großen, starken Traktoren weiterhin unge-brochen war, wollten auch die Fendt-Werke an dem immer mehr an Bedeutung gewinnenden Marktsegment partizipieren. Diese Bau-reihe wurde in den folgenden Jahren auf den Leistungsbereich von 85 bis 150 PS ausgebaut. Ein wichtiges Mitglied war der mit einem MWM-Sechszylindermotor bestückte Großtraktor Favorit 611, der

Ein Favorit 611 SA mit schnellem Getriebe aus dem Jahr 1972.

| Fendt-Diesel-Allradschlepper Favorit 611 SA | |
|---|---|
| BAUZEIT | 1972–1976 |
| MOTOR | wassergekühlter Sechszylinder-Diesel |
| LEISTUNG/DREHZAHL | 105 PS bei 2.350 U/min |
| HUBRAUM | 6.240 cm³ |
| GETRIEBE | 16/7- oder 20/9-Gang |
| GEWICHT | 4.435 kg |
| ANTRIEB | Allradantrieb |

Das auch als Allradschlepper 610 SA erhältliche Fahrzeug war das Einstiegsmodell dieser Reihe. Motorisiert war es mit einem wassergekühlten Sechszylinder-Direkteinspritz-Diesel der Mannheimer Motoren-Werke (MWM), Fendts Hauslieferanten für Motoren. Das Antriebsaggregat war mit einem in mehreren Ausführungen erhältlichen ZF-Feinstufengetriebe des Baumusters T 335 II verblockt. Die ölhydraulische Voith-Strömungskupplung, bei Fendt als Turbomatic bezeichnet, sorgte für ruckfreies, weiches Anfahren in jedem Gang, ohne dass dabei die Gefahr bestand, den Motor abzuwürgen. Die hydrostatische Spindellenkung verringerte den Kraftaufwand des Fahrers beim Lenken. Die Verkäufe des Hinterradschleppers lagen bei lediglich 422 Einheiten – von der Allradversion waren es 1.158 Stück.

nicht nur als Allrad-, sondern auch als Hinterradmaschine angeboten wurde. Hier lag das Verhältnis mit 1.188 zu 215 Stück zugunsten der Allradvariante. Serienmäßig wurde dieser Großschlepper mit allen klassenüblichen Ausrüstungsgegenständen wie Motorzapfwelle, Regelhydraulik, Turbokupplung und Wendegetriebe geliefert. Das ZF-T-335-II-Triebwerk konnte wie bisher durch Superkriechgänge erweitert werden.

### Fendt-Dieselschlepper Favorit 610 S

Das seit 1972 erhältliche Fendt-Modell Favorit 610 S zählte zur Klasse der Großtraktoren der 600er-Baureihe. Mit einer Leistung von 85 PS war dieser Schlepper sogar um 5 PS stärker als sein Vorgänger.

| Fendt-Dieselschlepper Favorit 610 S | |
|---|---|
| BAUZEIT | 1972–1976 |
| MOTOR | wassergekühlter Sechszylinder-Diesel |
| LEISTUNG/DREHZAHL | 85 PS bei 2.300 U/min |
| HUBRAUM | 5.100 cm³ |
| GETRIEBE | 12/6-, 16/8- oder 20/10-Gang |
| GEWICHT | 3.855 kg |
| ANTRIEB | auf die Hinterräder |

Hier ein mit Frontgewichten und Kabine bestückter Hinterradschlepper Favorit 610 S.

## Hanomag-Diesel-Tragschlepper Perfekt 400

Mitte der 1960er-Jahre hatten die mittlerweile zum Rheinstahl-Konzern gehörenden Hanomag-Werke die Produktpalette ausgebaut und optisch aufbereitet. 1964 erschienen die ersten Fahrzeuge in einer neuen, kantigen Haubenform, in der die eckigen Scheinwerfer integriert waren. Diese hob sich sehr vorteilhaft von der mittlerweile recht antiquiert wirkenden bauchigen Front der Vorgänger ab. Die neuen Traktoren wirkten insgesamt sachlicher und kompakter. Der individuell verstellbare Reitsitz war nach neuesten arbeitsmedizinischen Erkenntnissen ausgebildet und ermöglichte den Aufstieg des Fahrers vor den Hinterrädern. Das mit einem Vierzylinder-Wirbel-kammer-Dieselmotor bestückte Tragschleppermodell Perfekt 400 kam ebenfalls in den Genuss dieser Verbesserungen. Alternativ zum hydraulischen Dreipunkt-Kraftheber in der Standardbauweise konnte der für den Zwischenachsgeräteanbau vorgesehene Traktor auch mit der Hanomag-Pilot-Regelhydraulik mit automatischer Tiefenregelung ausgerüstet werden.

Dieser Perfekt 400 mit Fritzmeier-Allwetterverdeck besitzt einen Frontlader.

| Hanomag-Diesel-Tragschlepper Perfekt 400 | |
|---|---|
| BAUZEIT | 1964–1968 |
| MOTOR | wassergekühlter Vierzylinder-Diesel |
| LEISTUNG/DREHZAHL | 32 PS bei 2.400 U/min |
| HUBRAUM | 1.797 cm³ |
| GETRIEBE | 9/3-Gang |
| GEWICHT | 1.770 kg |
| ANTRIEB | auf die Hinterräder |

## Hanomag-Dieselschlepper Brillant 700 A

In der schweren Klasse hatten die Hanomag-Werke zu jener Zeit nur den großen Radschlepper Robust 800 anzubieten. Mit diesem zwar ungemein starken, aber technisch veralteten Fahrzeug war deshalb nicht viel Staat zu machen. Insgesamt war die gesamte Absatzlage seit Jahren unbefriedigend, denn mehr als ein 6. oder 7. Platz in der Zulassungs-

### Hanomag-Dieselschlepper Brillant 700 A

| | |
|---|---|
| BAUZEIT | 1967–1971 |
| MOTOR | wassergekühlter Sechszylinder-Diesel |
| LEISTUNG/DREHZAHL | 68 PS bei 2.600 U/min (ab 1969: 75 PS) |
| HUBRAUM | 4.252 cm³ |
| GETRIEBE | 12/3-Gang |
| GEWICHT | 3.730–3.820 kg |
| ANTRIEB | Allradantrieb (zuschaltbar) |

Summe von mehr als 100 Millionen DM investiert, die nur sehr träge zurückflossen. Obwohl mit den neuen Modellen ein außerordentlich großer Wurf gelungen war, stellte sich zwangsläufig Ernüchterung ein. Es blieb letztendlich nichts anderes übrig, als durch den kompletten Rückzug einen endgültigen Schlussstrich zu ziehen.

statistik war nicht drin. Mit einem erheblichen Kostenaufwand wurden seit der zweiten Hälfte der 1960er-Jahre alle Anstrengungen unternommen, um neue Motoren und Getriebe für eine Großschlepperreihe zu entwickeln. Im Herbst 1967 präsentierte man die Modellreihen Brillant und Robust. Die Serienfertigung lief in Hannover auf einer neuen automatisierten Fertigungsstraße, die seinerzeit als die modernste Europas galt. Es waren hervorragende, nach dem Baukastenprinzip entworfene, sowohl mit Hinterrad- als auch mit Allradantrieb angebotene Schlepper. Die neuen, sehr elastischen Kurzhubmotoren brillierten mit niedrigen Kolbengeschwindigkeiten und guten Verbrauchswerten.

Allradschlepper Robust 900 A mit offenem Sonnenschutzdach, Baujahr 1970.

## Hanomag-Diesel-Allradschlepper Robust 900 A

Das Spitzenmodell der seit 1967 von Hanomag gefertigten neuen Schlepperfamilie war der Robust 900. Er war der größte Serienschlepper des Hauses, der je gebaut wurde. Mit diesem Fahrzeug konnte Hanomag der Kundschaft endlich ein alle Leistungsbereiche umfassendes, aus elf Modellen bestehendes, gut abgestimmtes Typenprogramm präsentieren. Nun bestanden theoretisch die besten Voraussetzungen, um die schlechte Geschäftslage ins Gegenteil zu verwandeln. Aber es war zu spät. Die neuen Großtraktoren erregten zwar überall große Aufmerksamkeit, beim Kauf aber reagierten die Kunden zurückhaltend. Dabei hatte das Unternehmen in Forschungs-, Entwicklungs- und Produktionsvorbereitung die stattliche

### Hanomag-Diesel-Allradschlepper Robust 900 A

| | |
|---|---|
| BAUZEIT | 1967–1971 |
| MOTOR | wassergekühlter Sechszylinder-Diesel |
| LEISTUNG/DREHZAHL | 85 PS bei 2.600 U/min (ab 1969: 92 PS) |
| HUBRAUM | 4.712 cm³ |
| GETRIEBE | 12/3-Gang |
| GEWICHT | 3.730–4.030 kg |
| ANTRIEB | Allradantrieb (zuschaltbar) |

## International-Dieselschlepper 423

Im Juni 1965 stellte International Harvester die ersten beiden Mitglieder einer neuen Schlepperreihe vor. Diese Fahrzeuge ersetzten Zug um Zug die sehr erfolgreiche, aber mittlerweile in die Jahre gekommenen Traktoren der umfangreichen D-Familie. Die neue Baureihe wurde werksintern unter der Bezeichnung „Common-Market-Line" geführt. Im Werk Neuss wurden die neuen Direkteinspritz-Dieselmotoren und am Standort Saint-Dizier in Frankreich die Getriebe produziert. Die Traktoren allerdings wurden in beiden Werken für die jeweiligen Märkte montiert. 1966 entstand mit dem 40-PS-Modell 423 ein sehr solider und kompakter Mittelklasseschlepper mit Dreizylindermotor. Als Getriebe fungierte das Agriomatic-Leichtschaltgetriebe, das auf Wunsch mit Wandler und hydraulischer Schnellschaltung ausgerüstet werden konnte. Motorzapfwelle und Regelhydraulik waren weitere konstruktive Merkmale dieses mit insgesamt 27.803 verkauften Einheiten überaus erfolgreichen Schleppermodells.

| International-Dieselschlepper 423 | |
|---|---|
| BAUZEIT | 1966–1975 |
| MOTOR | wassergekühlter Dreizylinder-Diesel |
| LEISTUNG/DREHZAHL | 40 PS bei 1.900 U/min |
| HUBRAUM | 2.536 cm³ |
| GETRIEBE | 8/2- oder 16/4-Gang |
| GEWICHT | 2.015 kg |
| ANTRIEB | auf die Hinterräder |

Ein 1971 gefertigter Typ 423 mit Fritzmeier-Allwetterverdeck und dem ursprünglichen, bis Mai 1972 gebauten Kühlerschutzgitter.

## International-Dieselschlepper 323

Im Jahr 1966 ersetzte das der neuen Common-Market-Line (CM-Traktoren) entstammende 26-PS-Dieselschlepper-Modell 323 den seit 1959 am Markt befindlichen Typ D 326. Dieses Fahrzeug war künftig das Einstiegsmodell und enthielt – ebenso wie sein Vorgänger – noch den Dreizylinder-Wirbelkammermotor DD-111 mit seinen kleineren Zylindereinheiten. Serienmäßig war das Fahrzeug mit dem hauseige-

Ein 1968 gebauter Typ 323. Mit 7.814 Einheiten lagen seine Verkaufszahlen deutlich geringer als beim 40-PS-Schlepper 423.

| International-Dieselschlepper 323 | |
| --- | --- |
| BAUZEIT | 1966–1974 |
| MOTOR | wassergekühlter Dreizylinder-Diesel |
| LEISTUNG/DREHZAHL | 26 PS bei 1.900 U/min |
| HUBRAUM | 1.825 cm³ |
| GETRIEBE | 8/2-Gang |
| GEWICHT | 1.845 kg |
| ANTRIEB | auf die Hinterräder |

| International-Dieselschlepper 624 | |
| --- | --- |
| BAUZEIT | 1965–1972 |
| MOTOR | wassergekühlter Vierzylinder-Diesel |
| LEISTUNG/DREHZAHL | 58 PS bei 2.100 U/min |
| HUBRAUM | 3.375 cm³ |
| GETRIEBE | 8/4- oder 12/4-Gang |
| GEWICHT | 2.640 kg |
| ANTRIEB | auf die Hinterräder |

nen 8/2-Gang-Agriomatic-Leichtschaltgetriebe mit Klauenschaltung sowie mit einer Getriebezapfwelle ausgerüstet. Auf Sonderwunsch gab es verschiedene Getriebeausführungen, so das 16/4-Wandlergetriebe mit hydraulischer Schnellschaltung und ein mit Superkriechgängen auf 12/3-Gangstufen aufgerüstetes Agriomatic-Getriebe. Später wurde dieses durch ein 16/4-Leichtschalt-Triebwerk ersetzt. Gegen Aufpreis konnte der Traktor auch mit einer Motorzapfwelle bestückt werden, die aber in Anbetracht der relativ geringen Motorleistung nur vor leichten zapfwellengetriebenen Anhängegeräten mit Erfolg eingesetzt werden konnte.

## International-Dieselschlepper 624

Zusammen mit dem Typ 523 gehörte das Vierzylinder-Modell 624 zu den ersten beiden 1965 neu vorgestellten CM-Traktoren. Diese Schlepperfamilie wurde nach Einführung weiterer Traktormodelle in der Inlandswerbung als „IH-Starserie" angeboten. Mit dem seit Juni 1965 lieferbaren International-Modell 624 stand nun ein recht leistungsfähiger 58-PS-Traktor mit modernem Direkteinspritzmotor zur Verfügung, mit dem man annähernd den gestiegenen Leistungsansprüchen in der Landwirtschaft gerecht werden konnte. Den Rückstand gegenüber den Mitbewerbern, die ihre Fahrzeuge teilweise schon mit 70 bis 80 PS anboten, hatte man in dieser Leistungsgröße zu der Zeit allerdings noch nicht vollständig aufgeholt. Es sollte aber nicht mehr allzu viel Zeit vergehen, bis man diese PS-Werte ebenfalls erreicht und sogar überboten hatte. Der auch als Allradversion lieferbare 624 wurde mit 24.690 verkauften Exemplaren trotzdem zu einem Verkaufsrenner.

Der International-Dieselschlepper 624 war ein vielseitiges Fahrzeug für größere Höfe.

## International-Dieselschlepper 453

Als drittes Schleppermodell, das mit dem neuen Dreizylinder-Direkteinspritzaggregat D 155 ausgerüstet wurde, kam im Juli 1971 der 45-PS-Traktor 453 hinzu. Auch er zählte zur Leistungsklasse der mittelschweren Traktoren und erhielt ab Mai 1972 – wie im Übrigen auch die anderen Reihenmitglieder – eine geänderte Frontgestaltung, den sogenannten „Alugrill". Die neue Direkteinspritzmotorenreihe war in Zusammenarbeit mit dem französischen Werk Saint-Dizier entwickelt worden. Für diese Motoren, die auch in Baumaschinen und Mähdreschern eingebaut werden sollten, waren Maximalleistungen von bis zu 80 PS vorgesehen. Die Entwicklung der ebenfalls benötigten, mit größeren Zylindereinheiten ausgestatteten Sechszylinder-Dieselmotoren erfolgte in den Vereinigten Staaten. Beim Modell 453 kam anstelle des ursprünglichen 8/2-Gang-Klauenschaltgetriebes ein solches mit 16/4-Gangstufen zum Einbau. Zur Serienausstattung dieses Fahrzeugs zählten eine Motorzapfwelle und die Exact-Regelhydraulik mit 1.760 kg Hubvermögen.

| International-Dieselschlepper 453 | |
| --- | --- |
| BAUZEIT | 1971–1975 |
| MOTOR | wassergekühlter Dreizylinder-Diesel |
| LEISTUNG/DREHZAHL | 45 PS bei 2.200 U/min |
| HUBRAUM | 2.536 cm³ |
| GETRIEBE | 8/2- oder 16/4-Gang |
| GEWICHT | 2.180 kg |
| ANTRIEB | auf die Hinterräder |

## International-Dieselschlepper 724

Im Jahr 1969 wurde die CM-Schlepperreihe von International Harvester um das Modell 724 erweitert. Der 724 – eine Weiterentwicklung des 624 – war leistungsmäßig ein ausgesprochener Schlepper für größere landwirtschaftliche Betriebe. Sein hervorstechendstes Merkmal war das serienmäßig eingebaute vollsynchronisierte 8/4-Gang-Gruppenschaltgetriebe eigener Fertigung, das auf Wunsch und gegen Mehrpreis durch ein noch bedienungsfreundlicheres Agriomatic S Synchron 12/4-Gang-Getriebe mit hydraulischer Schnellschaltung ersetzt werden konnte. Es besaß einen voll belastbaren Kriechgang. Der Schlepperfahrer musste nach Vorwahl der Schaltgruppe und Einlegen der Gangstufe nur noch den Hebel der Schnellschaltung bedienen. Ab April 1972 wurde dieser auch in einer vierradgetriebenen Bauausführung lieferbare Traktor in einem aktualisierten Styling mit dem sogenannten Alugrill mit integrierten eckigen Scheinwerfern, weißen Felgen und Radschüsseln ausgestattet.

| International-Dieselschlepper 724 | |
| --- | --- |
| BAUZEIT | 1969–1974 |
| MOTOR | wassergekühlter Vierzylinder-Diesel |
| LEISTUNG/DREHZAHL | 67 PS bei 2.200 U/min |
| HUBRAUM | 3.911 cm³ |
| GETRIEBE | 8/4- oder 12/4-Gang |
| GEWICHT | 2.840 kg |
| ANTRIEB | auf die Hinterräder |

Das Modell 453 war ein beliebter Schlepper, der sich innerhalb von nur vier Jahren in 12.756 Einheiten verkaufte.

Die gefertigte Stückzahl von 12.442 Traktoren des Modells 724 war in dem nur relativ kurzen Angebotszeitraum sehr beachtlich.

## International-Diesel-Allradschlepper 1246 A

Das 1972 vorgestellte, ausschließlich mit Allradantrieb angebotene International-Modell 1246 A war mit 132 PS Höchst- und 120 PS Dauerleistung das mit Abstand stärkste Fahrzeug dieses Herstellers während der 1970er-Jahre. Es war ein ausgewachsener Großschlepper, wie er im Buche stand, der ganz erhebliche Leistungsreserven mobilisieren konnte. Die Maximalleistung erreichte das aus dem

firmeneigenen Lastwagen- und Baumaschinenprogramm entnommene Aggregat bei gleicher Drehzahl unter Verwendung eines Abgasturboladers. Beim Typ 1246 A hatte man anstelle der bei den kleineren Modellen verwendeten Blechölwanne eine schwere, stabile Wanne aus Gusseisen verbaut, die nun als tragendes Teil die Längsträger des Halbrahmens überflüssig machten. Die installierte Regelhydraulikanlage arbeitete nun mit Unterlenkerregulierung im Gegensatz zu der bisher praktizierten Steuerung der Arbeitsgeräte über Oberlenker. Trotz Größe und Preis bescherte dieser Großschlepper mit 2.639 Einheiten dem Unternehmen ansehnliche Verkaufserfolge.

| International-Diesel-Allradschlepper 1246 A | |
| --- | --- |
| BAUZEIT | 1972–1979 |
| MOTOR | wassergekühlter Sechszylinder-Diesel |
| LEISTUNG/DREHZAHL | 132 PS bei 2.200 U/min |
| HUBRAUM | 5.867 cm³ |
| GETRIEBE | 12/5- oder 16/7-Gang |
| GEWICHT | 4.850 kg |
| ANTRIEB | Allradantrieb |

Der schwere Allradschlepper 1246 A – hier mit Fritzmeier-Verdeck und Belastungsgewichten – war ein sehr beeindruckendes Fahrzeug.

Der Typ 510 erreichte mit 7.245 gebauten Fahrzeugen recht befriedigende Verkaufszahlen.

## John Deere-Lanz-Dieselschlepper Typ 510

Mit der 1964 vorgestellten 10er-Reihe vollzog die John Deere-Lanz AG einen weiteren Schritt zur Anpassung ihrer Schlepperkonstruktionen an die Erfordernisse des europäischen Marktes. Vor allem entsprachen sie immer mehr dem Ziel, die Fahrzeuge als Mehrzweckmaschinen einsetzen zu können. Die weiterhin in den Vereinigten Staaten konstruierte Schlepperreihe ging aus der vorausgegangenen Reihe 100 hervor und bestand aus drei Modellen mit 32, 40 und 50 PS Motorleistung. So trat der Typ 510 die Nachfolge des Modells 500 an. Der 510 war als Traktor der gehobenen Mittelklasse werksseitig mit einem Dreipunkt-Regelhydraulik-Kraftheber mit 1.300 kg Hubvermögen, einer mit zwei Geschwindigkeiten ausgestatteten Motorzapfwelle im Heckbereich sowie einem weiteren Anschluss vorne erhältlich. Anstelle der serienmäßigen Spindellenkung konnte gegen Aufpreis eine Servolenkung erworben werden.

| John Deere-Lanz-Dieselschlepper Typ 510 | |
| --- | --- |
| Bauzeit | 1964–1967 |
| Motor | wassergekühlter Dreizylinder-Diesel |
| Leistung/Drehzahl | 40 PS bei 2.400 U/min |
| Hubraum | 2.490 cm³ |
| Getriebe | 10/3-Gang |
| Gewicht | 2.130 kg |
| Antrieb | auf die Hinterräder |

Das John Deere-Modell 820 war ein Universalschlepper für kleine bis mittlere Betriebsgrößen.

## John Deere-Dieselschlepper Typ 820

Mit Einführung der John Deere-20er-Schlepperreihe im Jahre 1967 verschwand der Name „Lanz" aus dem Firmennamen und von den Motorhauben der Traktoren. Damit gehörte Lanz als der einstige deutsche Marktführer endgültig der Vergangenheit an. Das John Deere-Werk Mannheim hieß von nun an „John Deere Werk Mannheim Zweigniederlassung der Deere & Company". Die neue Reihe bestand aus vier Dreizylindermodellen sowie einem Vierzylinderschlepper mit 60 PS. Wer noch mehr Leistung benötigte, musste auf die aus den USA importierten Typen 3020 und 4020 zurückgreifen. Diese Fahrzeuge wurden in Einzelteilen und Baugruppen angeliefert und in Mannheim zusammengebaut. Der 32-PS-Schlepper 820 bildete das neue Einstiegsmodell. Es war ein kraftvoller und vielseitiger Schlepper für kleinere und mittlere Bauernhöfe. Seine Leistung reichte in der Regel vollkommen aus, um dort als Alleinschlepper fungieren zu können.

| John Deere-Dieselschlepper Typ 820 | |
|---|---|
| BAUZEIT | 1967–1974 |
| MOTOR | wassergekühlter Dreizylinder-Diesel |
| LEISTUNG/DREHZAHL | 32 PS bei 2.100 U/min (ab 1968: 35 PS) |
| HUBRAUM | 2.490 cm³ |
| GETRIEBE | 8/4-Gang |
| GEWICHT | 1.850 kg |
| ANTRIEB | auf die Hinterräder |

| John Deere-Dieselschlepper Typ 920 | |
|---|---|
| BAUZEIT | 1967–1974 |
| MOTOR | wassergekühlter Dreizylinder-Diesel |
| LEISTUNG/DREHZAHL | 37 PS bei 2.300 U/min (ab 1971: 41 PS) |
| HUBRAUM | 2.490 cm³ |
| GETRIEBE | 8/4-Gang |
| GEWICHT | 1.975 kg |
| ANTRIEB | auf die Hinterräder |

## John Deere-Dieselschlepper Typ 920

Der ebenfalls 1967 vorgestellte John Deere-Dieselschlepper Typ 920 folgte in der Leistungshierarchie unmittelbar auf den schwächeren Typ 820. Seine Mehrleistung von fünf Pferdestärken war bei ungünstigen Geländeverhältnissen, wie z. B. bei häufigen Hangarbeiten oder schweren, weichen Böden, oftmals entscheidend, um die jeweiligen Arbeiten verrichten zu können. Ebenso war es beim Einsatz mit der Motorzapfwelle vor gezogenen Mähdreschern und Vollerntemaschinen für den Schlepperfahrer beruhigend zu wissen, für alle Fälle eine gewisse Leistungsreserve im Rücken zu haben. Der Typ 920 besaß ein 8/4-Gang-Leichtschaltgetriebe mit Klauenschaltung, das für eine maximale Geschwindigkeit von 25 km/h ausgelegt war. Der Schlepper war sehr anpassungsfähig und für Pflug- und Transportarbeiten ebenso geeignet wie für leichte Bestell- und Pflegearbeiten. Bis 1974 entstanden 6.993 Einheiten im Mannheimer Werk.

Der Typ 920 konnte ohne Schwierigkeit einen Dreischarpflug in schwerem Boden bewältigen.

## John Deere-Dieselschlepper Typ 1020

Der dritte Dreizylinderschlepper innerhalb der neuen 20er-Reihe von John Deere war der Typ 1020. Die höhere Leistung von 44 PS erzeugte der Motor durch eine gesteigerte Drehzahl. Baugröße und Motorleistung prädestinierten ihn zu einem idealen Schlepper für die Mehrzahl der deutschen Betriebe. Denn die landwirtschaftlichen Betriebsgrößen waren im Zuge der Flurbereinigung durch Zusammenlegung vieler kleinerer Flächen immer stärker gewachsen. Immer mehr Kleinbetriebe mussten aus Rentabilitätsgründen aufgeben. Die verbleibenden Höfe wuchsen flächenmäßig immer mehr, was wiederum leistungsstärkere Maschinen erforderte. Der mit einem Klauenschaltgetriebe bestückte Typ 1020 konnte selbst unter ungünstigen Bodenverhältnissen jederzeit einen Dreischarpflug bewältigen. Der Regelhydraulikkraftheber besaß eine Mischregelung für automatische Tiefensteuerung bei wechselnden Untergründen sowie eine Motorzapfwelle vorne und hinten.

| John Deere-Dieselschlepper Typ 1020 | |
| --- | --- |
| Bauzeit | 1967–1974 |
| Motor | wassergekühlter Dreizylinder-Diesel |
| Leistung/Drehzahl | 44 PS bei 2.500 U/min (ab 1971: 46 PS) |
| Hubraum | 2.490 cm³ |
| Getriebe | 8/4-Gang |
| Gewicht | 2.020 kg |
| Antrieb | auf die Hinterräder |

Dieser 1972 gebaute und mit einer Fritzmeier-Verdeckkabine ausgerüstete Typ 1020 besitzt bereits den stärkeren 46-PS-Motor.

## John Deere-Dieselschlepper Typ 930

Mit den Traktoren der 30er-Reihe erweiterte das John Deere-Werk Mannheim das bestehende Schlepperprogramm. Die Motoren dieser Fahrzeuge arbeiteten nun mit einem neuen Verbrennungssystem, das sich durch einen besonders geformten Kolbenboden der Zylinder und eine Vierloch-Einspritzdüse auszeichnete. Dieses Verfahren zeichnete sich durch wesentlich verbesserte Verbrauchswerte aus. Zwei Jahre später, 1974, wurde die auf einem neu in Betrieb genommenen Montageband gefertigte 30er-Reihe mit den Typen 830, 930, 1030 und 1130 weiter ausgebaut. Nach dem kleinsten Typ 830 folgte das mit einem 41-PS-Motor ausgestattete Modell 930. Es war ein eher für kleinere Höfe oder als Zweitschlepper für leichtere Arbeiten vorgesehenes Fahrzeug. Neben der am Heck befindlichen Motorzapfwelle konnte im Rahmen der Sonderausrüstungen auch eine Frontzapfwelle geordert werden.

| John Deere-Dieselschlepper Typ 930 | |
| --- | --- |
| Bauzeit | 1974–1979 |
| Motor | wassergekühlter Dreizylinder-Diesel |
| Leistung/Drehzahl | 41 PS bei 2.400 U/min |
| Hubraum | 2.695 cm³ |
| Getriebe | 8/4-Gang |
| Gewicht | 2.250 kg |
| Antrieb | auf die Hinterräder |

Ein John Deere Typ 930, ausgerüstet mit einem Stoll-Frontlader.

## John Deere-Dieselschlepper Typ 2020

Der zur John Deere-20er-Schlepperfamilie zählende Typ 2020 war mit 60 PS Motorleistung ein kraftvolles Fahrzeug der gehobenen Mittelklasse. Der starke Vierzylinder-Direkteinspritz-Diesel besaß ein ausgezeichnetes Drehmoment, das bewährte 8/4-Gang-Gruppen-schaltgetriebe war gut abgestimmt, sodass für alle Arbeiten – ob auf Feld oder Straße – stets die optimale Geschwindigkeit zur Verfügung stand. Das hydraulische und unter Last schaltbare Lastschaltgetriebe ermöglichte dem Schlepperfahrer, die Zugkraft bei Bedarf ohne zu kuppeln und zu schalten um ein Drittel zu erhöhen. Der mit einer international genormten Dreipunktkupplung ausgestattete Regel-hydraulik-Kraftheber verfügte in Form der Mischregelung über eine automatische Regulierung. Der Typ 2020 war zu einem Grundpreis von 15.460 DM erhältlich und wurde in 10.344 Einheiten gefertigt.

Ein 1972 entstandener Typ 2020 mit Frontballast und Verdeckkabine.

| John Deere-Dieselschlepper Typ 2020 | |
|---|---|
| Bauzeit | 1967–1972 |
| Motor | wassergekühlter Vierzylinder-Diesel |
| Leistung/Drehzahl | 60 PS bei 2.500 U/min |
| Hubraum | 3.320 cm³ |
| Getriebe | 8/4-Gang |
| Gewicht | 2.445 kg |
| Antrieb | auf die Hinterräder |

Ein offen ausgeführter Super 950 V. Von diesem Halbrahmenschlepper entstanden insgesamt 352 Fahrzeuge.

## Schlüter-Diesel-Allradschlepper Super 950 V

Die Freisinger Schlüter-Werke hatten sich in der richtigen Erkenntnis, dass die Zukunft den starken Schleppern gehören würde, seit den frühen 1960er-Jahren der schweren Leistungsklasse verschrieben. Während man auf den Bereich unter 34 PS ganz bewusst verzichtete, bot man Traktoren in einer für Deutschland unbekannten Größenordnung von 80 PS und mehr an. Zeitweise hatte Schlüter damit sogar Erfolg, aber als die Großhersteller dieses mittlerweile lukrative Marktsegment entdeckt hatten, ging es unaufhaltsam bergab. Obwohl die Stückzahlen seiner Großschlepper in der deutschen Landwirtschaft insgesamt niedrig blieben, sah sich Schlüter genötigt, den einmal eingeschlagenen Weg in Form immer größerer und stärkerer Traktoren fortzuführen. 1967 entstand das Schlüter-Modell Super 950 V, ein Großschlepper, der sich gegenüber seinem Vorgänger durch höhere Motorleistung und eine verstärkte Regel-hydraulikanlage unterschied. Er befand sich absolut auf dem neuesten technischen Stand und bot alle Errungenschaften, die man sich denken konnte.

| Schlüter-Diesel-Allradschlepper Super 950 V | |
|---|---|
| BAUZEIT | 1967–1974 |
| MOTOR | wassergekühlter Sechszylinder-Diesel |
| LEISTUNG/DREHZAHL | 95 PS bei 1.800 U/min (ab 1970: 100 PS) |
| HUBRAUM | 7.127 cm³ (ab 1969: 6.871 cm³) |
| GETRIEBE | 12/6- oder 16/8-Gang |
| GEWICHT | 4.190–4.410 kg |
| ANTRIEB | Allradantrieb |

Das Schlüter-Modell Super 850 V war ohne Zweifel ein ausgewiesener Schlepper für den Großbetrieb.

## Schlüter-Diesel-Allradschlepper Super 850 V

Bei steigender Motorleistung ging auch bei Schlüter der Trend immer mehr zum Allradantrieb. Ab 80 bis 100 PS wurde er von den Landwirten sogar als unabdingbar vorausgesetzt. Fahrzeuge mit Hinterradantrieb waren in diesen Klassen kaum noch gefragt. Dies traf auch auf das Modell Super 850 V zu, das sich von seinem technisch nahezu identischen Vorgänger Super 750 wiederum durch die höhere Motorleistung bei gleicher Drehzahl unterschied. Eine Neuerung war der seit 1970 eingebaute Motor mit größerem Hubraum und exzentrischen Brennräumen, der jetzt 90 PS zur Verfügung stellte. Auch beim ZF-Triebwerk erfolgte der Austausch gegen ein stärker belastbares Baumuster. Ein Ausbau durch eine Superkriechgruppe ab 0,29 km/h war in beiden Fällen möglich, sodass dem Schlepperfahrer nun 16 Vorwärts- und 8 Rückwärtsgänge zur Verfügung standen.

| Schlüter-Diesel-Allradschlepper Super 850 V | |
|---|---|
| Bauzeit | 1968–1976 |
| Motor | wassergekühlter Sechszylinder-Diesel |
| Leistung/Drehzahl | 85 PS bei 1.800 U/min (ab 1970: 90 PS) |
| Hubraum | 6.494 cm³ (ab 1969: 6.619 cm³) |
| Getriebe | 12/6- oder 16/8-Gang |
| Gewicht | 3.990–4.130 kg |
| Antrieb | Allradantrieb |

| Schlüter-Diesel-Allradschlepper Super 900 V | |
|---|---|
| Bauzeit | 1966–1967 |
| Motor | wassergekühlter Sechszylinder-Diesel |
| Leistung/Drehzahl | 90 PS bei 1.800 U/min |
| Hubraum | 7.127 cm³ |
| Getriebe | 12/6- oder 16/8-Gang |
| Gewicht | 4.410 kg |
| Antrieb | Allradantrieb |

## Schlüter-Diesel-Allradschlepper Super 900 V

Der im September 1966 vorgestellte Schlüter Super 900 V war seinerzeit mit 90 PS Motorleistung der größte Serientraktor des Freisinger Herstellers. Für diesen zur damaligen Zeit überaus großen und zugleich sehr fortschrittlichen Traktor gab es auf dem deutschen Schleppermarkt nur wenig Konkurrenz. Vorgestellt wurde der große Schlüter mit der neuen Traktomobil-Kabine, die mit Schiebetüren und nach vorn geneigter Windschutzscheibe ausgestattet war. Diese

anfangs noch im Lohnauftrag gefertigte, später serienmäßige und laufend verbesserte Kabine gehört damals noch zur Sonderausstattung. Preiswerter war das alternativ lieferbare Allwetterverdeck von Fritzmeier. Obwohl der Traktor auch mit Hinterradantrieb angeboten wurde, bestand hierfür kaum Nachfrage. Die Allradausführung, von der 168 Stück gebaut wurden, war in der Typenbezeichnung durch den zusätzlichen Buchstaben „V" für Vorderradantrieb kenntlich gemacht.

Ein Schlüter Super 900 V mit Traktomobil-Kabine in einem vorbildlichen Restaurierungszustand.

### Schlüter-Diesel-Allradschlepper Compact 850 V

Mit zunehmender Motorleistung, Baugröße und Ausstattung hatten sich die Schlüter-Werke mit ihren Modellen immer mehr von der Masse der Zielgruppe entfernt. Derart teure und große Hochleistungs-schlepper waren selbst für viele Großbetriebe unwirtschaftlich. Aus diesem Grund ging Schlüter 1971 mit der neuen Compact-Traktoren-baureihe an den Start. Wie der Name schon verriet, waren es kleinere, kompaktere Standardschlepper, die es mit Hinterrad- und Allradan-trieb gab. Im Mittelfeld rangierte der seit Mai 1974 angebotene 85-PS-Schlepper Compact 850 bzw. 850 V. Die Fahrzeuge waren mit der im gleichen Jahr neu eingeführten höheren, besonders geräuschisolierten, hydraulisch kippbaren „Super-Silence"-Kabine ausgerüstet. Integriert war ein neues Armaturenbrett, an dem beide Schalthebel seitlich am Kabinenboden angeordnet waren. Mit 632 Einheiten war der Compact 850 V der weitaus erfolgreichste Traktor dieser Reihe.

Ein allradgetriebener Schlüter-Traktor Compact 850 V mit Super-Silence-Kabine.

Der fast zwölf Jahre lang gebaute Schlüter 1050 V entstand in 820 Einheiten.

### Schlüter-Diesel-Allradschlepper Super 1050 V

Unter der Typenbezeichnung Super 1050 V bot Schlüter ab August 1974 einen auf 100 PS Motorleistung gesteigerten Schlepper an, der die Nachfolge des etwas schwächeren Modells Super 950 V antrat. Zusätzlich zu diesem Allradschlepper wurde zwar noch eine Hinter-radausführung angeboten, die aber keine Käufer fand. Der Super 1050 V wurde der Beginn eines recht erfolgreichen, später auf 105 PS gesteigerten und laufend mit Detailverbesserungen und technisch optimierten Motoren gefertigten Modells, dessen letzte Exemplare erst zum Ende des Jahres 1986 die Werkstore verließen. Auch die

| Schlüter-Diesel-Allradschlepper Compact 850 V | |
| --- | --- |
| Bauzeit | 1974–1977 |
| Motor | wassergekühlter Vierzylinder-Diesel |
| Leistung/Drehzahl | 85 PS bei 1.800 U/min |
| Hubraum | 4.752 cm³ |
| Getriebe | 12/6- oder 16/8-Gang |
| Gewicht | 3.695–3.895 kg |
| Antrieb | Allradantrieb |

| Schlüter-Diesel-Allradschlepper Super 1050 V | |
| --- | --- |
| BAUZEIT | 1974–1986 |
| MOTOR | wassergekühlter Sechszylinder-Diesel |
| LEISTUNG/DREHZAHL | 100 PS bei 1.800 U/min (ab 1976: 105 PS) |
| HUBRAUM | 6.871 cm$^3$ (später: 7.127 cm$^3$) |
| GETRIEBE | 12/6- oder 14/8-Gang (ab 1981: 20/9-Gang) |
| GEWICHT | 4.585–5.300 kg |
| ANTRIEB | Allradantrieb |

Getriebeausstattung variierte und gelangte mit immer zahlreiche-ren Abstufungen – ab 1981 als 20/9-Gang – zum Einbau. Ab 1979 kam der 1050 V auch in den Genuss der hydraulisch kippbaren, breiteren Super-Silence-Kabine, die dem Fahrer deutlich mehr Bewegungsfreiheit bot.

### Schlüter-Diesel-Allradschlepper Super 1500 TVL

Mitte der 1970er-Jahre war die Leistung der Schlüter-Traktoren im Verkaufsprogramm bis nahe 200 PS gestiegen. Es waren für inländische Begriffe wahre Giganten, deren Baugröße und Leis-tung die der Mitbewerber um fast die Hälfte übertrumpften. Hinzu kam die geradezu verwirrende Typenvielfalt, die es selbst ausge-wiesenen Kennern dieser Marke schwer macht, den Überblick zu behalten. Der Grund lag auch hier in dem Bestreben, möglichst jede verbesserte Motoren- und Getriebekonstruktion umgehend in den Schlepperbau zu integrieren. Der 1974 vorgestellte Allradschlepper Super 1500 TVL gehörte zu den ersten Modellen mit aufgeladenem Motor. ZF-Synchronschaltgetriebetechnik und die neue Super-Silence-Kabine mit beheizbarem Arbeitsplatz und ausgezeichneter Rundumsicht waren Attribute, die sich sehen lassen konnten. Der Sechszylinder-Direkteinspritz-Diesel mit Zentralbrennraum war mit einem Abgasturbolader ausgerüstet. Die Hydraulik des gewaltigen Schleppers konnte 5.600 kg anheben und war damit in jeder Bezie-hung allen Anforderungen gewachsen.

| Schlüter-Diesel-Allradschlepper Super 1500 TVL | |
| --- | --- |
| BAUZEIT | 1974–1978 |
| MOTOR | wassergekühlter Sechszylinder-Diesel |
| LEISTUNG/DREHZAHL | 150 PS bei 2.000 U/min |
| HUBRAUM | 7.127 cm$^3$ |
| GETRIEBE | 12/6- oder 16/8-Gang |
| GEWICHT | 5.475 kg |
| ANTRIEB | Allradantrieb |

Der Super 1500 TVL verkaufte sich in kurzer Zeit immerhin 328 Mal.

## IFA-Zugtraktor ZT 300

1962 war von höchster Stelle in der DDR endlich der Startschuss zum Bau eines leistungsstarken Traktors gegeben worden, der den Anforderungen der großflächigen Betriebsverhältnisse des Landes entsprechen sollte. Die Entwicklungsarbeiten an dem Fahrzeug wurden unter dem Druck der von der SED angestrebten Selbstversorgung des Landes mit Agrarprodukten schnell vorangetrieben. Unter Verwendung und Adaptierung möglichst vieler bereits bestehender Baugruppen aus anderen Industriebereichen gelang es überraschend schnell, die umfangreichen organisatorischen Vorbereitungen, wozu auch der Bau eines völlig neuen Schlepperwerks gehörte, in den Griff zu bekommen und mit der Serienfabrikation im Herbst 1967 zu beginnen. Mit diesem zeitgemäßen, für DDR-Verhältnisse gewaltigen und auch im internationalen Vergleich auf höchstem technischem Niveau befindlichen Traktormodell waren die LPG-Betriebe erst in der Lage, eine fühlbare Steigerung der Arbeitsproduktivität herbeizuführen.

| IFA-Zugtraktor ZT 300 | |
|---|---|
| Bauzeit | 1967–1988 |
| Motor | wassergekühlter Vierzylinder-Diesel |
| Leistung/Drehzahl | 90 PS bei 1.850 U/min (ab 1978: 100 PS bei 1.800 U/min) |
| Hubraum | 6.560 cm³ |
| Getriebe | 9/6-Gang |
| Gewicht | 4.820–4.950 kg |
| Antrieb | auf die Hinterräder |

## IFA-Hangtraktor ZT 305-A

Vom neuen ZT, wie er umgangssprachlich genannt wurde, gab es eine ganze Reihe von Sonderausführungen. Eine davon war der 1981 entstandene Hangtraktor ZT 305-A. Bedarf für ein solches Modell war in der DDR durchaus vorhanden, denn ein nicht unbedeutender Teil an Grünflächen befand sich an den Hängen der Mittelgebirge. Bei Flächen mit Hangneigungen von mehr als 25 % hatte nämlich auch der Allradtraktor ZT 303 seine Möglichkeiten ausgeschöpft. Technisch gesehen handelte es sich um eine Bauvariante des ZT 303 mit hinterer Zwillingsbereifung, druckluftgebremster, mehrzweckbereifter Vorderachse und einer hydraulischen Allrad-Zweikreis-Bremsanlage mit pneumatischer Bremskraftverstärkung. Der Hangtraktor bewährte sich bei Neigungen von bis zu 45 % ganz ausgezeichnet und konnte dabei sogar gute Flächenleistungen erzielen. Nach Demontage konnte der Hangtraktor als normaler ZT-303-Allradschlepper eingesetzt werden.

### Neue EWG-Bestimmungen

Die Bestimmungen der 1957 gegründeten Europäischen Wirtschaftsgemeinschaft (EWG) hatten langfristig auch Auswirkungen auf die Landwirtschaft. In dem neuen gemeinsamen Markt sollten mittelfristig umfangreiche Rationalisierungsmaßnahmen im gesamten Agrarbereich erfolgen. Überproduktionen sollten abgebaut und der Zusammenschluss zu großflächigeren Betrieben mit entsprechendem Personalabbau herbeigeführt werden. Im Klartext hieß dies, dass „moderne landwirtschaftliche Unternehmen" in der Größenordnung von 80–100 Hektar die kleinen Höfe und bäuerlichen Familienbetriebe ablösen sollten. Agrarsubventionen waren nur noch bei Erfüllung dieser Voraussetzungen zu gewähren. Diese Pläne stießen überall auf Widerstand und konnten in der angedachten Form nicht durchgeführt werden. Der Traktorbranche brachte diese Entwicklung neben großer Verunsicherung harte Umsatzeinbußen.

Ein IFA ZT 300 mit Frontballastierung in der bis 1973 üblichen rot-weißen Lackierung.

| IFA-Hangtraktor ZT 305-A | |
|---|---|
| Bauzeit | 1981–1984 |
| Motor | wassergekühlter Vierzylinder-Diesel |
| Leistung/Drehzahl | 100 PS bei 1.800 U/min |
| Hubraum | 6.560 cm³ |
| Getriebe | 9/6-Gang |
| Gewicht | 6.520 kg |
| Antrieb | Allradantrieb |

Hier ein ZT 305-A mit umfangreicher Frontballastierung und einfach bereifter Hinterachse.

## IFA-Gummi-Gleisbandtraktor ZT 300-GB

Zu den Abwandlungen des Zugtraktors ZT 300 gehörte der Gummi-Gleisbandtraktor ZT 300-GB. Aufbauend auf den bereits in den 1950er-Jahren erfolgten Versuchen, Gleisbandkettenwerke in der Landwirtschaft zu verwenden, entstand bereits 1970 das erste Funktionsmuster. Bei Einsatz schwerer Technik auf dem Feld bot ein Gleisbandschlepper die Möglichkeit, der zunehmenden und schädlichen Verdichtung des Ackerbodens wirksam entgegenzu-

wirken. Fahrwerk mit Hinterachse, Lenkung, Dreipunktanbau, Zapfwelle, Fahrerhaus und Bremsanlage des ZT 300 mussten zu diesem Zweck völlig umgebaut werden. Da die Baukapazitäten nicht vorhanden waren, konnte man nur etwas mehr als 70 Fahrzeuge fertigstellen. Sie wurden ausgesuchten Betrieben zugeteilt und boten gegenüber einem Radtraktor deutliche Vorteile bei der Bodenschonung. Eine industrielle Serienfertigung konnte, obwohl dringend empfohlen, leider nicht verwirklicht werden.

Der Gleisbandtraktor ZT 300-GB gehört heute zu den seltenen Erscheinungen auf Veteranentreffen.

| IFA-Gummi-Gleisbandtraktor ZT 300-GB | |
|---|---|
| Bauzeit | 1983–1988 |
| Motor | wassergekühlter Vierzylinder-Diesel |
| Leistung/Drehzahl | 100 PS bei 1.800 U/min |
| Hubraum | 6.560 cm³ |
| Getriebe | 9/6-Gang |
| Gewicht | 6.400 kg |
| Antrieb | Gummigleisband/auf die Hinterräder |

# Stärkere Motoren, Elektronik und Globalisierung

Der Schleppermarkt war in den folgenden Jahren von einer immer kleiner werdenden Anbieterzahl, aber auch einem rückläufigen Volumen geprägt. So gingen die Neuzulassungen seit 1975 von 64.171 Fahrzeugen auf 26.480 im Jahr 1995 zurück.

Die aus den Herstellern Deutz, Fendt und International Harvester bestehende Spitzengruppe blieb unverändert. Wohl änderte sich die Rangfolge. 1985 landete Fendt erstmals auf Platz eins und gab diese Position bis 1995 nicht mehr ab. Im gleichen Jahr befand sich John Deere an zweiter Stelle.

Der Trend zu höherer Leistung war ungebrochen. In zwei Jahrzehnten hatte sich diese fast verdoppelt. Der Grund für den PS-Hunger war der Rationalisierungsdruck. Immer weniger Betriebe bewirtschafteten immer größere Flächen und benötigten dafür größere Maschinen. Es entstanden Fahrzeuge bis zu 200 PS und darüber. Nicht nur die Leistung stieg unaufhaltsam: Die Traktoren wurden auch technisch anspruchsvoller. Längst war nicht mehr der Motor das teuerste Bauteil eines Schleppers. Vor allem Getriebe, Hydraulik und Elektronik hatten diesem den Rang abgelaufen. Mehrstufige lastschaltbare Getriebe vereinfachten die Schlepperarbeit. Allradantrieb bildete nicht mehr die Ausnahme, sondern war die Regel. Elektronik, Hydraulik und Computertechnologie eroberten immer mehr Bereiche in der Traktortechnik. Die Entwicklungskosten dieser Komponenten hatten aber derart astronomische Ausmaße angenommen, dass diese selbst von großen Herstellern kaum noch zu tragen waren. Das führte zwangsläufig zu globalen Zusammenschlüssen.

Am Platz des Schlepperfahrers wurden die positiven Veränderungen besonders deutlich. Aus der einfachen Sitzmulde von einst war ein bequemer Polstersitz in Clubsesselqualität geworden, der in einer geräumigen Sicherheitskabine mit perfekter Rundumsicht seinen Platz fand. Der Schlepperfahrer war umgeben von benutzerfreundlich angeordneten Bedienungs- und Kontrollelementen. So ließ sich die lange Arbeitszeit auf dem Traktor leichter ertragen.

Oben: Der Fendt Farmer 306 LSA war ein beliebter Allradschlepper für mittlere Betriebsgrößen. Hier ein Fahrzeug mit Kabine und Stoll-Frontlader.

Unten, von links nach rechts: Deutz AgroStar 6.31, John Deere Typ 2250, Schlüter Super Trac 1600 TVL

## Deutz-Dieselschlepper D 5206

Auf der DLG-Messe 1974 in Frankfurt stellten die Deutz-Werke als Ersatz für einige entfallene Modelle vier neue Mittelklassetraktoren vor. Damit wurde die D-06-Schlepperbaureihe durch die Typen D 5206 mit 51 PS, D 6206 mit 58 PS, D 6806 mit 68 PS und D 7206 mit 72 PS wieder aufgefüllt. Sämtliche Fahrzeuge waren sowohl mit Hinterrad- als auch mit Allradantrieb lieferbar. Der mit einem luftgekühlten Dreizylinder-Direkteinspritz-Dieselaggregat aus der FL-912-Motorenreihe ausgerüstete Typ D 5206 war das Einstiegsmodell und trat an die Stelle des 48 PS starken D 5006. Während Abmessungen und Gewicht nahezu gleich geblieben waren, wurde der Motor mit drei zusätzlichen Pferdestärken ausgestattet. Außerdem bekam das neue Modell das 8/4-Gang-Schaltwerk TW 50.3, das für stärkere Belastung ausgelegt war.

Ein hinterradgetriebener D 5206 mit Deutz-Kabine.

| Deutz-Dieselschlepper D 5206 | |
|---|---|
| Bauzeit | 1974–1980 |
| Motor | luftgekühlter Dreizylinder-Diesel |
| Leistung/Drehzahl | 51 PS bei 2.300 U/min |
| Hubraum | 2.826 cm³ |
| Getriebe | 8/4- oder 12/4-Gang |
| Gewicht | 2.000 kg |
| Antrieb | auf die Hinterräder |

Der Deutz D 3607 – hier mit geschlossener Kabine – war ein leichtes Fahrzeug für den kleinen Betrieb.

## Deutz-Dieselschlepper D 3607

Unter der Baureihenbezeichnung D 07 war im Jahr 1980 bei Deutz die letzte Entwicklungsstufe der so erfolgreichen D-06-Schlepperfamilie angelaufen. Diese für den kleinen bis mittleren Leistungsbedarf angedachten Fahrzeuge waren als Zwischenlösung vorgesehen, denn sie wurden bereits 1984 durch die neuen DX-3-Traktoren abgelöst. Obwohl man bereits 1978 das Modell D 3006 als letztes Zweizylinderfahrzeug mit 30 PS mangels ausreichender Nachfrage aus dem Programm entfernt hatte, ergab sich zu Beginn der 1980er-Jahre doch wieder ein Bedarf an Traktoren in diesem niedrigen Leistungsbereich. Dies führte zum Bau des mit dem luftgekühlten Zweizylinder-Diesel F 2 L 912 und dem TW-35.1-Gruppentriebwerk ausgerüsteten Modells D 3607. Dieser nunmehr kleinste Deutz-Traktor verfügte über eine Regelhydraulik mit 1.900 kg Hubvermögen und sogar über eine Motorzapfwelle mit Zweistufenpedal.

| Deutz-Dieselschlepper D 3607 | |
|---|---|
| BAUZEIT | 1982–1988 |
| MOTOR | luftgekühlter Zweizylinder-Diesel |
| LEISTUNG/DREHZAHL | 34 PS bei 2.300 U/min |
| HUBRAUM | 1.884 cm³ |
| GETRIEBE | 8/2-Gang |
| GEWICHT | 1.930 kg |
| ANTRIEB | auf die Hinterräder |

## Deutz-Diesel-Allradschlepper DX 110

Im Jahr 1978 konnten die Ingenieure der Kölner Deutz-Werke mit der DX-Schlepperreihe einen großen Wurf landen. Es waren Traktoren, die vom Motor über das Getriebe bis zur sehr ansprechenden, funktionalen Karosserie neu entwickelt worden waren. Fünf verschiedene Modelle umfasste die neue DX-Reihe, die den zuvor bei Deutz nur schwach oder gar nicht vertretenen Leistungsbereich zwischen 80 und 150 PS abdeckte. Zum Einbau gelangten luftgekühlte Fünf- oder Sechszylinder-Deutz-Direkteinspritz-Motoren aus der FL-912-Reihe. Im Falle des hier vorgestellten DX 110 war es das Baumuster F 6 L 912 mit 100 PS. Auch die vollsynchronisierte Getriebetechnik kam überwiegend aus eigenem Hause, wobei man zwischen dem Standardgetriebe N bis 25 km/h und dem schnellen Triebwerk S unterschied, das auf eine Endgeschwindigkeit von 30 km/h ausgerichtet war.

| Deutz-Diesel-Allradschlepper DX 110 | |
|---|---|
| BAUZEIT | 1978–1982 |
| MOTOR | luftgekühlter Sechszylinder-Diesel |
| LEISTUNG/DREHZAHL | 100 PS bei 2.300 U/min |
| HUBRAUM | 5.655 cm³ |
| GETRIEBE | 24/8-Gang |
| GEWICHT | 4.845 kg |
| ANTRIEB | Allradantrieb |

Der Deutz DX 110 – hier mit Deutz-MasterCab-Kabine – war ein zugstarker Allradschlepper für größere Betriebe.

## Deutz-Diesel-Allradschlepper DX 160

Die beiden stärksten Deutz-Modelle DX 140 und DX 160 sahen ihren kleineren Brüdern zwar sehr ähnlich, unterschieden sich aber doch grundlegend von ihnen. Bei beiden Fahrzeugen gelangten Steyr-Triebwerke zum Einbau. Beim DX 160 war es zunächst das TW 1200, das ab 1982 gegen das stärker belastbare Baumuster TW 1300 ausgetauscht wurde. Die Getriebe zeichneten sich durch Vollsynchronisation (Gänge und Gruppen) aus. Der große 150-PS-Schlepper belegte damit eine Leistungsklasse, die nur für ausgesprochene Großbetriebe und Lohnunternehmen infrage kam.

| Deutz-Diesel-Allradschlepper DX 160 | |
|---|---|
| Bauzeit | 1978–1984 |
| Motor | luftgekühlter Sechszylinder-Diesel |
| Leistung/Drehzahl | 150 PS bei 2.200 U/min |
| Hubraum | 6.125 cm³ |
| Getriebe | 24/8-Gang |
| Gewicht | 5.850 kg |
| Antrieb | Allradantrieb |

## Deutz-Diesel-Allradschlepper DX 6.30

Bei den seit 1978 in der Serienproduktion befindlichen DX-Traktoren waren im Laufe der Zeit zahlreiche Detailverbesserungen in den Fertigungsprozess eingegangen. Um den technischen Fortschritt auch nach außen hin angemessen zum Ausdruck zu bringen, erhielten die DX-Modelle zum Ende des Jahres 1983 neue Typenbezeichnungen. So entstand aus dem DX 120 mit 110 PS das Modell DX 6.30. Der technisch überarbeitete Schlepper erhielt das Deutz TW 904 als Vollsynchrongetriebe, das mit bis zu 24 Gangstufen sowie zusätzlichen Kriechgeschwindigkeiten ausgestattet werden konnte.

| Deutz-Diesel-Allradschlepper DX 6.30 | |
|---|---|
| Bauzeit | 1983–1990 |
| Motor | luftgekühlter Sechszylinder-Diesel |
| Leistung/Drehzahl | 115 PS bei 2.400 U/min |
| Hubraum | 6.128 cm³ |
| Getriebe | 16/6- oder 24/6-Gang |
| Gewicht | 4.840 kg |
| Antrieb | Allradantrieb |

Ein mit Frontgewichten und Deutz-MasterCab-Kabine ausgestatteter DX 160.

Der DX 6.30 bot jetzt eine Höchstgeschwindigkeit von 40 km/h.

## Deutz-Diesel-Allradschlepper AgroPrima 4.51

Im Frühjahr 1989 stellte Deutz die neuen Traktormodelle DX 4.31 und DX 4.51 vor, welche die Stelle der bisherigen Typen DX 4.30 und DX 4.50 einnahmen. Ein wesentlichstes Merkmal war die in puncto Geräuschisolierung durch neue Omega-Lager weiter verbesserte und als StarCab bezeichnete Kabine. Neue Sige-Allradachsen, ausgerüstet mit dem Lamellen-Selbstsperrdifferenzial „Optibloc" und verschiedene konstruktive Maßnahmen ermöglichten eine erhebliche Gewichts-reduzierung der Traktoren, die einer erhöhten Zuladungskapazität zugutekam. Die Hubkraft der Regelhydraulik betrug beim AgroPrima 4.51 3.800 kg, mit Zusatzhubzylinder sogar 5.200 kg.

| Deutz-Diesel-Allradschlepper AgroPrima 4.51 | |
| --- | --- |
| BAUZEIT | 1989–1995 |
| MOTOR | luftgekühlter Vierzylinder-Diesel |
| LEISTUNG/DREHZAHL | 82 PS bei 2.300 U/min (ab 1993: 85 PS) |
| HUBRAUM | 4.085 cm³ |
| GETRIEBE | 18/6- oder 24/6-Gang |
| GEWICHT | 3.780 kg |
| ANTRIEB | Allradantrieb |

Hier ein AgroPrima 4.51 mit Frontgewichten. Sein Maximalgewicht betrug bis zu 6.600 kg.

Ein Fendt Farmer 200 S mit Umsturzrahmen. Von diesem Modell fanden immerhin 3.949 Fahrzeuge einen Käufer.

## Fendt-Dieselschlepper Farmer 200 S

Zwecks Erweiterung der Farmer-Typenreihe stellten die Fendt-Werke 1974 das Modell 200 S vor. Die neuen Traktoren sollten das bestehende Leistungsangebot nach unten hin ausbauen und ergänzen. Das Farmer-Modell 200 S war ein sehr funktionaler Kompaktschlepper für kleinere, aber auch schon mittlere Betriebsgrößen. An der Ausstattung wurde nicht gespart: Auf ein vollsynchronisiertes Gruppenschaltgetriebe, Drehmomentwandler, lastschaltbare Zapfwelle und Regelhydraulik brauchte der Schlepperfahrer auch hier nicht zu verzichten. Damit war es Fendt gelungen, die inzwischen hochwertige Technik auch auf Modelle in der unteren Klasse auszudehnen. In dem 35-PS-Schleppermodell Farmer 200 S arbeitete ein luftgekühlter Deutz-Direkteinspritzmotor aus der FL-912-Baureihe und das Getriebe konnte auf Wunsch um vier Superkriechgänge ab 0,26 km/h erweitert werden.

| Fendt-Dieselschlepper Farmer 200 S | |
|---|---|
| BAUZEIT | 1974–1982 |
| MOTOR | luftgekühlter Dreizylinder-Diesel |
| LEISTUNG/DREHZAHL | 35 PS bei 2.000 U/min |
| HUBRAUM | 2.826 cm³ |
| GETRIEBE | 13/4-Gang |
| GEWICHT | 1.965 kg |
| ANTRIEB | auf die Hinterräder |

Ein 1976 gebauter Farmer 103 S mit Fritzmeier-Verdeckkabine.

## Fendt-Dieselschlepper Farmer 103 S

Im Jahr 1972 brachten die Fendt-Werke die aus drei Dreizylinder- und zwei Vierzylinderschleppern bestehende Farmer-100-Modellreihe heraus. Dabei besaß der kleinste Dreizylinder einen luftgekühlten MWM-Motor, die übrigen Fahrzeuge sämtlich wassergekühlte Antriebseinheiten des gleichen Zulieferers. Es waren preisgünstige Mittelklasse-Schlepper im Leistungsbereich von 40 bis 65 PS, die mit der bei Fendt als Turbomatik bezeichneten Anfahrautomatik, also einer ölhydraulischen Voith-Strömungskupplung, sowie mit vollsynchronisiertem 13/4-Gang-Feinstufengetriebe mit Schnellgang, Drehmomentwandler, lastschaltbarer Zapfwelle und Dreipunkt-Regelhydraulik ausgerüstet waren. Die auch mit Heizung ausstattbare

| Fendt-Dieselschlepper Farmer 103 S | |
| --- | --- |
| BAUZEIT | 1972–1976 |
| MOTOR | wassergekühlter Dreizylinder-Diesel |
| LEISTUNG/DREHZAHL | 48 PS bei 2.400 U/min |
| HUBRAUM | 2.550 cm$^3$ |
| GETRIEBE | 13/4-Gang |
| GEWICHT | 2.225 kg |
| ANTRIEB | auf die Hinterräder |

| Fendt-Diesel-Allradschlepper Farmer 108 LSA | |
| --- | --- |
| BAUZEIT | 1977–1980 |
| MOTOR | wassergekühlter Vierzylinder-Diesel |
| LEISTUNG/DREHZAHL | 75 PS bei 2.300 U/min |
| HUBRAUM | 4.150 cm$^3$ |
| GETRIEBE | 13/4-Gang |
| GEWICHT | 3.590 kg |
| ANTRIEB | Allradantrieb |

neue Fendt-Sicherheitskabine mit bequemem Einstieg ermöglichte eine gute Rundumsicht. Auf Wunsch gab es diese Modelle auch mit Allradantrieb. Der 48-PS-Traktor Farmer 103 S wurde mit 4.342 verkauften Einheiten zum erfolgreichsten Modell dieser Reihe.

### Fendt-Diesel-Allradschlepper Farmer 108 LSA

Ein sehr erfolgreiches Traktormodell war mit 3.646 gefertigten Einheiten der Farmer-Allradschlepper 108 LSA. Die Tatsache, dass die zeitgleich angebotene Hinterradvariante 108 LS nur in 1.476 Exemplaren verkauft werden konnte, ist ein Indiz dafür, dass schon in dieser

Leistungsklasse der Vierradantrieb immer mehr als Notwendigkeit angesehen wurde. Und dies, obwohl der Allradschlepper mit 51.560 DM rund 8.500 DM mehr kostete als die Hinterradmaschine. Beim Triebwerk konnte der Kunde zwischen der vollsynchronisierten 13/4-Gang-Feinstufenausführung oder dem mit 16/5-Gängen ausgestatteten Superkriechganggetriebe wählen. In beiden Varianten war ein Schnellgang bis 30 km/h Höchstgeschwindigkeit vorhanden. Der Farmer 108 LSA konnte entweder mit einer Fritzmeier-Verdeckkabine mit aufklappbarer Frontscheibe und seitlichem Schiebefenster oder einer auf Gummielementen gelagerten integrierten Kabine ausgestattet werden.

Ein Fendt-Allradschlepper Favorit 108 LSA mit integrierter Kabine.

## Fendt-Dieselschlepper Farmer 305 LS

Im Jahr 1980 stellten die Fendt-Werke nach intensiver Forschungs-
und Entwicklungsarbeit die neue Farmer-Schlepperreihe 300 vor. Sie
bestand zunächst aus vier zwischen 62 und 86 PS starken Modellen
und repräsentierte damit Fahrzeuge bis zur gehobenen Mittelklasse.
Diese Traktoren konnten mit einem großen Bündel an Verbesserungen aufwarten: Höchstgeschwindigkeit bis 40 km/h, Vierradbrem-
sen, verbesserte Turbomatik und Overdrive-Getriebetechnik, neue,
verbrauchsärmere MWM-Motoren mit optimiertem Direkteinspritzverfahren und verbesserter Reiheneinspritzpumpe sowie gummige-
lagerte Komfortkabinen. Das Design war durch eine schlanke, nach
vorn abfallende Haube mit integrierter Fahrerplattform geprägt. Der
62-PS-Schlepper Farmer 305 LS blieb in seinen verschiedenen Bauausführungen insgesamt fast 13 Jahre in den Verkaufslisten. Während dieser verhältnismäßig langen Bauzeit wurde die Hinterradmaschine 3.991 Mal gebaut, wobei zahlreiche Detailverbesserungen
im Rahmen der Modellpflege in die laufende Serie einflossen.

Fendt Farmer 305 LS mit Hinterradantrieb und Verdeckkabine.

### Fendt-Dieselschlepper Farmer 305 LS

| BAUZEIT | 1980–1993 |
|---|---|
| MOTOR | wassergekühlter Vierzylinder-Diesel |
| LEISTUNG/DREHZAHL | 62 PS bei 2.175 U/min (ab 1990: 70 PS) |
| HUBRAUM | 3.768 cm³ (ab 1984: 4154 cm³) |
| GETRIEBE | 14/4-, 15/4- oder 21/6-Gang |
| GEWICHT | 3.255–3.280 kg |
| ANTRIEB | auf die Hinterräder |

## Fendt-Diesel-Allradschlepper Farmer 306 LSA

Der ebenfalls bis 1993 im Fendt-Programm zu findende Allradschlepper Farmer 306 LSA verkaufte sich mit insgesamt 7.437
Einheiten sehr zufriedenstellend. Der anfangs 70, ab 1991 75 PS
starke Mittelklasseschlepper setzte, wie alle Fahrzeuge aus der
Farmer-300-Schlepperreihe, in Technik, Fahrkomfort und Wirt-

Fendt-Allradtraktor Farmer 306 LSA mit Kabine und Fronthydraulik.

schaftlichkeit neue Maßstäbe in dieser Leistungsklasse. Das betraf beispielsweise die Fendt-Plattformkabine, die exakt auf die neuen Farmer-Traktoren abgestimmt war. Sie war schwingungsisoliert auf Gummielementen gelagert und bot durch die schräg nach vorn geneigte Motorhaube und durch eine Fensterfläche von insgesamt vier Quadratmetern eine ausgezeichnete Rundumsicht. Für dieses Schleppermodell standen verschiedene seitengeschaltete Getriebe-versionen zur Verfügung, die sämtlich mit einer Endgeschwindig-keit von 40 km/h aufwarten konnten.

### Fendt-Diesel-Allradschlepper Farmer 306 LSA

| | |
|---|---|
| BAUZEIT | 1980–1993 |
| MOTOR | wassergekühlter Vierzylinder-Diesel |
| LEISTUNG/DREHZAHL | 70 PS bei 2.200 U/min (ab 1991: 75 PS) |
| HUBRAUM | 4.154 cm³ |
| GETRIEBE | 14/4-, 15/4- oder 21/6-Gang |
| GEWICHT | 3.630–3.860 kg |
| ANTRIEB | Allradantrieb |

## Fendt-Diesel-Allradschlepper Farmer 307 LSA

Die seit 1980 im Handel befindliche Farmer-300-Schlepperfamilie wurde 1985 durch das 70 PS starke Kompaktschlepper-Modell 307 LS mit Hinterradantrieb bzw. die Allradvariante 307 LSA ergänzt. Auch dieses im gehobenen Mittelfeld angesiedelte Fahrzeug war mit all jenen neuzeitlichen technischen Attributen ausgestattet, die für diese Traktorreihe typisch waren. Als Besonderheit dieses Traktors galt der Antrieb durch einen wassergekühlten MWM-Dreizylindermotor mit Abgasturbolader, der für einen beeindruckenden Drehmomentanstieg und gute Durchzugskraft bei insgesamt sehr niedrigem Kraftstoff-verbrauch sorgte. Zur Serienausstattung gehörten das 21/6-Gang-Overdrive-Vollsynchrongetriebe mit 40 km/h Höchstgeschwindigkeit,

die ölhydraulische Turbokupplung Turbomatik, drei Zapfwellen-geschwindigkeiten, eine Vierrad-Bremsanlage und Halogen-Schein-werfer. Das Regelhubwerk war je nach Ausführung in der Lage, Lasten von 2.865 bis zu 3.960 kg anzuheben.

Fendt Farmer 307 LSA mit Verdeckkabine. Insgesamt entstanden von diesem Modell 3.620 Einheiten.

### Fendt-Diesel-Allradschlepper Farmer 307 LSA

| | |
|---|---|
| BAUZEIT | 1985–1993 |
| MOTOR | wassergekühlter Dreizylinder-Diesel |
| LEISTUNG/DREHZAHL | 70 PS bei 2.300 U/min (ab 1990: 75 PS) |
| HUBRAUM | 3.117 cm³ |
| GETRIEBE | 21/6-Gang |
| GEWICHT | 4.130 kg |
| ANTRIEB | Allradantrieb |

## Fendt-Diesel-Allradschlepper Farmer 308 LSA

Das 78 PS starke Farmer-Hinterrad-Modell 308 LS bzw. 308 LSA mit
Allradantrieb präsentierte sich im Jahr 1980 dem Publikum. Auch in
diesen Fahrzeugen war ein wassergekühltes Vierzylinderaggregat
von MWM als Kraftquelle für die Fortbewegung verantwortlich.
Ab 1989 wurde die Leistung auf 82 PS angehoben. Das Overdrive-
Gruppenschaltwerk mit 21/6-Gangstufen gab es wahlweise für
30 oder 40 km/h Höchstgeschwindigkeit. Die weitere Technik und
Ausrüstung entsprach zum größten Teil den anderen Farmer-
Modellen von Fendt. Beim Allradschlepper 308 LSA gelangte eine
Fronttriebachse mit Außenplanetengetrieben zur Anwendung.

Fendt Farmer 308 LSA mit Serienkabine.

| Fendt-Diesel-Allradschlepper Farmer 308 LSA | |
|---|---|
| BAUZEIT | 1980–1993 |
| MOTOR | wassergekühlter Vierzylinder-Diesel |
| LEISTUNG/DREHZAHL | 78 PS bei 2.350 U/min (ab 1989: 82 PS) |
| HUBRAUM | 4.156 cm³ |
| GETRIEBE | 21/6-Gang |
| GEWICHT | 3.795–3.985 kg |
| ANTRIEB | Allradantrieb |

Fendt-Allradschlepper Farmer 312 LSA mit 400 kg Frontballast. Von diesem großen
Fahrzeug wurden 5.444 Stück verkauft.

## Fendt-Diesel-Allradschlepper Farmer 312 LSA

Mit dem großen Farmer-Allradschlepper 312 LSA stellte Fendt sieben
Jahre nach Erscheinen der Baureihe Farmer 300 sein stärkstes
Modell vor. Das wassergekühlte Sechszylinder-Antriebsaggregat war
gemeinsam mit den Motoren-Werken Mannheim (MWM) entwickelt
worden und zeichnete sich durch eine verbesserte Luftzufuhr in den
Verbrennungsräumen, eine wartungsfreie Reiheneinspritzpumpe und
weiter verringerten Kraftstoffverbrauch aus. Das Fahrzeug erreichte
eine Endgeschwindigkeit von 40 km/h und das Regelhubwerk konnte
Lasten bis zu 5.800 kg bewältigen.

| Fendt-Diesel-Allradschlepper Farmer 312 LSA | |
|---|---|
| BAUZEIT | 1987–1993 |
| MOTOR | wassergekühlter Sechszylinder-Diesel |
| LEISTUNG/DREHZAHL | 115 PS bei 2.400 U/min |
| HUBRAUM | 6.234 cm³ |
| GETRIEBE | 21/6-Gang |
| GEWICHT | 5.050–5.190 kg |
| ANTRIEB | Allradantrieb |

Der Fendt Favorit 612 LSA war ein Großschlepper, wie er im Buche stand.

## Fendt-Diesel-Allradschlepper Favorit 612 LSA

Als Weiterentwicklung des 1972 vorgestellten Fendt-Großschlep-
pers Favorit 612 SA erschien 1976 das Modell 612 LSA auf dem
Markt. Anfänglich leistete der Sechszylinder-Diesel 120 PS, welche

ab 1983 mithilfe eines Turboladers auf 135 PS gesteigert wurden.
Das 16/7-Gang-Triebwerk konnte durch Superkriechgänge auf
20/9-Gangstufen aufgestockt werden. Seit 1983 gab es dieses
serienmäßig, wobei der Kunde die Wahl zwischen 30 oder 40 km/h
Endgeschwindigkeit hatte. Serienmäßige Bestandteile waren die
ölhydraulische Turbokupplung sowie eine hydrostatische Lenkung.
Auch das übrige Ausrüstungsrepertoire ließ kaum Wünsche offen.

## Fendt-Diesel-Allradschlepper Favorit 611 LSA

Mit den seit 1972 angebotenen Großtraktoren der Baureihe Favorit
600 konnten die Fendt-Werke nachhaltig an dem immer mehr an
Bedeutung gewinnenden Marktsegment partizipieren. Obwohl die
Traktoren auch mit Hinterradantrieb angeboten wurden, fanden diese
Fahrzeuge kaum noch Abnehmer. Neben einer der Baugröße ange-
messenen Serienausstattung hatte man einen großen Wert auf eine
möglichst bequeme und funktionsgerechte Kabinengestaltung gelegt.
Dies beinhaltete den luftgefederten Fahrersitz mit der ergonomisch
günstigen Anordnung aller Bedien- und Kontrollinstrumente bis zur
Klimatisierung, Geräusch-, Stoß- und Schwingungsisolierung.

| Fendt-Diesel-Allradschlepper Favorit 612 LSA | |
|---|---|
| Bauzeit | 1976–1987 |
| Motor | wassergekühlter Sechszylinder-Diesel |
| Leistung/Drehzahl | 120 PS bei 2.400 U/min (ab 1983: 135 PS) |
| Hubraum | 6.234 cm³ |
| Getriebe | 16/7- bzw. 20/9-Gang |
| Gewicht | 5.875–6.315 kg |
| Antrieb | Allradantrieb |

| Fendt-Diesel-Allradschlepper Favorit 611 LSA | |
|---|---|
| Bauzeit | 1977–1984 |
| Motor | wassergekühlter Sechszylinder-Diesel |
| Leistung/Drehzahl | 105 PS bei 2.300 U/min |
| Hubraum | 6.240 cm³ |
| Getriebe | 16/7- bzw. 20/9-Gang |
| Gewicht | 5.600 kg |
| Antrieb | Allradantrieb |

Der Fendt Favorit 611 LSA verkaufte sich insgesamt 5.683 Mal.

## International-Dieselschlepper Typ 633

In den frühen 1970er-Jahren befand sich International Harvester auf Erfolgskurs und 1975 konnte man sogar mit 22,2 % Marktanteil und 14.258 im Inland erstzugelassenen Traktoren den ersten Rang in der Statistik belegen. Im Januar 1975 wurden die drei neuen Schleppermodelle 433, 533 und 633 vorgestellt. Diese Fahrzeuge gehörten zu der werksintern als A-Familie bezeichneten Traktorreihe, deren Entwicklung aus der engen Zusammenarbeit der International-Harvester-Werke in Frankreich und Deutschland hervorgegangen war. Sie waren in erster Linie auf den Leistungsbedarf kleinerer und mittlerer landwirtschaftlicher Betriebe zugeschnitten. Mit dem 52 PS starken Typ 633 hatte man die Bedürfnisse des Marktes exakt getroffen, sodass sich dieser mit insgesamt 31.364 verkauften Fahrzeugen zum meistgebauten Neusser International-Schlepper entwickelte.

## International-Dieselschlepper Typ 744

Zu den im April 1974 von International Harvester neu vorgestellten Schleppermodellen gehörte auch der Typ 744 mit 67 PS. Dieses Fahrzeug zählte zu der aus vier Typen bestehenden sogenannten B-Familie, in der Ackerschlepper der gehobenen mittleren Leistungsklasse zusammengefasst waren. Sämtliche Modelle waren mit Vierzylinder-Direkteinspritzmotoren und Synchrongetrieben für 30 km/h Höchstgeschwindigkeit ausgerüstet. Gegenüber den Vorgängern verfügten sie über größere Radstände, eine verbesserte Gewichtsverteilung und eine leistungsstärkere Dreipunkt-Regelhydraulik, die jetzt über die Unterlenker gesteuert wurde, sowie eine auf Wunsch erhältliche hydrostatische Lenkung. Hinzu kam ein völlig neu gestalteter Fahrstand, wobei die Gänge mit Lenkradschaltung eingelegt wurden. Außerdem brauchte der Ölwechsel jetzt erst nach 250 Stunden vorgenommen zu werden.

### International-Dieselschlepper Typ 633

| | |
|---|---|
| Bauzeit | 1975–1989 |
| Motor | wassergekühlter Dreizylinder-Diesel |
| Leistung/Drehzahl | 52 PS bei 2.180 U/min |
| Hubraum | 2.934 cm³ |
| Getriebe | 8/4- oder 16/8-Gang |
| Gewicht | 2.490 kg |
| Antrieb | auf die Hinterräder |

### International-Dieselschlepper Typ 744

| | |
|---|---|
| Bauzeit | 1974–1980 |
| Motor | wassergekühlter Vierzylinder-Diesel |
| Leistung/Drehzahl | 67 PS bei 2.300 U/min |
| Hubraum | 3.911 cm³ |
| Getriebe | 8/4- oder 12/4-Gang |
| Gewicht | 3.080 kg |
| Antrieb | auf die Hinterräder |

Ein International 633 mit Frontballast und Fritzmeier-Verdeck.

Ein 1978 gebauter International 744 mit Kabine. Von diesem Modell wurden 13.182 Stück gebaut.

## International-Dieselschlepper Typ 533

Der 1975 in Serie gegangene Typ 533 von International Harvester war das Einstiegsmodell der A-Familie. Mit 45 PS zählte dieses Fahrzeug im nach oben orientierten Leistungsgefüge mittlerweile zur unteren Mittelklasse und konnte damit als Universalschlepper dem Leistungsbedarf kleinerer bis mittelgroßer Höfe gerecht werden. Seine Fortbewegung erfolgte durch den Dreizylinder-Direkteinspritz-Diesel des Baumusters D 155, der mit einem teilsynchronisierten 8/4-Gang-Leichtschaltgetriebe selbsttragend verblockt war. Auf Wunsch gab es dieses entweder als vollsynchronisiertes Schnellganggetriebe bis 30 km/h, aber auch in einer 16/8-Gang-Variante mit synchronisiertem Reduziergetriebe. Serienmäßig besaß dieses Traktormodell sowohl Motorzapfwelle mit Zweifachkupplung als auch Exact-Regelhydraulik mit Dreipunktkupplung. Ab 1980 wurde der in insgesamt 17.113 Einheiten gebaute Schlepper mit einer Fritzmeier-Kabine als Werksaufbau und später mit einer geräuschisolierten Silent-Kabine angeboten.

Ein International 533 von 1983 mit Fritzmeier-Verdeckkabine.

| International-Dieselschlepper Typ 533 | |
| --- | --- |
| BAUZEIT | 1975–1989 |
| MOTOR | wassergekühlter Dreizylinder-Diesel |
| LEISTUNG/DREHZAHL | 45 PS bei 2.000 U/min |
| HUBRAUM | 2.536 cm³ |
| GETRIEBE | 8/4- oder 16/8-Gang |
| GEWICHT | 2.240 kg |
| ANTRIEB | auf die Hinterräder |

Der jetzt unter der neuen Bezeichnung Case-IH angebotene 1056 XL war ein Fahrzeug für den großen Hof.

### International-Diesel-Allradschlepper Typ 1056 XL

Mit den Typen 955 und 1055 gingen im Jahr 1977 bei International Harvester die ersten Traktoren der sogenannten C-Schlepperreihe an den Start. Diese hatte man vor allem im Kabinenbereich gründlich überarbeitet und zwecks Geräuschdämmung auf Silentblöcken gelagert. Ab 1982 gingen die Schlepper der XL-Reihe mit der als Control-Center bezeichneten, völlig neu entwickelten XL-Kabine in Serie. Diese in Zusammenarbeit mit dem Porsche-Entwicklungsbüro konstruierten Kabinen setzten neue Maßstäbe und wurden europaweit für das gesamte International-Harvester-Schlepperprogramm verwendet, wobei frühere Modelle nachträglich umgerüstet werden konnten. Im Zuge dieser Änderungen wurde das jetzt als 1056 XL bezeichnete Traktormodell um fünf zusätzliche Pferde-

stärken angehoben und mit einem Schnellganggetriebe bis 40 km/h Endgeschwindigkeit ausgeliefert. Bis 1992 entstanden von diesem Modell 7.050 Einheiten.

| International-Diesel-Allradschlepper Typ 1056 XL | |
|---|---|
| BAUZEIT | 1982–1992 |
| MOTOR | wassergekühlter Sechszylinder-Diesel |
| LEISTUNG/DREHZAHL | 105 PS bei 2.300 U/min |
| HUBRAUM | 5.867 cm³ |
| GETRIEBE | 16/8-Gang |
| GEWICHT | 4.370 kg |
| ANTRIEB | Allradantrieb |

## International-Diesel-Allradschlepper Typ 1455 XL

Im Jahr 1981 wurden die bisherigen Modelle 1255 und 1455 durch die neuen XL-Kabinen zu 1255 XL und 1455 XL aufgewertet. Dies waren überaus fortschrittliche Sicherheitskabinen mit großen Glasflächen, überdurchschnittlicher Geräuschdämpfung und ausgezeichneter Rundumsicht. Dabei waren die Sicherheitsbügel optisch geschickt in die Kabinenkonstruktion integriert. Da sich der Kraftstoffbehälter nunmehr nicht mehr vor dem Armaturenbrett, sondern unter der Kabine befand, konnte diese weiter nach vorn versetzt werden, was gleichzeitig zu besonders breiten Türöffnungen verhalf. Neben einem mehrfach verstellbaren Komfortsitz sorgte eine Lüftungs- und Heizungsanlage für optimale Raumtemperaturen bei jeder Witterung. Eine Klimaanlage stand auf Wunsch gegen Mehrpreis zur Verfügung. Darüber hinaus wurden den XL-Schleppern weitere Verbesserungen zuteil, zu denen die fernbedienbare Hydraulikanlage

gehörte. Die Regelhydraulikanlage war mit einem Hubvermögen von 5.800 kg der Fahrzeuggröße angemessen. Der mit einem Abgasturbolader ausgerüstete Typ 1455 XL war ein ausgereifter Großschlepper, der auch in Sachen Zubehör keine Wünsche offenließ.

| International-Diesel-Allradschlepper Typ 1455 XL | |
|---|---|
| BAUZEIT | 1981–1996 |
| MOTOR | wassergekühlter Sechszylinder-Diesel |
| LEISTUNG/DREHZAHL | 145 PS bei 2.200 U/min |
| HUBRAUM | 6.586 cm³ |
| GETRIEBE | 20/9-Gang |
| GEWICHT | 6.420 kg |
| ANTRIEB | Allradantrieb |

Der International 1455 XL war mit 7621 hergestellten Einheiten ein großer Erfolg.

## John Deere-Diesel-Allradschlepper Typ 3650

Die Landwirtschaft der 1980er-Jahre war durch unbefriedigende Einkommensverhältnisse der Beschäftigten geprägt. Andererseits wurden an die Traktoren erhöhte Anforderungen gestellt, was die Vielseitigkeit, Wirtschaftlichkeit und den Komfort für den Fahrer angeht. Um diesen veränderten Gegebenheiten auch im Schlepperbau Rechnung zu tragen, wurden 1986 die ersten Mitglieder der neuen John Deere-Reihe 50 vorgestellt. Bei diesen Modellen war es gelungen, den Kraftstoffverbrauch wesentlich zu reduzieren. Die zum Einsatz kommenden Constant-Power-Motoren besaßen eine in vielen Punkten verbesserte Motorcharakteristik. Sie besaßen ein gutes Drehmoment und arbeiteten über einen weiten Drehzahlbereich auf nahezu gleichem Leistungsniveau. Zu den weiteren Verbesserungen zählten die neuen Leichtlaufgetriebe, verstärkte Kraftheber, ölgekühlte Scheibenbremsen, eine neue Lastschaltstufe und die Erhöhung der Höchstgeschwindigkeit auf 40 km/h. Das Spitzenfahrzeug innerhalb der neuen Reihe war der Typ 3650 mit 116 PS Motorleistung.

John Deere Typ 2140 mit Sicherheitskabine und Stoll-Frontlader.

| John Deere-Diesel-Allradschlepper Typ 3650 | |
|---|---|
| Bauzeit | 1986–1993 |
| Motor | wassergekühlter Sechszylinder-Diesel |
| Leistung/Drehzahl | 116 PS bei 2.400 U/min |
| Hubraum | 5.883 cm³ |
| Getriebe | 16/8-Gang |
| Gewicht | 4.860 kg |
| Antrieb | Allradantrieb |

## John Deere-Diesel-Allradschlepper Typ 2140

1979 wurde der Kundschaft eine im John Deere-Werk Mannheim konzipierte neue Traktorreihe vorgestellt. Es waren die Schlepper der 40er-Serie, die sich aus vier Dreizylinder-, drei Vierzylinder- und zwei Sechszylinder-Modellen zusammensetzte. Zu den wichtigsten Merkmalen dieser Traktoren gehörten in erster Linie Leistungssteigerung, Standardisierung der Motoren, höhere Hydraulik-Hubleistungen und vollsynchronisierte Triebwerke mit höheren Geschwindigkeiten. Ebenso kamen neue, im Werk Bruchsal hergestellte Sicherheitskabinen zur Verwendung. Optional erhältlich

Ein John Deere Typ 3650 mit hoher Allzweck- und Pflegebereifung.

### John Deere-Diesel-Allradschlepper Typ 2140

| | |
|---|---|
| BAUZEIT | 1979–1986 |
| MOTOR | wassergekühlter Vierzylinder-Diesel |
| LEISTUNG/DREHZAHL | 82 PS bei 2.500 U/min |
| HUBRAUM | 3.920 cm³ |
| GETRIEBE | 8/4-Gang |
| GEWICHT | 3.560 kg |
| ANTRIEB | Allradantrieb |

ausgestatteten Grundtypen, die den Gegebenheiten des deutschen und europäischen Marktes besonders entgegenkamen. Alle Reihenmitglieder wurden auf einem einzigen computergesteuerten Montageband gefertigt, was ohne eine weitgehende Teilegleichheit nicht möglich gewesen wäre. Neben der Verbesserung des Wirkungsgrades und der Senkung des Kraftstoffverbrauchs war bei der Entwicklung der neuen Serie besonderer Wert auf eine erhöhte Langlebigkeit aller Baukomponenten gelegt worden. Der Typ 3350 war eine starke Allradmaschine für den Großbetrieb, die mit einer Vielzahl an Ausrüstungsgegenständen punkten konnte. Für einen grundausgerüsteten Schlepper musste der Kunde 82.100 DM auf den Tisch legen.

war ein PowerSynchron-Triebwerk mit 16/8-Gangstufen, das ohne Kupplungsbetätigung unter Last geschaltet werden konnte. Dieses Getriebe erleichterte in Verbindung mit der hydrostatischen Lenkung gerade bei Frontladerarbeiten, wo häufiges Schalten erforderlich war, die Bedienung erheblich. Der Typ 2140 war für seine Leistung von 82 PS ein erstaunlich wendiges und kompaktes Fahrzeug.

## John Deere-Diesel-Allradschlepper Typ 3350

Der John Deere-Traktor des Typs 3350 war das zweitstärkste Modell innerhalb der neuen, im Werk Mannheim gefertigten 50er-Schlepper-familie. Die im ehemaligen Heinrich-Lanz-Werk fabrizierte Modellreihe bestand aus 13 unterschiedlichen, mit Drei- bis Sechszylindermotoren

### John Deere-Diesel-Allradschlepper Typ 3350

| | |
|---|---|
| BAUZEIT | 1986–1993 |
| MOTOR | wassergekühlter Sechszylinder-Diesel |
| LEISTUNG/DREHZAHL | 103 PS bei 2.300 U/min |
| HUBRAUM | 5.883 cm³ |
| GETRIEBE | 16/8- oder 12/8-Gang |
| GEWICHT | 4.860 kg |
| ANTRIEB | Allradantrieb |

Der Schlüter-Allradschlepper Super 1050 V war mit der Super-Silence-Kabine ausgestattet.

## Schlüter-Diesel-Allradschlepper Super 1050 V

Mitte der 1970er-Jahre hatte sich für den Freisinger Traktorhersteller Schlüter die Marktsituation verschlechtert. In das Segment der starken Traktoren waren mittlerweile immer mehr große Mitbewerber eingestiegen. Die Geschäftsführung reagierte mit einer Flucht nach vorn. Es entstandenen noch gewaltigere Traktoren, ohne damit einer Lösung des Absatzproblems näher zu kommen. Zu den eher kleineren Modellen dieses Herstellers zählte der im August 1974 vorgestellte 100-PS-Allradschlepper Super 1050 V. Aufgrund seiner moderaten Baugröße und der bekannt guten Verarbeitungsqualität kam dieser bald auf 105 PS Motorleistung angehobene Traktor mit 820 Stück auf recht zufriedenstellende Verkaufszahlen. Während seiner langen Angebotszeit von zwölf Jahren wechselten sowohl die Motoren- als auch die Getriebeausstattung mehrfach und wurden stets auf den neuesten technischen Stand gebracht.

Ein ausschließlich für Großbetriebe geeigneter Traktor war das Schlüter-Modell super 1500 TVL.

| Schlüter-Diesel-Allradschlepper Super 1050 V | |
|---|---|
| Bauzeit | 1974–1986 |
| Motor | wassergekühlter Sechszylinder-Diesel |
| Leistung/Drehzahl | 100 PS bei 1.800 U/min (ab 1976: 105 PS) |
| Hubraum | 6.871 bzw. 7.127 cm³ |
| Getriebe | 12/6-, 14/8- oder 20/9-Gang |
| Gewicht | 4.585–5.300 kg |
| Antrieb | Allradantrieb |

## Schlüter-Diesel-Allradschlepper Super 1500 TVL

Der 1974 auf den Markt gebrachte Großschlepper Super 1500 TVL gehörte zu den wenigen bislang angebotenen Fahrzeugen, deren Motor mit einem Turbolader ausgerüstet war. Dieses Modell entstand aus dem bereits 1970 vorgestellten Schlüter-Traktor 1500 TV, der mit einem ähnlichen, aber schwächeren Antriebsaggregat ausgestattet war. Zwischen 1974 und 1976 wurde der neue, in Halbrahmenbauweise konstruierte Super 1500 TVL mit einem 150 PS starken Sechszylinder-Direkteinspritz-Antriebsaggregat mit Abgasturbolader, einem 12/6- oder 16/8-Gang-Synchrongruppenschaltgetriebe der ZF-Baumuster T 3406 bzw. T 3450 sowie der neuen Super-Silence-Kabine mit steiler Heckscheibe in insgesamt 328 Exemplaren ausgeliefert. Der selbstverständlich beheizbare Arbeitsplatz des Schlepperfahrers

| Schlüter-Diesel-Allradschlepper Super 1500 TVL | |
| --- | --- |
| BAUZEIT | 1974–1976 |
| MOTOR | wassergekühlter Sechszylinder-Diesel |
| LEISTUNG/DREHZAHL | 150 PS bei 2.000 U/min |
| HUBRAUM | 7.127 cm³ |
| GETRIEBE | 12/6- oder 16/8-Gang |
| GEWICHT | 5.475 kg |
| ANTRIEB | Allradantrieb |

war schallisoliert, schützte nahezu perfekt vor Hitze, Staub und Kälte und bot zudem eine ausgezeichnete Rundumsicht. Die Regelhydraulik am Heck mit 5.600 kg Hubvermögen sowie die gewaltige Bereifung waren den diesem Fahrzeug zugedachten Aufgaben angemessen.

### Verbesserte Arbeitsbedingungen

Seit den späten 1960er-Jahren geriet der früher stets vernachlässigte Arbeitsplatz des Schlepperfahrers immer mehr in das Blickfeld der Konstrukteure. Dieser musste in der Regel viele Stunden am Tag auf seinem Traktor zubringen – und das unter gesundheitlich immer weniger zu akzeptierenden Bedingungen. Nachdem man den Wert und Nutzen eines hochwertigen Arbeitsplatzes für die Gesundheit des Fahrers erkannt hatte, war man nun bereit, für gute Sitze, Schlepperverdecke und schließlich Kabinen mehr Geld zu investieren. Nicht nur beim Kunden stieß dieses Ansinnen – trotz höherer Kosten – auf Akzeptanz, hinzu kamen auch Forderungen des Gesetzgebers und Vorschriften der landwirtschaftlichen Berufsgenossenschaften, um die Gesundheit des Schlepperfahrers zu schützen und zu erhalten. In den folgenden Jahren wurde die Schlepperkabine zum Standard, für deren zweckmäßige und komfortable Ausrüstung von den Konstrukteuren sehr viel getan wurde. Die heutigen Kabinen sind geräuschisoliert, gegen Stöße geschützt, verfügen über eine ausreichende Heiz- und Belüftungsanlage sowie eine gute Rundumsicht.

## Schlüter-Diesel-Allradschlepper Compact 850 V

Obwohl sich die Aktivitäten der Firma Schlüter immer stärker den oberen Leistungsklassen zugewandt hatten, musste man mit einer gewissen Ernüchterung feststellen, dass nicht wenige dieser Fahrzeuge für den hiesigen Markt einfach zu groß und auch zu teuer waren. Dies war einer der Gründe dafür, zu Beginn der 1970er-Jahre der schon schier unübersehbaren Zahl von Baureihen und Modellen im Fertigungsprogramm mit der Compact-Reihe eine weitere hinzuzufügen. Wie der Name schon verriet, waren die Compact-Modelle im Gegensatz zu leistungsmäßig vergleichbaren Fahrzeugen weniger aufwendig ausgestattet und insgesamt kompakter. Dies lag zu einem großen Teil an den verwendeten Motoren, die im Falle des Compact 850 nicht sechs, sondern nur vier Zylinder hatten. Vor allem diesem Fahrzeug war mit 632 verkauften Einheiten ein recht guter Verkaufserfolg beschieden. Der langsame, aber stetige Niedergang des Herstellers Schlüter ließ sich dadurch jedoch nicht aufhalten. Ende 1993 verließen die letzten Fahrzeuge die Werkstore.

| Schlüter-Diesel-Allradschlepper Compact 850 V | |
| --- | --- |
| BAUZEIT | 1974–1977 |
| MOTOR | wassergekühlter Vierzylinder-Diesel |
| LEISTUNG/DREHZAHL | 85 PS bei 1.800 U/min |
| HUBRAUM | 4.752 cm³ |
| GETRIEBE | 12/6- oder 16/8-Gang |
| GEWICHT | 3.695–3.895 kg |
| ANTRIEB | Allradantrieb |

Ein Compact 850 V mit Frontlader und der hydraulisch kippbaren Super-Silence-Kabine.

## Mit Traktoren der Superlative ins neue Jahrtausend

Zu Beginn des 21. Jahrhunderts hatte sich der Trend zur weltweiten Konzentration in der Traktorbranche manifestiert. Der globale Markt wird heute von einigen wenigen Großkonzernen beherrscht, die das Geschehen mehr oder weniger diktieren. An erster Stelle steht John Deere und beherrscht allein mehr als die Hälfte des US-amerikanischen Landtechnikmarktes. Auch in Deutschland steht dieser Konzern, gefolgt von Fendt und Deutz-Fahr, seit Jahren an der Spitze.

Im Inland hatten sich die Traktor-Neuzulassungen auf jährlich rund 30.000 Einheiten stabilisiert. 2012 stieg das Jahresergebnis auf immerhin 36.264 Fahrzeuge. Zu diesem positiven Resultat hat nicht nur die gute Einkommenslage in der Landwirtschaft, sondern auch eine neue Abgasvorschrift beigetragen.

Die technische Entwicklung ist auch im neuen Jahrtausend nicht stehen geblieben. Mit Abgasturboladern ausgerüstete Vier- oder meist Sechszylindermotoren sind die Regel. Selbst kleinste Maschinen weisen PS-Zahlen auf, wie man sie vor 50 Jahren nur in der gehobenen Klasse kannte. Auf die Minimierung von Kraftstoffverbrauch und Schadstoffausstoß wird großer Wert gelegt. Die heutigen Traktoren sind üppig mit Elektronik und Hightech vollgestopfte Maschinen, mit 40 oder mehr unter Last schaltbaren Gängen und stufenlos arbeitenden Getrieben. Die Durchschnittsleistung der Traktoren in Deutschland liegt derzeit bei rund 130 PS, in Großbetrieben und Lohnunternehmen nicht selten bei bis zu 300 PS und mehr. Die Fahrgeschwindigkeit liegt bereits bei 50 km/h − Tendenz steigend. Allradantrieb ist Standard.

Getauft haben die Marketingleute die neue Technik mit Bezeichnungen wie PowrQuad, Powershuttle, Quad Range, Powershift, Elektroshift, Terra Glide, CommonRail, Variotronic oder anderen fantasievollen Namen. Computertechnik, Satellitennavigation und eine von der Elektronik vorgegebene Informationsfülle haben längst die Herrschaft übernommen. Mit Sicherheit ist dies noch nicht die letzte Evolutionsstufe der Traktoren.

Oben: Ein 156 PS starker Deutz Agrotron TTV 1160 mit stufenlosem Fahrantrieb neben einem Agrotron 150.

Unten, von links nach rechts: John Deere 6910 mit 135 PS, Fendt Vario 414 mit 145 PS, Deutz DX 6.05 SE mit 98 PS.

## Deutz-Diesel-Allradschlepper Agrotron 120

Auf der Agritechnica 1995 in Hannover erregten die ersten Modelle der neuen Agrotron-Bauserie von Deutz beträchtliches Aufsehen. Der Agrotron war als modulares Konzept ausgelegt, wobei sich der Kunde aus verschiedenen Bausteinen einen Schlepper nach seinen Ansprüchen zusammenstellen konnte. Aufgrund zahlreicher Qualitätsmängel folgte bereits Anfang 1997 mit überarbeiteten Fahrzeugen die zweite Generation dieser Baureihe. Neben zahlreichen Detailverbesserungen wurden Zuverlässigkeit und Bedienbarkeit optimiert. Wichtig war die nun für alle Typen lieferbare lastschaltbare Wendeschaltung. Beim Agrotron 120 kam ein ZF-Triebwerk aus der Reihe T 7200 zum Einsatz, sodass der Radstand gegenüber den kleineren Modellen geringfügig anwuchs. Weitere Merkmale waren die erhöhte Kabine und die verstärkte Vorderachse. Ab Ende 1997 konnte die Powershift-Getriebevariante mit zusätzlicher lastschaltbarer Wendeschaltung zur Powershuttle-Version aufgerüstet werden.

Ein Deutz Agrotron 120 bei der Feldarbeit.

| Deutz-Diesel-Allradschlepper Agrotron 120 | |
| --- | --- |
| BAUZEIT | 1997–2000 |
| MOTOR | wassergekühlter Sechszylinder-Diesel |
| LEISTUNG/DREHZAHL | 120 PS bei 2.300 U/min |
| HUBRAUM | 7.146 cm³ |
| GETRIEBE | 24/24- oder 40/40-Gang |
| GEWICHT | 5.360 kg |
| ANTRIEB | Allradantrieb |

## Deutz-Diesel-Allradschlepper AgroXtra 4.57 A

Unter der Modellbezeichnung AgroXtra verbarg sich eine von Deutz-Fahr im Jahr 1990 vorgestellte Baureihe von Schräghaubentraktoren. Diese Bauform mit stark nach vorn abgeschrägter Motorhaube hielt seither im Schlepperbau verstärkt Einzug, um die Sichtverhältnisse

**Deutz-Diesel-Allradschlepper AgroXtra 4.57 A**

| | |
|---|---|
| BAUZEIT | 1990–1995 |
| MOTOR | luftgekühlter Vierzylinder-Diesel |
| LEISTUNG/DREHZAHL | 90 PS bei 2.300 U/min (ab 1993: 95 PS) |
| HUBRAUM | 4.085 cm³ |
| GETRIEBE | 18/6- oder 15/5-Gang |
| GEWICHT | 3.800 kg |
| ANTRIEB | Allradantrieb |

Oben: Deutz AgroXtra 4.57 mit StarCab-Kabine und Fronthydraulik.

Deutz Agrotron 165 MK 3 mit Fronthydraulik.

nach vorn zu verbessern. Nach ersten Erfolgen wurde diese Reihe rasch um weitere Typen ausgebaut, die schließlich den Leistungsbereich vom 60 PS starken Dreizylindermodell bis zum Sechszylinder mit 113 PS umfasste. Alle Fahrzeuge waren mit der sogenannten StarCab-Kabine ausgerüstet. Das AgroXtra-Modell 4.57 war der Stammvater der gesamten Baureihe. Sein Antrieb erfolgte durch einen 90 PS starken luftgekühlten Vierzylinder-Direkteinspritzmotor mit Abgasturbolader, dessen Leistung ab 1993 um fünf weitere Pferdestärken erhöht wurde. Das Deutz-TW-901-Gruppenschaltgetriebe gab es in einer 30- und einer 40-km/h-Version.

## Deutz-Diesel-Allradschlepper Agrotron 165 MK 3

Mit der dritten Generation der Agrotron-Traktoren erreichte Deutz-Fahr einen ganz erheblichen Fortschritt. Die ersten Modelle wurden im Jahr 1999 vorgestellt und gingen ab 2000 in Serie. Äußerlich wurden die Fahrzeuge durch den Zusatz MK 3 in der Typenbezeichnung kenntlich gemacht. Ansonsten gab es auf den ersten Blick gegenüber den Vorgängern kaum Unterschiede zu entdecken. Umso mehr hatte sich unter der Karosseriehülle getan. Neben komplett neu konstruierten Hydraulik-Zuleitungen einschließlich der Verkabelung kamen zahlreiche Detailverbesserungen zum Tragen. Auch im Kabineninneren wurden viele Verbesserungen vorgenommen. Das Agrotron-Modell 165 MK 3 war ein Traktor für große Höfe und mit der Deutz-

Fahr-Kabine GC 6, die auf Wunsch mit Federung geliefert werden konnte, ausgerüstet. Serienmäßig vorhanden waren die lastschaltbare Wendeschaltung sowie eine Vierfachzapfwelle. Das Getriebe gab es in verschiedenen Geschwindigkeitsvarianten mit bis zu 50 km/h.

**Deutz-Diesel-Allradschlepper Agrotron 165 MK 3**

| | |
|---|---|
| BAUZEIT | 2000–2003 |
| MOTOR | wassergekühlter Sechszylinder-Diesel |
| LEISTUNG/DREHZAHL | 160 PS bei 2.300 U/min |
| HUBRAUM | 7.146 cm³ |
| GETRIEBE | 24/24- oder 40/40-Gang |
| GEWICHT | 6.425 kg |
| ANTRIEB | Allradantrieb |

## Deutz-Diesel-Allradschlepper Agrotron X 720

Im Jahr 2006 wurde die neue Agrotron-X-Modellreihe von Deutz-Fahr vorgestellt. Das damals größte Fahrzeug war der Typ X 720 – ein Großschlepper mit wassergekühltem Sechszylinder-Direkteinspritzmotor mit 265 PS, CommonRail-Einspritztechnik und elektronischer Regelung. Er löste im darauffolgenden Jahr den bisher größten Schlepper Agrotron 265 in der Typenpalette ab, von dem sich das neue Modell durch die auf nunmehr 10.500 kg erhöhte Hubkraft der Hydraulikanlage unterschied. Leistungsmäßig noch übertroffen wurde der X 720 durch das Ende 2009 vorgestellte Agrotron-Modell X 730 mit 305 PS Maximalleistung. Die seit 2009 gefertigten Serientraktoren des Modells X 720 werden mit einer reduzierten Motordrehzahl gebaut, wodurch sich Kraftstoff sparen und das Geräuschniveau reduzieren lässt. Das gewaltige Fahrzeug kann auch mit Biodiesel betrieben werden.

Der Agrotron X 720 von Deutz-Fahr gehört zu den Spitzenmodellen dieses Herstellers.

## Deutz-Diesel-Allradschlepper Agrotron TTV 1160

Die im Jahr 2001 vorgestellte Agrotron-TTV-Schlepperreihe war die erste aus drei Typen bestehende Traktorfamilie von Deutz-Fahr mit stufenlosem Fahrantrieb. Von den übrigen Agrotron-Traktoren im Verkaufsprogramm unterschieden sich die TTV-Modelle schon

| Deutz-Diesel-Allradschlepper Agrotron X 720 | |
| --- | --- |
| Bauzeit | seit 2009 |
| Motor | wassergekühlter Sechszylinder-Diesel |
| Leistung/Drehzahl | 265 PS bei 2.200 U/min |
| Hubraum | 7.146 cm³ |
| Getriebe | 40/40-Gang |
| Gewicht | 9.430–10.435 kg |
| Antrieb | Allradantrieb |

Der Agrotron TTV 1160 war das Spitzenmodell innerhalb der mit stufenlosem Fahrantrieb ausgerüsteten Deutz-Fahr-Traktoren.

## Deutz-Diesel-Allradschlepper Agrotron TTV 1160

| | |
|---|---|
| BAUZEIT | ab 2001 |
| MOTOR | wassergekühlter Sechszylinder-Diesel |
| LEISTUNG/DREHZAHL | 150 PS bei 2.300 U/min (ab 2003: 156 PS) |
| HUBRAUM | 7.146 cm$^3$ |
| GETRIEBE | stufenlos |
| GEWICHT | 6.525 kg |
| ANTRIEB | Allradantrieb |

äußerlich durch eine neue Motorverkleidung, die im Laufe der Zeit auch für alle anderen Agrotron-Typen richtungsweisend werden sollte. Im Zentrum des Interesses stand natürlich das stufenlose ZF-Eccom-1,5-Triebwerk, das eine Endgeschwindigkeit von 50 km/h zuließ. Das stärkste Fahrzeug dieser Reihe war der TTV 1160, der sich von den übrigen beiden Modellen allein durch seine höhere Motorleistung unterschied. Bei der Kabinenausstattung konnte der Kunde zwischen einer mechanischen oder pneumatischen Kabinenfederung – Letztere gab es gegen Aufpreis – wählen. Die klappbare Kompaktkühleranlage wurde 2003 gemeinsam mit der Ladeluftkühlung des Motors eingeführt. Die Hubkraft der Hydraulikanlage betrug hinten 9.240 kg und vorn 4.000 kg.

Vom Deutz-Fahr-Modell Agrotron 280 wurden nur einige Prototypen gebaut.

## Deutz-Diesel-Allradschlepper Agrotron 280

Das Agrotron-Modell 280 von Deutz-Fahr wurde im Jahr 2008 in mehreren Prototypen gefertigt, gelangte aber nie in den regulären Verkauf. Es wurde hingegen über einen kurzen Zeitraum als Bauvariante des Agrotron 265 mit dessen auf 250 PS gedrosseltem Motor angeboten. Der Traktor war mit einem neuen Haubendesign ausgestattet und besaß eine Kompaktkühleranlage. Er war – bis auf den Motor – baugleich mit dem Agrotron 235. Bei diesem Großschlepper waren die lastschaltbare Wendeschaltung, das (Powershuttle-) Triebwerk gemäß ZF-Baumuster 7336 P, eine luftgefederte Deutz-Fahr GC8-Kabine und die gefederte Vorderachse serienmäßige Bestandteile. Der Traktor war in den Geschwindigkeitsvarianten 40 oder 50 km/h lieferbar. Die druck- und mengengeregelte Bosch-EHR-Hydraulik konnte am Heck 10.500 kg anheben, während die Hubkraft vorn 5.000 kg betrug. Die Zapfwellenbedienung geschah elektrohydraulisch mittels Druckknopfbetätigung.

## Deutz-Diesel-Allradschlepper Agrotron 280

| | |
|---|---|
| BAUZEIT | 2008 |
| MOTOR | wassergekühlter Sechszylinder-Diesel |
| LEISTUNG/DREHZAHL | 250 PS bei 2.300 U/min |
| HUBRAUM | 7.146 cm$^3$ |
| GETRIEBE | 24/24- oder 40/40-Gang |
| GEWICHT | 9.050 kg |
| ANTRIEB | Allradantrieb |

## Fendt-Diesel-Allradschlepper 820 Vario

Das Fendt-Modell 820 Vario ist ein kompakter Großschlepper, der sich seit dem Jahr 2006 in der Produktion befindet. Der auf der Motorhaube befindliche Zusatz „TMS" steht für das serienmäßige (Motor-Getriebe-)Traktor-Management-System. Speziell für die Betankung mit Rapsöl wird ergänzend die Variante 820 Vario greentec angeboten. Bis Anfang 2011 wurde dieses Modell weltweit bereits 8.630 Mal verkauft und steht damit nach dem 716 Vario an zweiter Stelle der meistverkauften, mit stufenloser Kraftübertragung ausgerüsteten Vario-Traktoren. Auf dem deutschen Markt war dieser große Halbrahmenschlepper in den Jahren 2007 bis 2010 herstellerübergreifend jeweils der Traktor mit den meisten Neuzulassungen. Das starke Fahrzeug ist mit einem wassergekühlten Sechszylinder-Deutz-Diesel mit Turbolader, Ladeluftkühlung, Viskolüfter, CommonRail-Einspritztechnik, elektronischer Motorregelung und externer Abgasrückführung ausgestattet. Neben der 50-km/h-Endgeschwindigkeit beträgt das Hubvermögen des Heckkrafthebers 9.300 kg.

| Fendt-Diesel-Allradschlepper 820 Vario | |
|---|---|
| Bauzeit | seit 2006 |
| Motor | wassergekühlter Sechszylinder-Diesel |
| Leistung/Drehzahl | 207 PS bei 2.100 U/min |
| Hubraum | 6.057 cm³ |
| Getriebe | stufenlos |
| Gewicht | 7.185 kg |
| Antrieb | Allradantrieb |

Ein Fendt 820 Vario aus dem Jahr 2007 mit Fronthydraulik.

## Fendt-Diesel-Allradschlepper Favorit 711 Vario

Auf der Internationalen Fachmesse Agritechnica des Jahres 1995 war die Sensation perfekt, als die Fendt-Werke als weltweit erster Traktorhersteller einen Großschlepper mit einem unter Last stufenlos verstellbaren Vario-Getriebe vorstellten. Dieses im eigenen Hause entwickelte Getriebe kombinierte die Wirkungsweise eines Lastschaltgetriebes mit den Vorteilen des stufenlosen Fahrantriebs. Die Baureihe 700 war die zweite Fendt-Typenreihe, die mit dem neuen Getriebe ausgestattet wurde. Die Fahrzeuge präsentierten sich in einem völlig neuen, schwungvollen, etwas futuristisch anmutenden Erscheinungsbild, das unter Mitwirkung des Porsche-Entwicklungszentrums entstanden war. Mit dieser neuen Traktorgeneration endete das Zeitalter der kantigen Traktorprofile. In dem seit 1999 angebotenen Modell 711 Vario arbeitete ein 115 PS starker, mit 24 Ventilen, einem modernen Einspritzsystem und Abgasturbolader ausgestatteter Sechszylinder-Direkteinspritz-Diesel von Deutz. Neu war auch der verwendete Gusshalbrahmen, der die tragende Funktion übernahm.

| Fendt-Diesel-Allradschlepper Favorit 711 Vario | |
|---|---|
| Bauzeit | 1999–2003 |
| Motor | wassergekühlter Sechszylinder-Diesel |
| Leistung/Drehzahl | 115 PS bei 2.100 U/min |
| Hubraum | 5.702 cm³ |
| Getriebe | stufenlos |
| Gewicht | 5.650 kg |
| Antrieb | Allradantrieb |

## Fendt-Diesel-Allradschlepper 312 Vario

Die aus fünf im Leistungsbereich von 95 bis 135 PS angesiedelten Modellen bestehende neue Schlepperfamilie 300 Vario zählt zu den mittelschweren Universaltraktoren. Bei diesen technisch weiter optimierten Fahrzeugen wurde besonderer Wert auf verbesserte Emissionswerte und höhere Kraftstoffeffizienz gelegt. Die modernen Vierzylindermotoren arbeiteten mit Vierventiltechnik, CommonRail-Kraftstoffeinspritzung, Ladeluftkühlung, elektronischer Motorregelung und externer Abgasrückführung. Die Wartungsintervalle wurden verbessert, sodass ein Ölwechsel erst nach 500 Betriebsstunden vorgenommen werden musste. Das in zwei Fahrbereiche unterteilte stufenlose Getriebe reicht entweder bis 40 oder bis 25 km/h Endgeschwindigkeit. Der Kraftheber arbeitet mit elektronischer Hubwerksregelung über Unterlenkersteuerung mit 5.960 kg Hubvermögen am Heck und 3.020 kg im Frontbereich. Die Komfortkabine besitzt eine integrierte Sicherheitszelle, getönte Scheiben, Dreistufengebläse und Klimaanlage.

| Fendt-Diesel-Allradschlepper 312 Vario | |
|---|---|
| Bauzeit | seit 2009 |
| Motor | wassergekühlter Vierzylinder-Diesel |
| Leistung/Drehzahl | 110 PS bei 2.100 U/min |
| Hubraum | 4.038 cm³ |
| Getriebe | stufenlos |
| Gewicht | 4.450 kg |
| Antrieb | Allradantrieb |

Der Fendt-Allradschlepper Favorit 711 Vario war ein kompakter Hochleistungstraktor der Mittelklasse.

Der 312 Vario von Fendt – hier mit Frontlader – ist ein kompakter Schlepper für mittlere Betriebsgrößen.

Der Fendt Favorit 716 Vario ist eine für den Großbetrieb geeignete Maschine.

## Fendt-Diesel-Allradschlepper Favorit 716 Vario

Der seit 1998 im Lieferprogramm der Fendt-Werke befindliche
Traktor Favorit 716 Vario avancierte zu einem stark nachgefragten
Erfolgsmodell. Dieser Großschlepper wurde laufend verbessert und
nicht zuletzt den gesetzlichen Abgasvorschriften angepasst. Unter
der runden Motorhaube kommt neueste Fendt-Technologie zum
Einsatz. Der Sechszylindermotor arbeitet mit Vierventiltechnik,
elektronischer Motorregelung und elektronischem Handgas, Com-
monRail-Einspritzung, Ladeluftkühlung und Abgasrückführung.
Die LoadSensing-Hydraulikanlage arbeitet mit Unterlenkerregelung
und verfügt über 9.600 kg Hubkraft hinten und 4.420 kg vorn.

Trotz seiner Größe lässt sich der Fendt 718 Vario auch als Pflegeschlepper verwenden.

| Fendt-Diesel-Allradschlepper Favorit 716 Vario | |
|---|---|
| Bauzeit | seit 1998 |
| Motor | wassergekühlter Sechszylinder-Diesel |
| Leistung/Drehzahl | 163 PS bei 2.100 U/min |
| Hubraum | 6.056 cm³ |
| Getriebe | stufenlos |
| Gewicht | 6.605 kg |
| Antrieb | Allradantrieb |

| Fendt-Diesel-Allradschlepper 718 Vario | |
|---|---|
| Bauzeit | seit 1998 |
| Motor | wassergekühlter Sechszylinder-Diesel |
| Leistung/Drehzahl | 180 PS bei 2.100 U/min |
| Hubraum | 6.056 cm³ |
| Getriebe | stufenlos |
| Gewicht | 7.900 kg |
| Antrieb | Allradantrieb |

## Fendt-Diesel-Allradschlepper 718 Vario

Das Fendt-Modell 718 Vario ist das größte Fahrzeug in dieser aus vier
Modellen bestehenden Mittelklassereihe mit Motorisierungen zwischen 130 und 180 PS. In der dritten Generation wurde die Leistung
des Grundfahrzeugs nochmals gesteigert und dieses in allen Bereichen technisch weiterentwickelt. Es handelt sich um einen starken

Allround- und Universalschlepper für mittlere bis große Höfe, der mit
allen derzeit aktuellen technischen Errungenschaften ausgerüstet ist.
Besondere Pluspunkte sind, auch im Vergleich zu den Mitbewerbern,
der niedrige Kraftstoffverbrauch und die hohe Wirtschaftlichkeit. Das
weiter gesteigerte Hubvermögen der Hydraulik bietet Reserven für
modernste Anbaugeräte.

Das kleinste Modell der 900-Vario-Reihe von Fendt ist der Typ 922.

## Fendt-Diesel-Allradschlepper 922 Vario

In der ab 2006 vorgestellten Fendt-900-Vario-Generation sind in sechs Leistungsstufen Großtraktoren zwischen 220 und 360 PS vertreten. Darunter ist der Typ 922 Vario mit 220 PS das Einstiegsmodell. Allen Fahrzeugen gemeinsam ist die auf den modernsten Errungenschaften basierende, elektronisch gesteuerte Motorentechnologie mit Vierventiltechnik, Ladeluftkühlung, vollelektronischer Lüftersteuerung und CommonRail-Einspritztechnik. Neben der 50-km/h-Ausführung gibt es sogar eine sogenannte Profi-Variante mit 60 km/h Höchstgeschwindigkeit, die aus Sicherheitsgründen mit einer Zweikreis-Vierradbremse ausgestattet ist. Während der Heckkraftheber Gewichte von bis zu 11.800 kg anheben kann, leistet der Frontheber 5.550 kg.

## Fendt-Diesel-Allradschlepper 414 Vario

Mit der neu vorgestellten, aus fünf Modellen bestehenden 400-Vario-Reihe bietet Fendt einen leichten bis mittleren Universalschlepper für Gemischt- und Grünlandbetriebe. Leicht, kompakt und wendig vertreten diese Fahrzeuge die stufenlose Antriebstechnologie des Unternehmens im Leistungsbereich von 114 bis 154 PS. In der Ausstattung können die relativ kleinen, für 50 km/h eingerichteten Vierzylinder-Traktoren mit Ausstattungsmerkmalen aufwarten, die bisher nur bei Großtraktoren üblich waren, so z. B. mit der neu entwickelten Kabine mit integrierter, kippbarer Sicherheitszelle, getönten Scheiben und Klimaanlage.

| Fendt-Diesel-Allradschlepper 922 Vario | |
|---|---|
| Bauzeit | seit 2006 |
| Motor | wassergekühlter Sechszylinder-Diesel |
| Leistung/Drehzahl | 220 PS bei 2.100 U/min |
| Hubraum | 7.142 cm³ |
| Getriebe | stufenlos |
| Gewicht | 10.800 kg |
| Antrieb | Allradantrieb |

| Fendt-Diesel-Allradschlepper 414 Vario | |
|---|---|
| Bauzeit | seit 2006 |
| Motor | wassergekühlter Vierzylinder-Diesel |
| Leistung/Drehzahl | 145 PS bei 2.100 U/min |
| Hubraum | 4.038 cm³ |
| Getriebe | stufenlos |
| Gewicht | 5.450 kg |
| Antrieb | Allradantrieb |

Ein Fendt 414 Vario TMX mit angebauter Feldspritze Amazone UF 1800.

## John Deere-Diesel-Allradschlepper Typ 7710

Mit der Vorstellung der 7010er-Schlepperreihe gingen im Jahr 1997 bei John Deere drei Fahrzeuge an den Start. Es handelte sich um die Modelle 7610 mit 140 PS, 7710 mit 155 PS und 7810 mit 175 PS. Diese bereits zu den Großschleppern zählenden Fahrzeuge waren mit identischen technischen Merkmalen ausgestattet, wobei der Typ 7710 mit dem geringfügig gedrosselten Motor des stärkeren Modells 7810 ausgerüstet war. Für dieses Fahrzeug standen mehrere Getriebevarianten zur Wahl: die PowrQuad-Wendegetriebe mit 16/16- oder 20/20-Gangstufen, das PowrShift-Getriebe mit 19/7-Gängen oder das ab 2002 optional erhältliche stufenlose AutoPowr-Triebwerk. Hervorzuheben war bei allen Fahrzeugen der sehr komfortable „Active Seat", der mehr noch als ein herkömmlicher luftgefederter Fahrersitz Stöße und Schläge durch Computersteuerung abfing.

| John Deere-Diesel-Allradschlepper Typ 7710 | |
|---|---|
| BAUZEIT | 1997–2003 |
| MOTOR | wassergekühlter Sechszylinder-Diesel |
| LEISTUNG/DREHZAHL | 155 PS bei 2.100 U/min (ab 2001: 160 PS) |
| HUBRAUM | 8.134 cm³ |
| GETRIEBE | 16/16- oder 20/20-Gang |
| GEWICHT | 6.835 kg |
| ANTRIEB | Allradantrieb |

## John Deere-Diesel-Allradschlepper Typ 6210

Mit der 6010er-Serie präsentierte John Deere 1997 die zweite Generation von Modultraktoren. Diese Bauweise bot eine große Flexibilität bei Fertigung und Ausrüstung der Traktoren, sodass sich der Kunde den auf seine Bedürfnisse und Anforderungen individuell zugeschnitten Wunschschlepper selbst zusammenstellen konnte. Die im Werk Mannheim gefertigte Baureihe umfasste jeweils vier Vierzylinder- und vier Sechszylinder-Traktoren mit Leistungen zwischen 80 und 140 PS. Diese Grundtypen konnten in unzähligen Ausrüstungsvarianten geliefert werden. Elektronikbauteile steuerten, optimierten und vereinfachten überall die Bedienung und senkten den Kraftstoffverbrauch. Der Typ 6210 war ein kompakter Vierzylinderschlepper, dessen Antriebseinheit mit einem Abgasturbolader funktionierte. Das für 40 km/h Maximalgeschwindigkeit ausgelegte Fahrzeug gab es

| John Deere-Diesel-Allradschlepper Typ 6210 | |
|---|---|
| BAUZEIT | 1997–2003 |
| MOTOR | wassergekühlter Vierzylinder-Diesel |
| LEISTUNG/DREHZAHL | 90 PS bei 2.300 U/min |
| HUBRAUM | 4.530 cm³ |
| GETRIEBE | 16/16- oder 24/24-Gang |
| GEWICHT | 4.147 kg |
| ANTRIEB | Allradantrieb |

Ein John Deere Typ 7710: Dieser Traktor war für mittlere bis große Betriebe eine wirtschaftliche Investition.

Der John Deere Typ 6210 war ein Kompaktschlepper für kleinere Betriebe.

mit verschiedenen Triebwerksausführungen, dem PowrQuad-Wende-getriebe mit wahlweise vorwärts wie rückwärts 16 oder 24 Gängen oder dem AutoQuad mit vier Last- und drehzahlabhängigen, automatisch schaltenden Laststufen.

## John Deere-Diesel-Allradschlepper Typ 6900

Mit der 1992 vorgestellten 6000er-Reihe erfolgte bei John Deere die Abkehr von der bisher üblichen Blockbauweise und der gleichzeitige Übergang zur Rahmenbauweise. Diese in Form eines Ganzstahl-Brückenrahmens gestaltete Konstruktion erlaubte nicht nur höhere Nutzlasten, sondern bot auch mehr Flexibilität bei der Fertigung und Ausrüstung der Traktoren. So konnten Frontlader und Frontkraft-heber unmittelbar am Stahlrahmen angebaut werden. Weitere Verbesserungen erfolgten an der Hydraulikanlage, die durch Druck- und Mengenregelung effizienter und leistungsfähiger wurde. Neu war auch die TechCenter-Fahrerkabine mit ihrem verbesserten Einstieg, verringertem Lärmpegel und der optimierten Rundumsicht. Ende 1994 ergänzte der Typ 6900 die Reihe im oberen Leistungsbereich. Dieses 130 PS starke Fahrzeug war üblicherweise mit verschiedenen Getriebevarianten erhältlich.

| John Deere-Diesel-Allradschlepper Typ 6900 | |
|---|---|
| BAUZEIT | 1994–1997 |
| MOTOR | wassergekühlter Sechszylinder-Diesel |
| LEISTUNG/DREHZAHL | 130 PS bei 2.100 U/min |
| HUBRAUM | 6.786 cm³ |
| GETRIEBE | 16/16- oder 20/20-Gang |
| GEWICHT | 5.390 kg |
| ANTRIEB | Allradantrieb |

Hier ist ein John Deere-Allradschlepper des Typs 6900 mit Frontgewichten und Aufsattel-Tankanhänger abgebildet.

Ein John Deere Typ 6300 mit großer Allzweck- und Pflegebereifung.

## John Deere-Diesel-Allradschlepper Typ 6300

Die aus insgesamt sieben Modellen zwischen 75 und 130 PS bestehende 6000er-Schlepperreihe von John Deere wurde komplett im Werk Mannheim gefertigt. Die 1992 vorgestellte Reihe wurde zu einem großen Erfolg, denn in weniger als fünf Jahren fanden weltweit mehr als 100.000 Traktoren einen Käufer. Hinzu kamen die vielen internationalen Anerkennungen, die diese erfolgreichen Modelle erhielten. Der Typ 6300 war der mit Abstand erfolgreichste Schlepper dieser Reihe, der sich auch in den USA einer großen Beliebtheit erfreute. Er war mit einem Vierzylinder-Turbodieselmotor ausgerüstet und konnte in zahlreichen als Wendegetriebe konstruierten Triebwerksausführungen geliefert werden. Neben der Heck- und Fronthydraulik besaß der auf 40 km/h Höchstgeschwindigkeit ausgelegte Traktor sowohl vorne als auch hinten Zapfwellenanschlüsse.

| John Deere-Diesel-Allradschlepper Typ 6300 | |
| --- | --- |
| BAUZEIT | 1992–1997 |
| MOTOR | wassergekühlter Vierzylinder-Diesel |
| LEISTUNG/DREHZAHL | 90 PS bei 2.300 U/min |
| HUBRAUM | 3.920 cm³ |
| GETRIEBE | 16/16-, 20/20- oder 24/24-Gang |
| GEWICHT | 4.000 kg |
| ANTRIEB | Allradantrieb |

## John Deere-Diesel-Allradschlepper Typ 7530 Premium

Mit dem 2007 vorgestellten Modell 7530 rundete John Deere in Mannheim die Produktpalette nach oben ab. Auch dieser Traktor war speziell auf europäische Einsatzverhältnisse zugeschnitten, wobei die hohe Motorleistung mit relativ leichter und kompakter Bauweise kombiniert wurde. Mit einem 180 PS starken, in Frankreich gefertigten PowrTech-Plus-Motor war diese Maschine sowohl für den Großbetrieb als auch für Lohnunternehmer interessant, denn sie bot ein sehr ausgewogenes Preis-Leistungs-Verhältnis. Das Antriebsaggregat war mit CommonRail-Hochdruckeinspritzung, Vierventiltechnik, Turbolader, Ladeluftkühlung und externer, gekühlter Abgasrückführung ausgerüstet und entsprechend abgasqualifiziert. Die abzugebende Motor-

Für den deutschen Markt war der 180 PS starke John Deere 7530 ein ausgesprochener Großschlepper.

**John Deere-Diesel-Allradschlepper Typ 7530 Premium**

| | |
|---|---|
| BAUZEIT | 2007–2011 |
| MOTOR | wassergekühlter Sechszylinder-Diesel |
| LEISTUNG/DREHZAHL | 180 PS bei 2.100 U/min |
| HUBRAUM | 6.800 cm³ |
| GETRIEBE | 16/16- oder 20/20-Gang |
| GEWICHT | 6.622 kg |
| ANTRIEB | Allradantrieb |

leistung wurde über ein intelligentes Motormanagement gesteuert, welches die Leistung bei Zapfwellenarbeiten und Transportfahrten automatisch um 25 % steigerte. Dem Schlepperfahrer standen vier lastschaltbare Gänge, die mittels Knopfdruck betätigt wurden, zur Verfügung.

## John Deere-Diesel-Allradschlepper Typ 6400

Bei Einführung der 6000er-Serie, welche die 50er-Serie ablöste, war das Modell 6400 das leistungsstärkste Fahrzeug dieser Baureihe. Das mit einem Abgasturbolader ausgerüstete Vierzylinder-Antriebsaggregat arbeitete mit direkter Einspritzung und konnte in puncto Kraftstoffersparnis einen neuen Rekord in seiner Klasse aufstellen. Auch dieses Modell war in der neuen Ganzstahl-Brückenrahmenbauweise ausgestattet, die neue Möglichkeiten beim Einbau und bei der Nachrüstung verschiedener Getriebevarianten erschloss. Die gesamte 6000er-Reihe war mit dem vierstufigen Lastschaltgetriebe PowrQuad mit Reversiereinrichtung ausgerüstet. Dieses Wendegetriebe war eine aktualisierte Version der bereits seit 1967 von John Deere gebauten Lastschalttriebwerke. Eine erhebliche Entlastung des Schlepperfahrers bot John Deere seit 1995 mit einer elektronischen Fahrerunterstützung, die automatisch das gleichzeitige Zu- und Abschalten des Allradantriebs, der Differenzialsperre und der Zapfwelle bei Aushub oder Absenkung des Krafthebers ermöglichte.

### Die Landtechnik vor neuen Aufgaben

Die Landwirtschaft des 21. Jahrhunderts steht weltweit vor neuen, großen Herausforderungen, denn es gilt, die Probleme der explodierenden Weltbevölkerung, steigender Lebenserwartung, zunehmenden Wohlstands in den Schwellen-, aber auch in den Entwicklungsländern sowie des wachsenden Bedarfs an Nahrungsmitteln und regenerativen Energien zu lösen. Andererseits verursachen Maßlosigkeit, Überfluss und sinnlose Verschwendung in den Industrieländern ein Ungleichgewicht und damit weltweit neuen Konfliktstoff. Diese drängenden Fragen werden neben einem radikalen Umdenken im Konsumverhalten bahnbrechende Lösungen von ähnlich großer Tragweite erfordern, wie sie vor Beginn der Landwirtschaftsmotorisierung bestanden haben. Die Aufgabe der Traktor- und Landmaschinenindustrie wird mehr denn je darin bestehen, die Landwirte in aller Welt in ihrer Rolle als Welternährer mit neuen, wegweisenden Technologien zu unterstützen. Um die Zukunft der Welt auf diesem lebenswichtigen Sektor der Ernährung zu sichern, muss das Ziel sein, die Produktivität zu steigern und gleichzeitig das Land noch intensiver zu bewirtschaften, ohne dabei der Umwelt z. B. durch Monokulturen oder Überdüngung zu schaden. Letztendlich aber kann die Industrie den Menschen die Verantwortung für die durch sie selbst geschaffenen Probleme nicht abnehmen.

**John Deere-Diesel-Allradschlepper Typ 6400**

| | |
|---|---|
| BAUZEIT | 1992–1997 |
| MOTOR | wassergekühlter Vierzylinder-Diesell |
| LEISTUNG/DREHZAHL | 100 PS bei 2.300 U/min |
| HUBRAUM | 4.530 cm³ |
| GETRIEBE | 24/24-Gang |
| GEWICHT | 4.100 kg |
| ANTRIEB | Allradantrieb |

Der Typ 6400 war von 1992 bis 1997 ein wichtiger Bestandteil des John Deere-Fertigungsprogramms.

# Technische Begriffe

**Achslastverteilung**

Die Verteilung des Gesamtgewichts des Traktors auf Vorder- und Hinterachse. Dabei entfallen beim Standardtraktor in der Regel 30 bis 40 % des Gewichts auf die Vorder- und entsprechend 60 bis 70 % auf die Hinterachse.

**Ackerschiene**

Diese dient zum Anhängen und Aufsatteln von Geräten und Maschinen. Sie ist genormt und wird am Schlepperheck an den unteren Lenker der Dreipunktkupplung eingehängt. Bei älteren Traktoren ohne Hydraulik erfüllt die starre, fest verschraubte, auch als Anhängeschiene bezeichnete Einrichtung die gleichen Aufgaben.

**Allradantrieb**

Beim Allrad- oder auch Vierradantrieb werden alle vier Räder eines Traktors angetrieben. Die Zuschaltung des Vorderachsantriebs geschieht bei Bedarf durch eine seitlich geführte Gelenkwelle vom Getriebe aus. Allradgetriebene Traktoren zeichnen sich durch eine um rund 20 % höhere Zugkraft und verbesserte Fahrsicherheit vor allem an Hängen und unter winterlichen Bedingungen aus. War der Allradantrieb im Schlepperbau noch bis weit in die 1960er-Jahre die Ausnahme, so hat er sich heute weitgehend durchgesetzt. In der Leistungsklasse ab 100 PS verfügen mittlerweile nahezu 100 % aller Traktoren über Allradantrieb.

**Anbaugeräte**

Hiermit werden die landwirtschaftlichen Geräte bezeichnet, die am Traktor angebaut werden. Während Frontlader und Mähwerk direkt am Traktorrumpf zu befestigen sind, werden die übrigen Geräte hauptsächlich am Heck, aber auch an der Front und beim Tragschlepper zusätzlich zwischen den Achsen angebracht.

**Ballastgewichte**

Bezeichnung für Metallgussteile, die zwecks Erhöhung des Leergewichts und damit der Zugkraft bei Bedarf zusätzlich an einem Traktor angebracht werden können. Ballastgewichte dienen auch der Korrektur der durch den Front- oder Heckanbau von Arbeitsgeräten verschobenen Schwerpunktlage eines Traktors. Man unterscheidet Front-, Vorderachs-, Vorderrad- und Hinterradballast.

**Baukastensystem**

Das Prinzip dieses Systems besteht darin, möglichst viele gleiche Bauteile für die Herstellung unterschiedlicher Fahrzeuge und Modelle zu verwenden. Die Baukastenmethode ist unter anderem bei Motoren, Getrieben, Krafthebern und vielen anderen Traktorbauteilen zu finden.

**Bauweise**

Bezeichnung für das Konstruktionsprinzip eines Traktors. Man unterscheidet Block-, Halbrahmen- oder Rahmenbauweise. Früher war die Blockbauweise im Traktorbau allgemein vorherrschend, heute bevorzugt man die Rahmenbauweise.

**Blockbauweise**

Hier werden die Baugruppen Motor, Getriebe und Hinterachse zu einem starren, selbsttragenden und verwindungsfreien Block verbunden.

**Bodenfreiheit**

Damit wird der in Zentimetern gemessene Abstand des am tiefsten gelegenen Traktorbauteils zur Standebene (Boden) bezeichnet. Vor allem bei Saat- und Pflegearbeiten ist eine große Bodenfreiheit förderlich.

**Differenzial**

Das Differenzial ist ein Bauteil der Hinterachse und bei Allradantrieb auch der Fronttriebachse eines Traktors. Es ist ein Kegelradgetriebe, das das Antriebsdrehmoment des Motors auf die Treibräder verteilt. Bei Kurvenfahrten bewirkt das Differenzial die Anpassung der Radumdrehung an den kürzeren Weg des inneren Rades und den längeren Weg des äußeren Rades.

**Direkteinspritzverfahren**

Ein Einspritzverfahren, bei dem der Kraftstoff direkt in den Verbrennungsraum des Motors eingespritzt wird. Derartige Motoren haben günstige Kraftstoffverbrauchswerte und ein gutes Kaltstartverhalten.

**Doppelkupplung**

Die Doppel- oder Zweifachkupplung besteht aus zwei hintereinanderliegenden, voneinander unabhängigen Kupplungsscheiben. Während die eine dem Fahrbetrieb des Traktors dient, ist die andere für den Antrieb der Motorzapfwelle bestimmt. Die Doppelkupplung wird durch ein Zweistufenpedal oder ein Pedal mit einem Handhebel betätigt.

**Dreipunktkupplung**

Ein international genormtes Verbindungsgestänge, das den Traktor mit den Dreipunkt-Anhängegeräten verbindet.

**Druckluftbremse**

Diese dient zur Bremsung von Anhängern; der Traktor selbst wird mechanisch gebremst. Die Druckluft wird in einem vom Motor angetriebenen Kompressor erzeugt und in einem Behälter gespeichert.

**EHR**

Abkürzung für elektronisch-hydraulische Hubwerksregelung als eine Variante der Regelhydraulik.

**Einspritzpumpe**

Diese ist bei einem Dieselmotor zum Einspritzen des Kraftstoffs in die Zylinder erforderlich. Da die Pumpe mehr Kraftstoff fördert als benötigt, fließt die überzählige Menge durch ein Überstromventil in den Kraftstofftank zurück.

**Frontkraftheber**

Damit wird eine vorn am Schlepper angeordnete Hydraulikanlage bezeichnet, die aus Dreipunktkupplung und Hubzylindern besteht.

**Fronttriebachse**

Eine andere Bezeichnung für Allradachse oder angetriebene Vorderachse eines Allradtraktors.

**Gelenkwelle**

Durch die Gelenkwelle wird die Leistung der Zapfwelle auf die Geräte übertragen. Daneben ist eine Gelenkwelle auch beim Allradschlepper erforderlich, um die Antriebskraft vom Getriebe auf die Vorderachse weiterzuleiten.

## Getriebeabstufung

Bezeichnet die Aufteilung der Geschwindigkeiten des Getriebes. Für den Traktoreinsatz sind von Bedeutung: der Kriechgangbereich unter 1,5 km/h, für die landwirtschaftliche Hauptarbeit der Bereich zwischen 4 und 12 km/h mit möglichst vielen Gängen und für Transporte alle schnelleren Übersetzungen bis zur Endgeschwindigkeit.

## Getriebezapfwelle

Die Getriebezapfwelle ist die einfachste Form einer vom Motor angetriebenen Zapfwelle und wird von diesem über dieselbe Kupplung, die auch dem Fahrantrieb dient, mit Leistung versorgt. Beim Auskuppeln kommen Traktor und Zapfwelle und damit auch das Anhängegerät zum Stillstand. Durch diesen Nachteil hat diese Zapfwelle heute keine Bedeutung mehr.

## Glühkopfmotor

Ein nach dem Zweitaktverfahren arbeitender Verbrennungsmotor, bei dem der eingespritzte Kraftstoff durch einen Glühkopf gezündet wird. Er verbrennt so ziemlich alle Arten schwer siedender Kraftstoffe und kann als eine frühe Form des Vielstoffmotors bezeichnet werden. Der Glühkopfmotor ist vor allem als Antrieb des Lanz-Bulldogs bekannt geworden.

## Gruppenschaltgetriebe

Damit sind Wechselgetriebe gemeint, bei denen die Gänge in verschiedenen Geschwindigkeitsbereichen zu Gruppen zusammengefasst werden. In den meisten Fällen besteht jede Gruppe aus drei Vorwärts- und einem Rückwärtsgang, sodass bei Vorhandensein von vier Gruppen insgesamt zwölf Gänge zur Verfügung stehen.

## Halbrahmenbauweise

Bei dieser Bauweise liegen Motor und Kühler eines Traktors auf einem meist aus U-Profilen bestehenden kurzen Rahmen, der sich fest an den Getriebeblock anschließt.

## Hydraulikanlage

Durch die Hydraulikanlage wird für verschiedene Einsatzzwecke mechanische in hydrostatische Energie umgewandelt. Mithilfe dieser Anlage können folgende Verbraucher gesteuert werden: Heck- und Frontkraftheber, Frontlader sowie weitere Hubzylinder für Anbau- und Anhängegeräte.

## Knicklenkung

Bei dieser Bauweise sind vorderer und hinterer Schlepperteil durch ein drehbares mechanisches oder hydraulisches Gelenk miteinander verbunden. Diese Bauweise kommt meist nur bei Spezialtraktoren vor und bewirkt gute Wendigkeit bei niedrigem Schwerpunkt.

## Kriechgang

Bezeichnung für Geschwindigkeiten bis zu 1,5 km/h. Diese sind wichtig für alle Bestell- und Pflegearbeiten.

## Ladeluftkühlung

Die Ladeluftkühlung dient zur Kühlung der durch den Abgasturbolader komprimierten und dadurch erwärmten Verbrennungsluft des Motors. Dadurch werden ein besserer Füllungsgrad der Zylinder und damit eine höhere Motorleistung erreicht.

## Luftfilter

Der Luftfilter hat die Aufgabe, die vom Motor angesaugte Verbrennungsluft von Staubpartikeln zu reinigen. Er ist in der Ansaugleitung als Ölbad- oder Trockenluftfilter eingebaut.

## Luftkühlung

Eine direkte Motorkühlung, bei der die Motorwärme unmittelbar an die Außenluft abgegeben wird. Der Luftstrom wird von einem Kühlgebläse zwischen die Kühlrippen der Zylinder hindurchgeführt. Der wichtigste Vorteil eines luftgekühlten Motors besteht darin, dass er im Gegensatz zu einem wassergekühlten Motor keine Frostschäden erleiden kann.

## Mähwerksantrieb

Dieser dient beim Traktor zum Antrieb des Seitenmähwerks oder des Mähbalkens. Er erfolgt durch den Motor entweder in einer mechanischen oder in einer hydraulischen Form; er kommt heute allerdings kaum noch vor.

## Motorzapfwelle

Diese in den 1950er-Jahren entwickelte Zapfwelle ist dadurch gekennzeichnet, dass sie unabhängig von der Fahrkupplung vom Motor aus direkt angetrieben wird. Dabei wurden Fahrkupplung und Zapfwellenkupplung zu einer Doppelkupplung zusammengefasst. Die Betätigung der Motorzapfwelle erfolgt über die zweite Pedalstufe. Die Motorzapfwelle läuft also weiter, auch wenn der Schlepper durch Betätigung der Fahrkupplung stehen bleibt. Sie ist vor allem für Erntemaschinen (z. B. Mähdrescher) wichtig, um bereits aufgenommenes Gut auch im Stand weiterverarbeiten zu können.

## Planetengetriebe

Dies ist ein Bauteil des Getriebes, des Lastschaltgetriebes und der Treibachse. Mithilfe eines Planetengetriebes sind beim Einbau in ein Getriebe bis zu sieben Übersetzungen möglich. Ist ein Planetengetriebe in einer Treibachse (z. B. Allradvorderachse) eingebaut, so reduziert es die Drehzahl bei hoher Drehmomentübertragung.

## Raddruckverstärker

Die Raddruckverstärkungseinrichtung ist ein der Schlepperhydraulik angegliedertes Zusatzgerät, mit dessen Hilfe der Hinterachsdruck eines Traktors bis zu 30 % erhöht, während gleichzeitig das Gewicht des Anbaugeräts um den gleichen Wert entlastet und auf die Hinterachse des Traktors übertragen wird. Dadurch wird die Zugkraft erhöht und der Radschlupf, also das Durchdrehen der Hinterräder, vermindert.

## Rahmenbauweise

Bei dieser aus dem Kraftfahrzeugbau bekannten und heute auch im Traktorenbau gebräuchlichen Bauweise werden die Baukomponenten Motor und Getriebe in einem Rahmen elastisch aufgehängt.

## Regelhydraulik

Das grundsätzliche Merkmal der Regelhydraulik besteht

# Technische Begriffe

darin, dass die mittels Dreipunktkupplung angebrachten Anbaugeräte im Boden oder über dem Boden arbeitend auf gleicher Tiefe bzw. Höhe gehalten, also geregelt werden. Während der Arbeit mit dieser Hydraulik wird automatisch ein Teil des Gewichts des angehängten Gerätes und des Zugwiderstandes auf die Hinterachse des Traktors verlagert. Bei der Regelhydraulik unterscheidet man die mechanische Hubwerksregelung (MHR) und die elektronisch-hydraulische Hubwerksregelung (EHR).

## Reitsitz

Ein als Reitsitz positionierter Fahrersitz befindet sich vor der Hinterachse des Schleppers, wodurch dem Fahrer der beidseitige Aufstieg auf den Schlepper vor den Hinterrädern möglich ist.

## SAE-Leistung

Bei der Leistungsüberprüfung nach SAE-Norm wird auf kraftzehrende Ausrüstungsteile des Schleppers wie Lichtmaschine, Kühleinrichtung, Auspuff und Luftfilter verzichtet. Daher liegt diese zwischen 10 und 25 % über der in Deutschland gebräuchlichen DIN-Leistung.

## Schubradgetriebe

Dies ist eine im heutigen Schlepperbau nicht mehr gebräuchliche Getriebebauart. Das Schalten erfolgt durch das Verschieben von Zahnrädern in die Verzahnung der entsprechenden Gegenräder. Da durch die Verschiebung der Schalträder relativ große Massen bewegt werden müssen, lassen sich diese schwerer schalten als die mit Stiftschaltung ausgestatteten Leichtschaltgetriebe.

## Seilwinde

In den meisten Fällen befindet sich die Seilwinde am Schlepperheck, da hier die Belastung des Fahrgestells am günstigsten ist. Ihr Antrieb erfolgt mechanisch, elektrisch oder hydraulisch. Eine besondere Bedeutung hat die Seilwinde in der Forstwirtschaft.

## Sicherheitsrahmen

Der Sicherheitsrahmen dient dem Schutz des Schlepperfahrers vor Verletzungen bei Umstürzen des Fahrzeugs. Bei älteren Traktoren freistehend, ist der Sicherheitsrahmen heute gleichzeitig Träger für Verdeck- oder geschlossene Kabinen.

## Strömungskupplung

Bei dieser Anfahrkupplung, die auch als Turbo-, Flüssigkeits- oder ölhydraulische Kupplung bezeichnet wird, werden die Massenkräfte einer Flüssigkeit zur Kraftübertragung ausgenutzt. Diese der Fahrkupplung vorgelagerte Kupplung besteht aus zwei Hälften mit zwei als Pumpen- und Turbinenrad bezeichneten Schaufelrädern. Die motorische Kraft wird an das Pumpenrad geleitet. Die darin befindliche Flüssigkeit, in der Regel Öl, wird beim Anfahren nach außen gegen das in der zweiten Kupplungshälfte befindliche Turbinenrad geschleudert. Die kreisende Bewegung des Öls erzeugt eine Energie, durch die sich das Turbinenrad in Bewegung setzt, bis es die Drehzahl des Pumpenrades erreicht hat. Auf diese Weise wird das Drehmoment des Motors völlig ruckfrei auf das Getriebe übertragen und das Anfahren selbst bei schwersten Lasten in jedem Gang ermöglicht. Heute gehört die Strömungskupplung im Schlepperbau fast überall zur Serienausstattung.

## Thermosyphonkühlung

Diese früher recht verbreitete, einfache Motorkühlungsart ist heute nicht mehr üblich. Es ist eine ohne Pumpenantrieb arbeitende Wasserkühlung, die über das Wärme-Kälte-Gefälle, also über die unterschiedliche Schwerkraft des heißeren und kühleren Wassers funktioniert. In einem Kreislauf steigt das erwärmte Wasser nach oben in den Kühler, während das abgekühlte zum Motor zurückfließt und die Kühlung übernimmt.

## Tragschlepper

Hierunter versteht man eine Schlepperbauweise, die sich im Aufbau zwar eng an den Standardtraktor anlehnt, jedoch zusätzlich die Möglichkeit bietet, vor der Hinterachse Anbaugeräte anzubringen. Damit die Zwischenachsgeräte ausreichend Platz haben, ist der Radstand des Tragschleppers in der Regel länger als beim Standardschlepper. Aus den gleichen Gründen und zur Optimierung der Sicherverhältnisse wird der Schlepperrumpf möglichst schmal gehalten (Wespentaillenbauart). Zum Aus- und Einsetzen ist ein Kraftheber nötig. Dieses System konnte sich auf Dauer nicht durchsetzen.

## Triebwerk

Im Schlepperbau eine andere Bezeichnung für Getriebe.

## Verdampfungskühlung

Dies ist die einfachste und älteste Art der Motorkühlung und im heutigen Schlepperbau nicht mehr üblich. Dabei befindet sich das Kühlwasser in einem offenen Behälter. Es verdampft und entweicht bei Siedetemperatur. Erforderlich war ein großer Kühlwasservorrat, der ständig nachgefüllt werden musste.

## Vorkammerverfahren

Eine Art des Einspritzverfahrens beim Dieselmotor, bei dem der Kraftstoff in eine mit heißer Luft gefüllte, dem Motorzylinder vorgelagerte Vorkammer eingespritzt wird. Der dort entzündete Kraftstoff wird zur weiteren Verbrennung in den eigentlichen Zylinderbrennraum geleitet. Der Kraftstoffverbrauch ist bei diesem Verfahren wesentlich höher als bei der Direkteinspritzung.

## Wirbelkammerverfahren

Dies ist ein dem Vorkammerverfahren ähnliches Einspritzverfahren beim Dieselmotor. Auch hier gibt es pro Zylinder unterteilte Brennräume, und zwar eine kugelförmige Wirbelkammer und den Hauptbrennraum über dem Kolben. Der eingespritzte Kraftstoff wird in der mit heißer Luft gefüllten Wirbelkammer zu einem Gemisch verwirbelt und anschließend in den Hauptverbrennungsraum geleitet. Der Kraftstoffverbrauch ist höher als beim direkt einspritzenden Dieselmotor, aber niedriger als beim Vorkammermotor.

# Modellverzeichnis

Kursive Seitenzahlen verweisen auf Fotos
ohne Modellbeschreibung.

# Modellverzeichnis

# Modellverzeichnis

**Impressum**

Copyright © Parragon Books Ltd
Parragon
Chartist House
15-17 Trim Street
Bath BA1 1HA, UK
www.parragon.com

Producing: ditter.projektagentur GmbH
Fotografien: Sammlung Karl Andresen
Gestaltung und Layout: Claudio Martinez
Scans: Klaussner Medien Service GmbH
Korrektorat: Klaus Stelberg

ISBN 978-1-4723-2773-4

Printed in China